U0311009

超深复杂应力碳酸盐岩储层
深穿透酸压技术

蒋廷学 周 珺 魏娟明 贾文峰 等 著

科学出版社

北京

内 容 简 介

本书详细阐述了在超深碳酸盐岩储层改造过程中的储层地质特征、复杂构造带应力场特征、酸压裂缝扩展规律、高温压裂酸化工作液体系、深穿透酸压工艺技术及应用案例。对国内外超深碳酸盐岩储层的酸压改造技术及发展趋势进行了回顾。在复杂断裂带地应力场模拟研究的基础上，开展了酸蚀裂缝扩展机理、超深层酸蚀裂缝导流能力作用机制和深穿透裂缝形成机制等方面的研究，提出了多项原创性新技术，如纵向深穿透酸压、屏蔽保护自支撑酸压等技术，对超深碳酸盐岩储层改造技术的进一步发展起到了重要的推动作用。

本书可供从事碳酸盐岩储层改造技术研究的科技人员参考。

图书在版编目(CIP)数据

超深复杂应力碳酸盐岩储层深穿透酸压技术 / 蒋廷学等著. —北京：科学出版社，2022.1

ISBN 978-7-03-070386-6

Ⅰ. ①超… Ⅱ. ①蒋… Ⅲ. ①碳酸盐岩 – 酸化压裂 – 研究
Ⅳ. ①TE357.2

中国版本图书馆 CIP 数据核字(2021)第 217898 号

责任编辑：吴凡洁 冯晓利 / 责任校对：王萌萌
责任印制：师艳茹 / 封面设计：蓝正设计

科学出版社 出版
北京东黄城根北街 16 号
邮政编码：100717
http://www.sciencep.com
北京九天鸿程印刷有限责任公司 印刷
科学出版社发行 各地新华书店经销
*
2022 年 1 月第 一 版 开本：787×1092 1/16
2022 年 1 月第一次印刷 印张：16 1/2
字数：366 000
定价：268.00 元
(如有印装质量问题，我社负责调换)

作 者 简 介

蒋廷学　中国石油化工集团有限公司首席专家，国务院政府特殊津贴专家，主要从事储层改造机理及新工艺研究与试验等工作。在国内外期刊发表学术论文 247 篇，授权发明专利 119 件，其中第一发明专利人 76 件，第一作者或独著出版技术专著 6 部。

周珺　博士，中国石化石油工程技术研究院副研究员，主要从事储层增产改造技术、人工智能及压裂软件研发的相关工作。主持中国石化科技攻关项目、中国石化科技前瞻项目等 20 余项。发表学术论文 30 余篇，授权发明专利 27 件，出版专著 2 部。

魏娟明　博士，中国石化石油工程技术研究院高级工程师。1990 年毕业于石油大学(华东)应用化学专业，2011 年毕业于中国地质大学(北京)油气田开发专业，获博士学位。现从事水力压裂、酸压、压裂液及酸液等流体研发工作。

贾文峰　博士，中国石油大学(北京)副研究员，硕士生导师，主要从事胶体界面化学及油田化学应用研究，主持或参与完成省部级项目 30 项，发表学术论文 30 余篇，授权发明专利 20 件，获得省部级奖励 3 项。

序

　　碳酸盐岩油气藏在全球油气资源中占有极为重要的地位，其油气资源量约占全球油气资源量的70%，探明可采储量约占50%，产量约占60%。碳酸盐岩油气藏广泛分布于北美、中东、中亚、俄罗斯、利比亚等地区，主要类型有生物礁、颗粒滩、白云岩和风化壳类，通常规模较大，埋深小于3000m，主要集中在侏罗系、白垩系和新近系，以孔隙型介质为主。

　　世界碳酸盐岩油气产区主要分布在中东、俄罗斯与北美，均为海相碳酸盐岩沉积。三大油气区可采油气储量占世界碳酸盐岩可采储量的93.9%。中东地区80%的含油气层属于碳酸盐岩，主要分布于阿拉伯、扎格罗斯两大盆地，是全球最大的碳酸盐岩油气产区。颗粒滩储层是中东地区品质最好的碳酸盐岩储层（2500～3700m），属于孔隙型储层，孔渗性能较好，开发难度低。此类储层采用基质酸化或连续油管布酸便能获得较高的产能，改造思路和工艺简单。俄罗斯是第二大碳酸盐岩油气区，生物礁为其主要的储层类型（储量占其碳酸盐岩储量的31%）。俄罗斯碳酸盐岩储层从前寒武系到二叠系都有分布，典型碳酸盐岩储层为二叠系生物礁储层，埋藏深度为1700m，改造工艺以均匀布酸为主，采用可降解球、聚合物暂堵酸液体系和黏弹性自转向酸。北美是全球第三大碳酸盐岩油气产区，其碳酸盐岩产量约占北美整个石油产量的1/2。北美典型碳酸盐岩储层为二叠盆地奥陶系缝洞型碳酸盐岩储层，发育有大规模的坍塌溶洞，缝洞体之间则是未经扰动的低渗基质。储层温度为149℃左右，改造思路以造长缝沟通储集体为主，采用滑溜水前置液降温、胶凝酸刻蚀、变黏酸+可溶球转向的多级交替注入方式。

　　我国碳酸盐岩油气资源十分丰富，国家新一轮油气资源评价表明，我国陆上海相碳酸盐岩石油地质资源量为340×10^8t，天然气地质资源量为24.3×10^{12}m^3，分别占油气资源总量的27.0%和26.9%。近年来，随着塔河油田、普光气田、元坝气田、安岳气田、顺北油气田等碳酸盐岩油气田的开发，天然气、原油产量快速增长，成为中国油气勘探开发和油气增储上产的重要领域。

　　我国碳酸盐岩油气藏地质时代老、埋藏深、经过多期构造运动改造，油藏储层以裂缝-孔隙型、缝洞型为主，气藏储层以孔隙型礁滩白云岩为主。2020年，四川盆地常规天然气年产量超300×10^8m^3，其中深层碳酸盐岩气藏天然气年产量达250×10^8m^3，占该盆地常规天然气总产量的80%，是四川盆地天然气开发的压舱石。

　　普光气田作为川气东送的主要气源，埋深4500m以上，平均含硫量为14.28%，孔隙度为2.3%～13.2%，渗透率为0.03×10^{-3}～$92.8\times10^{-3}\mu m^2$，属于中孔、低渗透构造-岩性气藏，主要含气层为三叠系飞仙关组、二叠系长兴组，累计上报探明天然气地质储量2782.95×10^8m^3。普光气田前期主要采用清洁转向酸酸化的方式解除地层污染，后期储层物性变差，采用大规模体积酸压的方式提高酸压范围。

元坝气田已探明天然气地质储量为 $2303.47 \times 10^8 \mathrm{m}^3$，可采储量为 $1304.98 \times 10^8 \mathrm{m}^3$。岩石类型为礁滩相白云岩和白云质灰岩，为常压（66.33～70.62MPa）、高温（145.2～157.4℃）、超深（6200～7250m）、裂缝-孔隙型气藏，具有中-低孔隙度（0.79%～23.59%、平均为5.67%）、中-低渗透率（0.012～2571.903mD、平均为0.476mD）的特点，含气饱和度为72.0%～88.5%，平均为80.48%。由于物性较好，储层改造主要以酸化为主。四川盆地中部安岳气田在震旦系灯影组和寒武系龙王庙组相继获得重大勘探突破，累计探明天然气储量为 $9450.43 \times 10^8 \mathrm{m}^3$，三级储量已达 $1.23 \times 10^{12} \mathrm{m}^3$，成为我国已发现的最大的整装碳酸盐岩气藏。

安岳气田主要层系为寒武系龙王庙组和震旦系灯影组，埋深为4600～5700m，属古老深层碳酸盐岩气藏，经历了超长时间的地质演化，成岩、成藏过程复杂，储层非均质性强。通过优化井身结构与井眼轨迹设计，优化布酸工艺、酸化施工参数设计，实现了平均完钻井深由5753m提高至6522m（最深7200m），水平段长由620m提高至1018m（最长1610m），改造后增产2～5倍。

塔河油田是中国第一个古生界海相大油田，其主力油藏为具有底水的碳酸盐岩缝洞型油藏，以裂缝溶洞为主要储集空间，平面上一般表现为叠合连片含油、不均匀富集的特征，纵向上基质渗透率低，裂缝、溶洞发育，是主要的储油空间和流动通道。油藏埋藏深（5400～6900m）、压力高（62～69MPa）、温度高（120～170℃）、地层水总矿化度高（16×10^4～22×10^4mg/L），储层存在较强的应力敏感性。裂缝分布多变，裂缝的走向变化较大，倾角大都分布在40°～80°，裂缝既是储集空间又是主要的流动通道，孔喉配合度低，连通性差；基质渗透率为 $0.018 \times 10^{-3} \mu\mathrm{m}^2$，孔隙度为0.04%～5.24%，基本无储集能力。由于缝洞型油藏的特殊性，塔河油田75%以上油井完井后自然产能低或无自然产能，需要通过储层改造，形成人工裂缝，沟通油气储集空间，提高油井产能，酸压工艺已成为塔河油田奥陶系油藏勘探开发的主要技术。顺北超深断溶体油气藏位于塔北、塔中两大古隆起的斜坡、低洼部位，是一种沿断裂带分布、超深（7500～8500m）、高温（160～200℃）、高压（90～140MPa）、非均质性极强的新类型油气藏。探明石油 $9903 \times 10^4 \mathrm{t}$、溶解气 $343 \times 10^8 \mathrm{m}^3$。随着开发深入推进，95%的井都需要进行酸化或酸压改造，并且各断裂带间油藏条件差异巨大，尤其是以顺北5号断裂带为代表的挤压型断裂带，局部应力变化大，酸压裂缝延伸不清，无法针对性进行高效酸压改造。断裂带内裂缝发育，压裂液滤失大，且有效闭合压力高（50～80MPa）、酸压造缝短、导流能力保持难。挤压型断裂储集空间纵、横向连通性差，极大地增加了多个储集空间动用难度，另外挤压型断裂储层地应力高，天然裂缝走向与最大主应力大角度相交，裂缝开启程度低，酸压改造范围小。现有酸液体系耐温（160℃）且反应快、压裂液耐温180℃，无法满足高效安全施工要求。此外，超深层闭合应力高，加砂难度大，酸蚀裂缝导流能力低，单井和整体的产量递减速度都较快。因此，对于超深碳酸盐岩储层，如何有效地提高储层改造效果，实现单井的长期高产稳产是一项世界性的难题！

《超深复杂应力碳酸盐岩储层深穿透酸压技术》的作者通过多年的研究与实践，针对超深碳酸盐岩储层的特殊性，分别从国内外超深复杂应力碳酸盐岩储层酸压技术发展概况、超深碳酸盐岩储层复杂应力特性、超深高应力碳酸盐岩储层酸蚀裂缝导流能力作用机制、超深复杂应力碳酸盐岩储层深穿透裂缝形成机制、超高温高压裂酸化工作液研发、超深碳酸盐岩储层深穿透酸压实例分析等方面，系统全面论述了提高超深碳酸盐岩储层酸蚀有效缝长和导流能力的理论及现场实施控制方法，并结合现场实例分析，全面展现了超深碳酸盐岩储层深穿透酸压技术方法及实现途径。

　　该书的出版，必将为国内超深碳酸盐岩储层的经济有效开发提供有力的技术支撑，对现场技术人员及大专院校学生，也具有重要的参考价值。

中国工程院院士

2021 年 8 月

前言

我国碳酸盐岩油气藏储量丰富，相较国外碳酸盐岩油藏大都具有埋藏深、构造复杂的特征。随着勘探技术的进步，特别是地震勘探与钻井技术的发展，超过6000m的碳酸盐岩储层逐步被发现，如元坝、塔河、顺北等油气田，其中顺北油气田的平均垂深已经超过7500m，温度达到160～180℃。酸化压裂技术是其经济有效开发的主体技术。

然而，随着碳酸盐岩储层深度的增加，给酸压技术带来了许多挑战。首先，储层温度高，酸岩反应速度快，有效酸蚀缝长降低；酸液的耐温能力要求高，常规酸液难以满足储层温度下的缓速要求；随着裂缝闭合应力增加，造缝宽度变小，导致面容比增加及酸岩反应速度加快，进一步降低有效的酸蚀缝长；由于深层闭合应力高，酸蚀裂缝导流能力相应降低且递减更快。因此，对酸压工艺模式及注入参数要求高，常规酸压工艺难以满足对酸蚀缝长及导流能力的高要求。如果再考虑顺北这种超深复杂应力条件，尤其是同时存在大的断裂带及溶洞等复杂介质时，裂缝的延伸情况及导流特性也更复杂且不可控。

本书从国内外超深碳酸盐岩储层的地质特征入手，开展了超深碳酸盐岩复杂应力场特征、复杂应力碳酸盐岩储层酸压裂缝扩展规律、提高有效酸蚀缝长及酸蚀裂缝导流能力技术、超高温酸液体系等方面的研究，以期解决超深碳酸盐岩储层酸压的问题，提升单井长期稳产效果，为其经济有效开发奠定基础。超深高温碳酸盐岩储层的改造是一项世界性的难题，目前可参考的资料非常少，本书的研究成果是近几年关于超深层改造的探索及实践，希望可为国内其他类似油田开发提供参考。

本书的总体架构设计由蒋廷学完成。第1章由蒋廷学撰写，第2章由刘斌彦和魏娟明撰写，第3章由周珺撰写，第4、5章由蒋廷学、周珺、魏娟明撰写，第6章由魏娟明和贾文峰撰写，第7章由周珺和刘斌彦撰写。全书由王晓阳进行图片和文字校核。

由于作者水平有限，加之时间仓促，疏漏不可避免，恳请广大专家、学者批评指正。

作　者
2021 年 5 月

目录

第1章 绪 论

目前，对于类似塔里木盆地顺北油气田垂深超过 7300m 的超深碳酸盐岩储层而言，酸压技术应是其经济有效开发的主体技术[1-3]。但由于埋深的大幅度增加，给酸压技术带来了如下挑战：①井筒沿程摩阻增加，注入排量降低，造缝与裂缝延伸能力降低，这对许多超深碳酸盐岩储层既要有水平方向的深穿透又要有垂直方向的缝高极度延伸的目标而言，是极端致命的；②储层温度高，酸岩反应速度快，有效酸蚀缝长降低；③裂缝闭合应力增加，造缝宽度变小，导致面容比增加及酸岩反应速度加快，进一步降低了有效的酸蚀缝长；④裂缝闭合应力增加，酸蚀裂缝导流能力相应降低且递减更快，更有甚者，如某个有效酸蚀缝长范围内的导流能力大幅度降低甚至降为零，则该段缝长及其前端的所有酸蚀缝长都相当于降为零，因此其几乎没有对产量的贡献；⑤对酸液的耐温能力要求高，常规酸液难以满足储层温度下的黏度要求；⑥对酸压工艺模式及注入参数要求高，常规酸压工艺难以满足对酸蚀缝长及导流能力的高要求。如常规的多级交替注入及变黏度酸液非均匀刻蚀等技术，在超深碳酸盐岩的超高闭合应力作用下，酸蚀裂缝面大多呈现出点接触模式，会很快出现坍塌效应，从而导致裂缝导流能力的快速下降甚至完全丧失。从保证酸蚀裂缝连续的导流能力角度而言，任何一处裂缝的导流能力保护都很重要，且越靠近井筒的裂缝导流能力保护越重要。

上述挑战如果再考虑顺北这种超深复杂应力条件，尤其是同时存在大的断裂带及溶洞等复杂介质时，人工裂缝的延伸情况及导流特性也更复杂且更不可控。

1.1 超深碳酸盐岩复杂应力场特征

首先，现今地应力场主要受区域构造尤其是大的断裂带控制；其次，局部应力场又主要受附近的小断层、溶洞及天然裂缝等控制。而且，断层的性质不同，对地应力场的影响也不同。如正断层附近属于应力松弛区，而逆断层附近则属于应力挤压区。距离断层不同距离处的应力大小也发生变化；溶洞的影响也与断层类似，在溶洞附近有应力集中区，应力相对较大，随溶洞的距离增加，地应力会相应降低。

目前的研究结果初步证实，溶洞对局部应力的作用范围约等于溶洞本身的直径，超出该范围后，地应力已基本恢复到原始的地应力状态，地应力对天然裂缝的影响情况有些类似。主压裂裂缝与天然裂缝有三种沟通模式：一是直接穿过天然裂缝(主裂缝与天然裂缝角度较大，且两向水平应力差较大)；二是沿天然裂缝延伸(主裂缝与天然裂缝角度较小，且两向水平应力差较小)；三是主裂缝与天然裂缝不相交(此时天然裂缝尺寸较小，且主裂缝延伸方向的地应力场发生了应力转向效应)。上述主裂缝与天然裂缝的三种状态的前提条件是主裂缝具有一定高的净压力，足以保证主裂缝持续不断地突破端部的临界应力强度因子。且一旦主裂缝沟通天然裂缝后，因天然裂缝本身的滤失及压裂液或酸液的分流效应，主裂缝的净压力会相应降低，导致主裂缝的继续延伸能力降低。综上所述，地应力场中每个点的大小及方位都极其复杂多变，对主裂缝的延伸规律也影响极大。

1.2 超深复杂应力碳酸盐岩储层酸压裂缝扩展规律

酸压裂缝扩展规律与水力裂缝扩展规律不同，酸压过程中，不但有水力造缝作用，而且有酸岩化学反应，且二者是同时进行的。酸岩化学反应会降低岩石的强度，也会降低弹性模量等力学参数，因此，酸压裂缝比水力压裂裂缝更易发生裂缝转向及形成复杂裂缝，酸蚀裂缝延伸程度也相应增加[4,5]。尤其是裂缝的动态缝宽等因弹性模量的降低及酸盐反应的岩石消耗等因素也会相应增加，进而导致酸压过程中的面容比降低，酸岩反应速度也因此相应降低，可以进一步促进有效酸蚀缝长的增加。

在酸液与天然裂缝溶蚀及沟通过程中，会增加压裂液或酸液的滤失，但这种滤失是相对有利的，可以促进转向裂缝的形成，这对形成复杂酸蚀裂缝形态具有重大意义。所谓复杂裂缝应是多个转向裂缝形成后与主裂缝一起形成的缝网体。尤其当低黏度酸液进入上述复杂裂缝时，可以在很大程度上提高复杂裂缝的导流能力，尤其是主裂缝侧翼方向的支裂缝及微裂缝系统，低黏酸液指进及非均匀刻蚀，对提高有效的酸蚀裂缝改造体积极为有利，否则，即使努力形成了复杂裂缝，如果没有相应的导流能力，对提高最终的酸蚀裂缝改造体积也是毫无裨益的。

当垂深超过 7300m，有的井甚至接近 9000m 后，裂缝闭合应力可能超过 150MPa，加上井口施工限压的制约，注入排量会受到严格的限制（一般小于 5～6m³/min），导致主裂缝的净压力可能仍不太高（一般小于 10MPa），如果再沿途沟通不同滤失系数的天然裂缝甚至相对较大的缝洞体后，则主裂缝的净压力会进一步降低，甚至降为零，此时，主裂缝就基本停止延伸。此外，即使形成了转向裂缝及微裂缝，但由于其条数远多于一条，每条转向裂缝及微裂缝能竞争到的排量极其有限，加之上述转向裂缝及微裂缝的方向与主裂缝的方向不一致（垂直主裂缝方向的闭合应力最小），其承受的闭合应力一般都会不同程度地大于水平最小主应力。换言之，上述多个转向裂缝及微裂缝系统的延伸能力极其有限，可能在极短的时间内就停止了延伸。

因此，这对那些寄希望于低黏度酸液及小粒径支撑剂尽快且尽量多地进入支裂缝及微裂缝系统的酸压设计人员而言，在主裂缝延伸过程中，尽早注入低黏度酸液及小粒径支撑剂是至关重要的，否则，即使形成了转向裂缝及微裂缝系统，由于没有有效的导流能力，在酸压后生产过程中，裂缝也会随着井底流动压力的逐渐降低而快速闭合，转向裂缝及微裂缝系统的改造体积也相应降为零，最终的结果是只有主裂缝有导流能力（且主裂缝的有效酸蚀缝长度一般小于 60m，导流能力低且递减快），因此，酸压后产量低且低减快的局面就难以得到根本性扭转。

值得指出的是，主裂缝延伸过程中并非净压力越大越好，因为一旦净压力过早超过两向水平应力差，主裂缝可能在早期就发生一次或多次转向现象，导致主裂缝的最终缝长可能大幅度缩短，难以达到设计预期的效果。理想的情况应是在酸压施工的早期，有意识地通过排量及黏度等参数的组合控制，保持相对较低的净压力，一旦主裂缝长度达到设计预计预期值，再提高排量和/或黏度等，以大幅度提高主裂缝的净压力，确保在主裂缝全缝长范围内的支裂缝及微裂缝的大量形成。在主裂缝穿过天然裂缝的过程中，为避免天然裂缝滤失对主裂缝排量的竞争效应，应在酸压施工的早期加入可溶性暂堵剂，在天然裂缝的缝口处进行先期封堵，等主裂缝长度达到设计预期值后，则应设计再将先期的天然裂缝暂堵剂彻底溶解，确保各天然裂缝沟通和持续延伸，进一步提高复杂裂缝系统的改造体积。

1.3 提高有效酸蚀缝长的主要措施

制约有效酸蚀缝长的主要因素可分为不可控的地质因素和可控的工程因素。地质因素主要有：①岩矿特征。碳酸盐矿物含量越高(泥质含量低)，酸岩反应速度越快，则有效的酸蚀缝长越小。②储层温度。温度越高，酸压反应速度越快，有效酸蚀缝长越小。③储集空间的类型。孔隙基质型的碳酸盐岩储层，综合滤失系数相对较低。天然裂缝及溶洞尺寸越大，压裂液或酸液的滤失越大，则有效的酸蚀缝长就越小。④储层孔隙压力。孔隙压力越小，酸压过程中的压降滤失越大，则有效酸蚀缝长越小。⑤岩石力学及地应力参数。弹性模量及地应力越小，酸压造缝的动态缝宽越大，在同等施工规模前提下的有效酸蚀缝长也越小。⑥岩石及地下流体综合压缩系数。储层岩石及流体的综合压缩系数越大，酸压过程中的滤失量越大，导致有效的酸蚀缝长降低。⑦缝高的延伸特性。显然地，缝高越大则缝长越短。有效酸蚀缝长肯定会因此受到相应的影响。

工程因素主要有[6-8]：①工艺注入模式。所谓工艺注入模式主要指不同液性流体的先后注入顺序及相应的黏度、体积、排量的匹配关系，以及注入的级数等。尤其是注入顺序的影响极大，如果是高黏度的压裂液先注入，则因滤失低造缝效率高，同时在一定程度上还同时具有降温效应，后续注入酸液时因裂缝内温度已有所降低，可延缓酸岩反应速度及相应提高有效酸蚀缝长。注入级数也同样受到很大影响，如果是单级注入模式，由于高黏度的压裂液一次性注入时间较长，压裂液造缝区域的中部到缝端位置温度较高，后续一次性注入酸液时的酸岩反应速度仍然相对较快，导致有效的酸蚀缝长缩小。而如果将上述高黏度压裂液及酸液分多次循环交替注入，由于每级循环注入的压裂液时间较短，该级后续酸液进入后的温度将有所降低，且酸液大部分在高黏度的压裂液中指进，也会在很大程度上降低酸液的滤失量，因此可通过降低酸岩反应速度及酸液滤失等机制增加有效的酸蚀缝长。②注入排量。当其他工艺参数不变时，注入排量越高，酸液的氢离子还未完全释放就迅速被运移到储层深部位置，导致有效酸蚀缝长度增加。③注入液量。总的说来，注入的液量越大，有效酸蚀缝长越长，尤其是当注入的酸液量大时更是如此，但酸液规模并非越大越好，原因在于其可能导致近井筒裂缝的过度溶蚀及孔隙结构的坍塌效应，造成缝口处的包饺子效应，严重降低有效酸蚀缝长度。④酸液的类型及黏度。一般而言，工作液的黏度越大，滤失越低，有效酸蚀缝长度越长。但黏度也不能太高，尤其是交联前的基液黏度如果太高，一定会影响泵注压力(地面低压管汇的吸入阻力大，还容易抽空)。此外，酸液的类型也很关键，如地下自生酸开始时不具有酸液特性，而到储层一定位置后才开始就地形成具有酸岩刻蚀效应的酸液体系，也可以大幅度提高有效酸蚀缝长度。

综上所述，由于地质因素不可控，只能通过选井选层来优选最佳的井层条件；而工程因素是可控的，可通过室内物理模拟及相应的数值模拟软件(常用的成熟商业模拟软件有 StimPlan、FracproPT 等)综合优化确定。

1.4 超深碳酸盐岩储层提高酸蚀裂缝导流能力的主要措施

即使在酸压过程中采用了非反应性的压裂液，由于没有支撑剂的有效支撑(超深碳酸盐岩储层加砂压裂是异常困难的)，仅靠压裂液很难形成裂缝导流能力，即使形成了自支撑裂缝，在超深碳酸盐岩超高闭合应力作用下也会快速丧失导流能力。因此，如何依靠酸液作用形成长期有效的酸蚀裂缝导流能力就显得尤为重要[9-11]。

影响酸蚀裂缝导流能力的因素也可分为不可控的地质因素和可控的工程因素。地质因素主要有：

(1)岩性及泥质含量。碳酸盐岩又分为石灰岩及白云岩两大类型，其中酸与石灰岩的反应具有非均匀刻蚀的特点，在同等条件下获得的酸蚀裂缝导流能力相对较强。而白云岩与酸的反应一般呈现出均匀刻蚀效应居多，因此裂缝闭合后提供的导流能力相对较弱(白云岩储层酸压后一般要辅助加砂压裂才能维持较理想的裂缝导流能力，但超深白云岩储层加砂压裂的难度更大，因此即使能成功加砂，砂液比或支撑剂的粒径都相对较小，对提高最终的裂缝导流能力作用有限)。此外，泥质含量对酸岩反应速度影响相对较大，泥质含量越大，酸岩刻蚀反应效果越差，形成的酸蚀裂缝导流能力也相对较低。

(2)裂缝闭合应力。所谓闭合应力与水平最小主应力有一定的关联性。当裂缝宽度为零时的闭合应力就是水平最小主应力。显而易见，裂缝闭合应力越大，则酸蚀裂缝的导流能力越小。另外，就长期裂缝导流能力而言，也是闭合应力越大，酸蚀裂缝的长期导流能力越小(闭合应力越高，长期导流与短期导流的比值越小)。

(3)储层温度。与影响有效酸蚀缝长的机理类似，储层温度越高，酸岩反应速度越快，可以在一定程度上增加裂缝导流能力。但如果酸岩过度反应则非但不能增加导流能力，反而会因孔隙结构坍塌效应造成裂缝导流能力的大幅降低。

(4)天然裂缝的滤失特征。这里没有提溶洞，因为溶洞体积一般很大(几万立方米甚至接近 $10\times10^4\mathrm{m}^3$)，酸液沟通后基本停止延伸(溶洞一般不会完全充满，酸压施工注入的液体对溶洞的体积而言非常少)。而天然裂缝的滤失虽然可以降低有效酸蚀缝长，但对提高裂缝导流能力却是至关重要的：一是可能通过黏滞指进效应产生的对天然裂缝面的非均匀刻蚀；二是酸液加重后在天然裂缝的纵向上的没有完全溶蚀，只产生了局部刻蚀效应，这些都会对提高主裂缝侧翼方向支裂缝的导流能力起到积极的促进作用。此外，正是由于主裂缝侧翼方向的天然裂缝的充分延伸及有效导流能力的形成，有利于促进复杂裂缝系统的最大限度地扩展。显然地，裂缝越复杂并且裂缝波及的区域越大，则主裂缝承受的有效闭合应力也相对减小(本来由主裂缝承担的闭合应力会优先被不同的天然裂缝分担一部分，且天然裂缝延伸得越充分，导流能力越高，则天然裂缝对主裂缝承受闭合应力的分担效应就越显著，经模拟计算，分担的应力一般可达 3～5MPa），这对提高主裂缝的导流能力非常重要。

就可控的酸压工艺参数而言，影响酸蚀裂缝导流能力的主要因素有：

(1)压裂液与酸液黏度及体积配比。就压裂液与酸液的黏度比而言，一般先注入压裂液后注入酸液，如果压裂液与酸液黏度相同或相当，则酸液基本上呈活塞式驱替前面的压裂液。在两者密度相同或相当的前提下，酸液基本上在裂缝面上均匀或较为均匀地刻蚀，这对提高酸蚀裂缝的导流能力极为不利。而如果采用高黏度压裂液与低黏度酸液组合注入方式，则酸液在压裂液中基本呈指状向前推进，留下大量未被酸液覆盖的裂缝表面，这些裂缝表面可提供稳固的酸蚀裂缝支撑面，而酸液覆盖的裂缝面则发生酸岩反应刻蚀且相互连通，最终形成酸蚀裂缝流动通道。显然地，压裂液与酸液的黏度比越大，则酸液的黏滞指进效应越明显，即酸液与压裂液造缝形成的裂缝面接触面积就越小，裂缝导流能力也相应越小。反之则裂缝导流能力越大。应存在一个最优的黏度比，此时酸蚀裂缝的导流能力最大。此外，就压裂液及酸液的体积比而言，体积比越大，酸蚀裂缝导流能力越小，与黏度比问题类似，体积比也存在一个最佳值，此时酸蚀裂缝的导流能力最大。

(2)注入排量。注入排量越大，酸岩反应时间越短，则酸蚀裂缝的导流能力越小，这显然不是酸压设计的预期目标，且注入排量在超深碳酸盐岩储层中也相对受限。随着注入排量的降低，裂缝导流能力开始增加，等到出现峰值之后再逐渐降低，原因在于注入排量越小，酸岩反应时间越长，可能导致岩石基质孔隙结构的坍塌效应。

(3)注入的酸液体积。一般而言，酸液体积越大，酸蚀裂缝导流能力越大，但也存在一个临界峰值问题。超过这一酸液体积的临界值后，同样会出现岩石孔隙结构的坍塌效应。不同地区、不同深度的碳酸盐岩酸液的临界用量应各不相同，必须依赖于实际岩心及酸液，且在模拟储层的温度及应力等条件下才能最终定夺导流能力。

(4)酸液的黏度。与前面的压裂液及酸液的黏度比不同，这里仅指酸液的黏度。虽然高黏度酸液与低黏度酸液同样会造成黏滞指进效应及由此形成的非均匀刻蚀效果，但如果酸液黏度太低，同样会造成岩石孔隙结构的坍塌效应及因酸液快速消耗导致非均匀酸蚀裂缝通道延伸的距离可能极其有限。因此，酸液的黏度也存在一个临界值问题。

值得指出的是，就超深碳酸盐岩储层酸压而言，如何最大限度地提高酸蚀裂缝的长期导流能力至关重要。目前初步研究成果表明，闭合应力越大，酸蚀裂缝的长期导流能力与短期导流能力的比值越小。而国外研究认为，当有效闭合应力超过 6000psi 后酸蚀裂缝的导流能力很难长期维持，这种情况下推荐水力加砂压裂。但加砂压裂在超深碳酸盐岩储层中的技术挑战更大，主要是由于施工的风险性更大，可能导致早期或中途砂堵等异常情况。这种情况下，如何在降低加砂压裂施工风险的同时较大幅度地提高裂缝的导流能力是非常重要的。就目前的技术水平而言，可采取更小粒径的支撑剂，如 140～210 目或 180～300 目等，甚至可以取粒径范围更窄的支撑剂，如 180～210 目或 270～300 目等。支撑剂粒径变小后，与裂缝动态缝宽的匹配度提高，可以更容易进入小尺度的裂缝系统中。目前室内导流能力测试结果表明，在相同铺置浓度下，小粒径支撑剂在低闭合应力下的导流能力明显低于大粒径支撑剂的导流能力，但随着闭合应力的增加，这种导流能力的差异性降低，当闭合应力超过 90MPa 后，不同粒径支撑剂的导流能力几乎没有差异，考虑到现场小粒径支撑剂能加得更多，铺砂浓度也会更大，因此，实际的小粒径支撑剂导流能力可能超过大粒径支撑剂。此外，当小粒径支撑剂的粒径范围缩小后，各个支撑剂颗粒间无相互充填和堵塞的情况，在理想情况下，如果各个支撑剂的颗粒大小均匀或接近均匀，则不管支撑剂粒径本身的大小如何，所有等粒径或粒径接近均匀的支撑剂导流能力都相当(等粒径球形支撑剂的理论孔隙度都是 0.476，渗透率通过孔隙度计算得到)或接近。这对超深碳酸盐岩储层加砂压裂而言无疑具有巨大的好处，这样既可保证充分的加砂量，又可大幅度提高压裂施工砂液比及相应的裂缝导流能力。当支撑剂粒径变小后，单位裂缝面积上的支撑剂颗粒数量增多，且每个接触点的面积是相当的，换言之，裂缝壁面岩石单位面积上的支撑剂与岩石接触的总面积增加，因此，在裂缝闭合应力一定的前提下，支撑剂的抗嵌入能力增加，可由此相应增加裂缝的导流能力。这对于多尺度裂缝压裂而言，具有重要意义。因为粒径更小的支撑剂可以更容易进入小尺度裂缝系统(超深碳酸盐岩储层的小尺度裂缝动态宽度更小)，即使对主裂缝而言，上述支撑剂的粒径可能显得太小，但也可实现稍大尺度的主裂缝中更多层的支撑剂铺置，如果粒径还相对均匀，则主裂缝的导流能力并不低。全程采用更小粒径的支撑剂后，可以避免不同粒径支撑剂的体积占比优化上的不确定性和风险性。采用多种粒径支撑剂的出发点是好的，以寄希望于不同尺度的裂缝系统中都有与之相适应的配套粒径的支撑剂充填，但由于不同尺度裂缝体积计算的随机性，不同粒径支撑剂的优化不可能确保精准，如万一小粒径支撑剂加多了，剩余的小粒径支撑剂势必滞留于大尺度的主裂缝中，其与后续的大粒径支撑剂呈不同形态及浓度的混杂分布，就会影响主裂缝的导流能力。反之，如果小粒径支撑剂的比例选小了，虽对主裂缝的导流能力没有任何不利影响，但会导致小尺度裂缝系统充填得不太充分，严重影响压后的稳产能力。

1.5　超深碳酸盐岩储层平面上的靶向酸压技术

对顺北这种超深断缝型碳酸盐岩储层而言，溶洞的发育情况及其与酸蚀裂缝的方向匹配问题至关重要。一般小溶洞体积约为几千立方米，大的几万立方米甚至十万立方米以上，且里面大多充满原油。因此，如溶洞方向与酸蚀裂缝方向一致，则只要增加酸蚀裂缝的长度即可大幅度增加酸压后的产量。但如果溶洞方向与酸蚀裂缝的方向不一致，则需要酸蚀裂缝转向向溶洞方向延伸，才能通过酸蚀裂缝沟通酸蚀裂缝侧翼某个方向上的溶洞，这就是靶向酸压技术的由来。由于溶洞与井筒的距离及方向不同，对靶向酸压的技术要求也不同。换言之，溶洞的距离远近问题可通过在酸蚀裂缝的相应位置处实现暂堵来解决，但应同时结合暂堵后转向裂缝的转向角及转向半径的计算结果，综合权衡确定。一般的原则是一次转向后即可有效沟通临近的溶洞。众所周知，由于酸蚀主裂缝的诱导应力场的作用范围有限，转向裂缝在延伸一定程度后会再次转向到原先的酸蚀主裂缝方向延伸。因此，最好是一次转向裂缝即可实现与邻近溶洞的有效沟通。目前已有转向裂缝的转向角及转向半径的数学模型可以准确地进行相关的预测计算与分析。这里的关键是酸蚀主裂缝内暂堵位置的精准控制。因在裂缝扩展过程中，预期暂堵处的裂缝宽度是动态变化的，同时酸压过程中的滤失特性也具有随机性及不可控性，导致难以精确控制暂堵剂在运移过程中的卡点位置。因此在实际施工过程中，有可能需要一次以上的暂堵作业，通过调整暂堵剂的加量及浓度等措施，尝试在酸蚀主裂缝的不同位置处暂堵并转向，最终大幅度提高转向裂缝与邻近溶洞沟通的概率。

值得指出的是，也可在上述一次暂堵的基础上，通过一次以上的停泵，再次施工时因诱导应力场作用，裂缝可能沿一个新的方向起裂与延伸。此时同样牵涉转向角及转向半径的计算问题。如果一次停泵解决不了问题，可重复更多次停泵及注入施工，且每次注入的液体体积尽量小，使每次转向裂缝的转向角很小，因此可以尽量精准地控制转向裂缝的转向角度。此外，为了尽量避免压裂液进入先前的裂缝中，可逐步提高压裂液的黏度。必要时可投入些暂堵球或其他类型的暂堵剂对先前的裂缝进行有效封堵。

需要特别强调的是，上述论述中隐含的前提条件是转向裂缝起裂点就是暂堵的位置。实际上，某点发生暂堵后，转向裂缝不一定恰好就在暂堵点处起裂与延伸，而可能在井筒至暂堵点的任一个或多个位置点起裂与延伸。此时情况变得异常复杂，但由于可能有多条转向裂缝的起裂与延伸，有可能通过一次暂堵就能实现沟通邻近溶洞的目标。

当酸蚀裂缝与上述溶洞沟通时，会发生井口施工压力的大幅度降低，此时需要立即终止施工，否则大量的酸液进入溶洞后没有任何实际意义，还造成酸液材料的浪费。但如溶洞是完全充满的，则施工压力不会有明显的降低迹象，这给现场是否沟通溶洞的判断带来了不确定性。此时只能通过酸压后产量的动态及其与邻井的对比分析，判断是否真正沟通了溶洞(沟通溶洞后的产量相对较大且递减慢)。

1.6 超深碳酸盐岩储层垂向上的控向酸压技术

一般碳酸盐岩储层酸压都尽量避免缝高的过度延伸(有效储层厚度一般在 50m 以内)，而顺北等超深碳酸盐岩储层的酸压需要缝高尤其是向下缝高的大幅度延伸。储层的纵向厚度一般都在 200m 甚至 400m 以上，而常规酸压的缝高一般在 50m 以内，因此如何通过酸压技术实现垂向上的大幅度延伸是至关重要的。这里隐含的一个前提是有效酸蚀缝长必须达到设计的预期要求，否则，酸蚀裂缝的面积不一定能较大幅度的提升。

目前，以大幅度增加酸蚀缝高为目标的控向酸压主要采取以下措施[12-14]：

(1)定向水力喷射射孔引导初始裂缝的定向起裂与扩展。虽然碳酸盐岩储层大多以裸眼完井方式及定向井或斜井为主，不需要常规的射孔作业即可进行正常的酸压施工，但如能通过定向(一般以向下为主)水力喷射射孔的方式在一定程度上引导初始裂缝的起裂与延伸向预期的方向发展，则可基本达到定向酸压的技术目标。一旦裂缝在某个方向正常延伸后，其延伸压力肯定小于上述定向射孔的反向裂缝的破裂压力，因此可确保水力裂缝基本沿水力喷射射孔引导的方向持续延伸，则可圆满实现定向酸压的技术目标。但这里有个前提是缝长方向的延伸也必须得到有效的控制，否则，即使能在缝高方向实现一定程度的定向延伸目标，其延伸程度也相对有限。

(2)加重酸液。对垂深超过 7000m 的超深碳酸盐岩储层酸压而言，如酸液密度增加 0.1g/cm³，则井口施工压力可相应地降低 7MPa，可在一定程度上提高注入排量，从而促使缝高的较大幅度延伸。此外，由于密度增加，裂缝在延伸过程中也更容易向下延伸。如果密度增加 0.3g/cm³，则上述提高排量及缝高下延的效果更明显。

(3)阶段性多次注入低密度上浮剂。这里主要针对缝高向下定向的情况。注入低密度(密度与压裂液的密度相等或接近最佳)的上浮剂后，可绝大部分聚集于裂缝的顶部位置，进而阻止缝高向顶部的继续延伸。在裂缝端部延伸也受限的前提下，继续注入的压裂液可大幅度增加缝高向下的延伸程度。但以往那种只注入一段上浮剂的方式对远井的裂缝顶部延伸的阻止效应会大幅度降低，因此，需要分阶段多次注入上浮剂，以确保上浮剂在裂缝顶部对缝高的持续阻止机制。值得指出的是，上述上浮剂可以是颗粒状的，也可以是纤维状的，或者是上述两种形状的混合物。尤其是纤维状的相对较软，当其在裂缝的顶部封堵后，可以消耗掉很大的能量。换言之，裂缝内的净压力传递到顶部位置后可快速降低，因此也具有阻止缝高向顶部延伸的作用。

(4)循环脉冲式排量注入。改变以往那种恒定排量的注入模式，采用循环交替变排量的脉冲式注入模式，可在裂缝内产生相应的压力脉冲效应，进而促使岩石发生疲劳破坏引发的缝高定向延伸。上述脉冲式变排量的一个极端情况是施工中途进行一次或多次(多得可达 10 次以上)停泵，但为提高施工效率，每次停泵的时间可以设置为 1～2min，这样也可进一步提高岩石的疲劳破坏程度。如果将排量从高到低多个台阶式变化作为一个循环阶段，可进行至少 2～3 次的循环注入，且可把每个循环阶段的最低排量设置为零(即瞬时停泵)，这样可将多级循环注入与多次瞬时停泵作业有机衔接起来，由此可实现更佳的岩石疲劳破坏效果。

(5)依托不同流动介质间温度差引起的热应力效应促使缝高的定向延伸。如果地面注入液氮等超低温流体(−196℃)，虽经超长井筒流动的加温过程，但其到达井底后的温度仍将低于−100℃，与储层 200℃左右的高温流体相互作用后，可产生较大的热应力效应，进而促使裂缝的定向延伸。虽然液氮的密度相对较低(0.81g/cm³)，但由于裂缝顶部已基本被有效封堵住，大部分液氮应可流动到裂缝的底部位置。

1.7　超高温酸液体系

就超深碳酸盐岩储层酸压而言，耐高温的酸液体系研发显得尤为重要。目前常用的适用于高温碳酸盐岩储层酸压的酸液体系主要有稠化酸(或称胶凝酸)、乳化酸、地面交联酸等，但一般只能耐温 140℃，这对普遍超过 160℃部分井甚至超过 200℃的顺北碳酸盐岩储层而言，显然不能满足地质要求。为此必须研发耐温 160℃及以上的超高温酸液体系[15-19]，目前达到这一温度要求的只有地面交联酸体系。因为稠化酸(胶凝酸)及乳化酸等体系在 160℃条件下剪切 1.5～2h 后的黏度相对很低(一般在 10mPa·s 以下)，已不满足深穿透酸压的技术需求。

超高温地面交联酸的主剂主要是稠化剂及交联剂。稠化剂的研发需从分子结构角度，引入阳离子疏水缔合单体和耐高温的磺酸基耐温单体。利用有机锆交联形成物理缔合和配位交联双重作用的三维网络结构，形成耐温、耐剪切和高温稳定的地面交联酸冻胶结构。

其他的助剂有缓蚀剂、铁离子稳定剂、助排剂等，一般通过相关性能评价后进行筛选。比较难选的是缓蚀剂，如果没有耐温 160℃ 与交联酸配伍的缓蚀剂，可以暂用耐温 140℃ 的进行替代。由于在注酸之前一般采用非反应性的压裂液进行水力造缝和降温，井筒及裂缝内的温度场模拟结果证实，绝大部分情况下酸液经历的温度小于 140℃（即使储层的原始温度超过 200℃，前置液降温 60℃ 的目标是能够达成的），因此耐温 160℃ 的地面交联酸配方体系采用耐温 140℃ 的缓蚀剂也是没有任何问题的。

在地面交联酸注入过程中，井筒及裂缝内的温度仍逐步降低，因此，在注入的后期换用耐温 140℃ 以下的地面交联酸体系也是完全可行的，甚至可以采用耐温 100℃ 及以下的稠化酸（胶凝酸）和/或乳化酸体系。尤其当进行大型酸压改造时，在施工中后期换用低温系列的酸液体系更没有问题，还可同时实现降低酸液成本的目标，可谓一举两得。

值得指出的是，采用超高温酸液的目的是提高酸液有效作用距离，因此，其他的酸液如就地自生酸体系，即使温度达不到 160℃ 及以上的要求，但由于在近井筒裂缝处还不是酸，等到远井筒裂缝一定距离后再就地生成酸液体系并实现就地的酸岩刻蚀效应。而近井筒裂缝的酸岩反应问题很容易得到解决。其他如多重乳化酸体系，在常规乳化酸（油包酸）外层又包裹一层稠化酸（胶凝酸），可大幅度降低沿程摩阻，促使多重乳化酸运移距离更远，此时再释放其包裹的乳化酸，并运移一定的距离后释放酸液，就地进行酸岩反应形成一定的导流能力。上述就地自生酸及多重乳化酸也可在酸压施工的中后期进行注入，从而能实现更远的酸蚀作用距离及深穿透目标。

1.8 超深碳酸盐岩储层酸压技术未来发展展望

由于超深碳酸盐岩的超高温与超高闭合应力的地质特征，实现常规的酸压深穿透及高导流技术已非常困难。上述论述中已对此进行了扼要叙述。如果要实现更长的穿透距离及更高的导流能力，挑战性极大。

为此，可采取以下技术策略来大幅度增加有效酸蚀缝长：

1）延缓高温酸形成的时间

可用水外相的稠化酸（胶凝酸）分别包裹就地自生酸的两种主剂，等其运移到一定的距离后再分别释放，然后再运移一定距离后就地反应形成自生酸。降阻率高的稠化酸（胶凝酸）从外层进行包裹，因此，注入过程中的沿程摩阻可大幅度降低，也利于提高排量并将其运移到更远的裂缝位置处。与原先的就地自生酸相比，有效的酸蚀缝长至少可增加一定的长度（从近井筒开始到稠化酸或胶凝酸完全破损的距离，该长度一般应在 20m 以上）。同理，也可用上述稠化酸（胶凝酸）分别包裹地面交联酸的稠化剂及交联剂，等外相包裹的稠化酸（胶凝酸）完全破损后再分别释放，也可在远井裂缝地带进行就地交联。考虑到初期一般是弱交联，等真正交联后的位置到近井筒的距离也相对较长，这就是比常规地面交联酸增加的有效酸蚀距离（缝长）。

2）采用酸液黏度逐渐升高的施工策略

在酸压过程中，随着酸液（前期还有非反应性的压裂液）的不断注入，裂缝内的温度逐渐降低，如果反其道而行之，不仅不会降低酸液的黏度，反而会逐渐增加酸液的黏度，则酸液释放氢离子的速度会相应大幅度降低，因此，在变为残酸前其运移距离也会相应大幅度增加。虽然酸液的成本可能略微增加，但更深穿透效果带来的产量增加及经济效益增加的幅度会更大，这将远远抵消酸液成本增加效应。

3) 研发更高耐温能力的酸液体系

目前，地面交联酸的耐温能力只有160℃，随着技术的发展，能研发耐温180℃甚至200℃以上的地面交联酸体系，则在同等施工条件下，可实现更远的酸蚀作用距离。

在该技术基础上，如果再应用上述的稠化酸（交联酸）外相包裹技术，则可进一步提高有效酸蚀缝长。

4) 采用超小粒径支撑剂

在非反应的前置压裂液造缝中同步采用超小粒径的支撑剂以实现降滤及压后充填的双重作用效果。超小粒径的支撑剂可为180～210目或270～300目，或为这两种粒径支撑剂的混合物。由于支撑剂的粒径非常小，不影响压裂液的前置造缝作用，且当压裂液沟通小微尺度的裂缝系统时，上述支撑剂可及时利用进缝速度大的有利条件适时进入这些小微裂缝系统，在降低压裂液滤失的同时，可极大提高造缝效率。此外，酸压后这些支撑剂因小微裂缝的快速闭合难以随压裂液或酸液的破胶液返排被携带出裂缝和井筒，因此对酸压后的稳产还具有十分积极的促进作用。况且这些支撑剂的粒径虽小，但粒径的分布范围相对集中，在超深碳酸盐岩的超高闭合应力作用下提供的导流能力相对较高。

5) 采用温敏性高温酸液体系

常规的酸液体系在遇到储层高温时（早期注入的酸液经历的温度一般相对较高），黏度往往呈下降趋势。而温敏性高温酸液遇到高温后黏度不仅不降低反而有一定幅度的增加。因此，在同样条件下其释放氢离子的速度相对较低，在变为残酸之前可运移更长的距离。此外，这种温敏性的高温酸液因为黏度逐渐增高的特性，在裂缝延伸过程中还可促进缝高在远井地带的充分延伸，从而可大幅度提高酸蚀裂缝面积及相应的酸压后产量效果。

值得指出的是，上述采取的五种施工策略都会导致近井筒到裂缝某个位置处一定缝长范围内的导流能力相对较低，因此，必须通过施工后期的低黏酸液的注入进行补救。此时近井筒裂缝内的温度相对较低，采用低黏酸液后的酸岩反应速度仍不太高，因此，低黏酸液基本上可确保被运移到能沟通上述没有导流能力或导流能力很低的裂缝段。如果仍担心酸岩在近井筒的刻蚀效应不强，可在预期上述低黏酸液能覆盖近井筒裂缝段时及时停泵一段时间，以等待裂缝内温度的整体恢复。之后，近井筒裂缝段的酸岩反应速度将加快，可借此增加酸岩刻蚀深度及相应的导流能力。

在大幅度提高超深碳酸盐岩储层酸压裂缝导流能力方面，应着重采取以下施工策略：

1) 采用耐酸屏蔽材料覆盖裂缝表面，形成稳固的岩石自支撑酸蚀裂缝导流能力

以往所述的不同黏度酸液非均匀刻蚀的技术策略，虽然也能利用高黏度酸液酸岩刻蚀慢的优势，形成一定支撑强度的自支撑酸蚀裂缝，但高黏度酸液流经的区域不好控制，经历的温度场也不尽相同，因此，高黏度酸液流经区域形成的自支撑裂缝面积及强度等都具有高度的不确定性，且部分酸岩刻蚀效果好的区域，在高闭合应力下容易被压碎，也因此会失去稳固裂缝面的作用。此外，由于不同黏度酸液黏滞指进通道分布方式及分

布面积的不可控制性，很难保证自支撑面在整个裂缝面积上的均衡分布，即使形成了自支撑酸蚀裂缝，其支撑结构也不稳固，难以获得相对较高的长期裂缝导流能力。

采用耐温、耐酸的油溶性高分子屏蔽材料(细颗粒状，一般粒径为 40~60 目)后，通过段塞式注入方式进行控制，可使上述屏蔽材料在整个裂缝面上接近均匀分布，且这些屏蔽材料具有自聚集性，可以确保覆盖的某个裂缝面处的整体密闭性及与岩石壁面的强附着力，确保酸液经过时在一定的排量冲刷下能不被驱除或部分清洗掉，也因此不会发生酸液的点蚀现象(个别缝隙处渗酸)，从而确保支撑裂缝面的强度(因为是原始的裂缝面，没有任何酸岩反应刻蚀导致的岩石强度降低效应)能足够支撑超高的闭合应力。当酸压投产后，随着压裂液及酸液破胶液的返排及随后的原油产出，上述屏蔽材料遇油后会自行溶解，并在一定时间后可彻底溶解(其残渣也会随之流出井筒)，从而不会对储层产生任何伤害及不利影响。换言之，上述屏蔽材料覆盖的区域相当于支撑裂缝面的多个支柱，支柱外的酸蚀裂缝相互连通形成导流能力较强的流动通道。显然地，上述支柱的总面积及隔支柱的分布状况，在既定的闭合应力下应有个优化的临界值，超过该临界值，虽然裂缝支撑得更稳固，但相互连通的酸蚀裂缝通道的面积必定会随之降低，相应的裂缝导流能力也必然随之降低。反之，如上述支柱的总面积低于临界值，则在超高闭合应力作用下，上述支柱可能被压垮，从而使裂缝的导流能力也相应地快速降低。具体的支柱的临界总面积的确定，可基于目标井层的岩心做的岩板，测试其导流能力在不同支柱总面积下的变化规律，由此可确定最佳的临界支柱面积。为简便起见，每个支柱的形状可设计为圆柱状。

上述屏蔽材料还有一个关键指标是软化温度点及其在岩石表面附着的时间，必须与酸压注入工艺及参数有机地结合起来，且必须进行精细的酸压过程中井筒及裂缝温度场的模拟分析，同时要精细模拟上述屏蔽材料在裂缝中的运移轨迹(具体模拟时可假设其为支撑剂，并将其进一步细化为不同的亚段，每个亚段可假设其他都是不加支撑剂的纯压裂液，这样，每个亚段的支撑剂在裂缝内的铺置形态及浓度分布都可精细地模拟得出，而其他亚段的支撑剂分布形态及浓度都可按上述方法进行模拟得出。最终的支撑剂总体分布形态及浓度可对上述的多个模拟结果进行叠合得出)，这些都可基于酸压设计常用的商业模拟软件如 StimPlan、Gofher 等进行。如通过模拟发现上述屏蔽材料在裂缝面上的分布不均衡，应通过调节屏蔽材料的浓度或中间隔离液的体积等参数，再次模拟得出上述屏蔽材料叠合后的分布形态及浓度，直到得到优化的屏蔽材料加入方式及参数为止。至于屏蔽材料的软化点问题，如果担心裂缝内温度低不软化，可适当停泵等待一定的时间以恢复温度。具体停泵时间同样可基于上述酸压设计商业化软件对裂缝内温度恢复情况进行精细模拟。

以上只是阐述了如何在主裂缝中形成自支撑酸蚀裂缝的问题。如有可能，在此基础上应进一步将该机制拓展到支裂缝，显然这样难度更大，因为支裂缝的宽度比主裂缝的宽度小得多，这对屏蔽暂堵材料如何进入支裂缝及如何控制其分布形态难度极大。

2) 可能条件下进行复杂缝酸压甚至体积酸压

与页岩气缝网压裂的机理相类似，要进行复杂缝酸压或体积酸压，必要满足几个条件：①脆性好。纯的碳酸盐岩本身脆性好，但在超高温度与超高应力作用下，岩石的塑性会增强。如果按岩石力学计算的脆性指数在 60% 以上，应当可以认为脆性满足要求。

②两向水平应力差异系数小。对页岩气的要求是差异系数小于 0.25，但考虑到井层变深后，即使水平应力差异系数小于 0.25，两向水平应力差的绝对值仍相对较高，如大于 20MPa，因此还需要考虑与主裂缝净压力的相对大小问题，一般认为如主裂缝净压力大于两向水平差则可能形成转向裂缝或复杂裂缝。这对块状沉积的碳酸盐岩储层而言，纵向的缝高延伸程度相对于层理缝更发育的砂岩或页岩而言更大，因此主裂缝的净压力增长可能相对缓慢，甚至随缝高的更快延伸而有所降低，这对形成复杂裂缝或体积裂缝非常不利。③高角度天然裂缝发育情况。如果天然裂缝与主裂缝有一定的夹角(一般应大于30°)时更有利于沟通天然裂缝形成复杂的裂缝系统。尤其是碳酸盐岩储层酸压时，如果早期采用低黏度酸液，则其沟通天然裂缝后会进一步快速溶蚀岩石或天然裂缝中的填隙物，更容易形成复杂裂缝或体积裂缝(天然裂缝足够发育的情况下)。

如果在超深碳酸盐岩储层通过酸压形成了复杂的酸蚀裂缝或体积裂缝系统，在其他条件一定的前提下，主裂缝的导流能力相对较高，即使是长期裂缝导流能力也是如此。原因在于主裂缝侧翼方向的多个支裂缝可在不同程度上分散承担着本来要直接作用于主裂缝上的闭合应力，且各个支裂缝延伸得越长，其对上述作用于主裂缝上的闭合应力的分散效应就越明显，导致最终作用于主裂缝上的闭合应力会大幅度降低。因此，主裂缝导流能力会相对较高且递减也相对较慢。

3) 最大限度地阻滞近井筒裂缝导流能力的快速降低

如近井筒裂缝导流能力因某种原因快速降低，则整个裂缝都将因此全部或几乎全部失效。近井筒裂缝直接接触所有的进缝酸液，因此很有可能在缝口处发生酸岩的过度溶蚀而引发岩石骨架的坍塌效应。目前常用的高黏酸液体系有助于降低缝口处的过度溶蚀效应，且酸液的黏度越高，上述作用越明显。常规的稠化酸(胶凝酸)等在超深碳酸盐岩的超高温度条件下因黏度更低更容易发生缝口处导流能力的快速降低现象(俗称"包饺子")。但如果采用高黏度酸液与低黏度酸液的多级交替注入策略，由于黏度差导致的黏滞指进效应，上述低黏度酸液形成的岩石骨架的坍塌效应只能在纵向上多个局部位置形成，因此不会导致近井筒裂缝导流能力的整体性丧失。但如果低黏度酸液指进的通道直径相对较大(按前后顺序注入的两种酸液的黏度差异相对较小时)，则不可忽视低黏度酸液刻蚀形成的岩石坍塌效应影响。因此，当采用变黏度酸液进行黏滞指进非均匀刻蚀酸压施工时，前后相邻的两种酸液的黏度差异应尽量大些。

采用适量过顶替的施工策略，可将近井筒裂缝中的酸液最大限度地向裂缝深部推进，尤其当进行多级交替注入闭合裂缝酸化施工时，因近井筒裂缝中滞留的大多为低黏度的酸液，更有必要进行适量的过顶替注入。且前期因酸液的黏度差形成的黏滞指进通道一旦形成后，后期注入的酸液也更容易沿着上述通道继续向裂缝深部注入，沿途进一步加深酸岩刻蚀反应，这些都增加了缝口处酸岩过度溶蚀的风险。

值得指出的是，主裂缝中无论哪个位置的导流能力保护都至关重要，且越靠近井筒处的导流能力越重要，因为一旦失去导流能力将导致该点至主裂缝端部的缝长全部丧失。

4) 酸压后采用液体炸药形成复杂裂缝及提高裂缝导流能力技术

以往的液体炸药大多在压裂液造缝施工完成后再通过引发剂激发其在主裂缝与压裂液沟通到的支裂缝及微裂缝中爆炸，形成复杂裂缝，同时利用液体炸药形成的冲击波能量不同，造成不同裂缝位置处的导流能力不同。而在超深碳酸盐岩储层酸压中因酸液的大量使用，要求液体炸药在酸液中具有较长时间的稳定性，只有在引发剂发生作用后才发生强度可控的爆炸。如爆炸强度太大，裂缝壁面孔隙可能发生压实甚至完全压实的现象，即使此时形成了复杂裂缝系统，但油气向复杂裂缝系统流动的能力也会因上述缝壁压实效应而大幅度降低，进而严重影响爆炸后的产量。反之，如果爆炸不彻底，则在返排及生产过程中残留的炸药会遗留极大的风险，如果发生多次更小能级的爆炸，会给井筒及地面管线都造成一定程度的危害。因此，虽然该项技术在十多年前就研发成功，在部分碳酸盐岩储层也进行了少量的探索性试验，但由于各种原因仍难以获得大面积推广应用，亟须进一步在爆炸的完全可控及安全风险等方面进行深入的研究。

在爆炸的同时形成复杂裂缝后，酸液会乘势流入邻近的裂缝中进一步发生酸岩反应刻蚀效应，比压裂液中爆炸形成的裂缝导流能力更强。如前所述，正是因为爆炸能产生大量的复杂裂缝，在主裂缝侧翼方向的支裂缝或微裂缝系统，可承担分散着本应由主裂缝承受的闭合应力（相当于主裂缝承受的闭合应力降低），因此在同等条件下可在一定程度上提高主裂缝的导流能力。

另外，因有许多条支裂缝，当闭合应力传递到某个支裂缝后会消耗一部分应力，再传递到下一个支裂缝时又会消耗一部分应力。由此经过层层衰减，最终支裂缝整体承受的闭合应力会大幅降低。这些对支裂缝导流能力的保护至关重要。

参 考 文 献

[1] 李阳, 康志江, 薛兆杰, 等. 中国碳酸盐岩油气藏开发理论与实践[J]. 石油勘探与开发, 2018, 45(4): 669-678.

[2] 江同文, 昌伦杰, 邓兴梁, 等. 断控碳酸盐岩油气藏开发地质认识与评价技术——以塔里木盆地为例[J]. 天然气工业, 2021, 41(3): 1-9.

[3] 刘洪涛, 刘举, 刘会锋, 等. 塔里木盆地超深层油气藏试油与储层改造技术进展及发展方向[J]. 天然气工业, 2020, 40(11): 76-88.

[4] 郭建春, 任冀川, 王世彬, 等. 裂缝性致密碳酸盐岩储层酸压多场耦合数值模拟与应用[J]. 石油学报, 2020, 41(10): 1219-1228.

[5] 李义林, 李泰良. 基于迎风差分格式的裂缝酸压数值模拟[J]. 数学的实践与认识, 2020, 50(18): 160-166.

[6] 朱庆忠, 高跃宾, 郑立军, 等. 杨税务潜山超高温非均质碳酸盐岩气藏储层改造技术[J]. 石油钻采工艺, 2020, 42(5): 637-641, 646.

[7] 李子甲, 吴霞, 黄文强. 深层碳酸盐岩储层有机酸深穿透酸压工艺[J]. 科学技术与工程, 2020, 20(20): 8146-8151.

[8] 吴霞. 缝内酸液流动及分布特征数值模拟研究[D]. 成都: 成都理工大学, 2020.

[9] 李宪文, 侯雨庭, 古永红, 等. 白云岩储层酸蚀裂缝导流能力实验研究[J]. 油气地质与采收率, 2021, 28(1): 88-94.

[10] 吴亚红, 吴虎, 王明星, 等. 基于导流能力评价实验的复合酸化压裂技术[J]. 科学技术与工程, 2020, 20(31): 12776-12781.

[11] 李力, 王润宇, 曾嵘, 等. 考虑压力溶解的酸压裂缝长期导流能力模拟方法[J]. 石油钻采工艺, 2020, 42(4): 425-431.

[12] 李新勇, 纪成, 王涛, 等. 顺北油田上浮剂封堵及泵注参数实验研究[J]. 断块油气田, 2021, 28(1): 139-144.

[13] 宋志峰, 张照阳, 毛金成. 塔河油田胶束软隔挡控缝高酸压方法研究[J]. 石油钻采工艺, 2019, 41(3): 382-386.

[14] 米强波. 碳酸盐岩低应力差储层控缝高机理及工艺研究[D]. 成都: 成都理工大学, 2017.

[15] 赵莹. 低摩阻高温加重压裂液体系研究及性能评价[J]. 精细石油化工进展, 2020, 21(6): 1-4, 32.

[16] 曹广胜, 李哲, 隋雨, 等. S 区碳酸盐岩耐高温酸压酸液体系优选及性能评价[J]. 石油化工高等学校学报, 2020, 33(5): 48-53.

[17] 郝伟, 伊向艺, 黄文强, 等. 自生酸酸液体系评价实验研究[J]. 石油化工应用, 2020, 39(4): 96-101.

[18] 何世云. 抗 180℃高温低腐蚀酸液体系构建及应用[J]. 钻井液与完井液, 2020, 37(2): 244-249.

[19] 张倩, 李年银, 李长燕, 等. 中国海相碳酸盐岩储层酸化压裂改造技术现状及发展趋势[J]. 特种油气藏, 2020, 27(2): 1-7.

第 2 章　国内外超深复杂应力碳酸盐岩储层酸压技术发展概况

2.1　国内外超深碳酸盐岩储层评价技术

针对特定超深碳酸盐岩储层地质难题,需要开展以储层地质特点为基础的储层评价、工艺优选、方案设计等研究,形成有针对性的超深碳酸盐岩储层地质工程一体化的特色改造技术。

2.1.1　超深碳酸盐岩储层物性评价

1. 塔河托甫台地区碳酸盐岩储层物性评价及特征

随着塔河油田油气勘探从主体区向外围转移,托甫台地区逐渐成为勘探的热点,该区位于阿克库勒凸起西南倾没端。该区主力油层集中在中奥陶统一间房组。但由于托甫台地区处于巨厚的桑塔木组覆盖区,其储层发育特征与主体区存在明显差异,储层埋深大(大于 6000m)、厚度薄、非均质性强、控制因素复杂,导致有利勘探目标预测难度大[1]。

利用薄片资料分析储层岩石特征,对托甫台地区鹰山组、一间房组、良里塔格组各类岩石出现频率进行统计,统计结果见图 2-1。一间房组由于主要发育中高能台内礁滩体颗粒灰岩,泥质含量极少,故有利于后期的岩溶改造;中、上奥陶统岩性较为复杂,由于陆源碎屑物质的混入,岩石可溶性大大降低,不同类型岩石可溶解性差异较大。

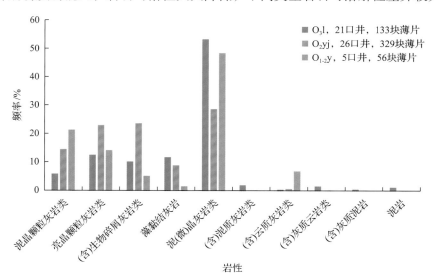

图 2-1　塔河油田托甫台地区奥陶系不同层系岩石类型统计

对托甫台区内 9 口取心井一间房组的 51 个物性数据进行分析统计,全直径孔隙度介于 0.10%～6.0%,主要集中在 1.0%～3.5%;垂直渗透率很小,主要分布于 0.1×10^{-3}～$2.0 \times 10^{-3} \mu m^2$,其中以 0.5×10^{-3}～$1.4 \times 10^{-3} \mu m^2$ 最多。统计表明,该区一间房组碳酸盐岩储层基质部分具有低孔、低渗特征,对储层物性的贡献有限,储集空间主要依赖于与表生岩溶作用有关的次生溶蚀孔、洞和裂缝。

通过对钻井岩心、岩石薄片、铸体薄片等孔隙结构分析,发现托甫台地区碳酸盐岩储集空间主要为次生(溶蚀)孔洞、(构造、溶蚀)裂缝、孔隙三类,而原生基质孔隙欠发育,非均质性较强。其中,溶蚀孔洞是该区重要的储集空间,以中、小洞为主,大小在 5～100mm 变化,密集分布或孤立发育,多为方解石全充填或半充填。裂缝包括构造缝、压溶缝和溶蚀缝等。岩心观察表明,该区有效裂缝主要为中(缝宽为 100～1000m)、小(缝宽为 10～100m)高角度缝,裂缝充填较为严重,裂缝常与大的断裂带伴生,或发育在褶皱顶部。孔隙主要有粒内溶孔和粒间溶孔,孔径一般几微米至几百微米,为早期近地表成岩环境大气淡水溶蚀的产物,在一间房组颗粒灰岩与生物碎屑灰岩中有见到,但总体规模不大。

根据不同类型储层识别特征,详细解剖区内单井储层类型,认为该区奥陶系一间房组储层平面上总体呈"南北分带、东西分异"格局,即从南往北储层发育程度逐渐变好,北部靠近艾丁地区以孔洞型储层为主,中部以裂缝-孔洞型或孔洞-裂缝型储层为主,南部以裂缝型储层为主;东西方向上断裂带附近储层明显更好。储层非均质性强,纵向具有分层的特征。

2. 塔里木盆地顺北特深碳酸盐岩储层物性评价及特征

顺北油气田主体位于顺托果勒低隆起,其东南延伸至古城墟隆起的顺南斜坡。顺托果勒地区奥陶系碳酸盐岩主要储层发育段为一间房组—鹰山组上段。储层原生储集空间多已被破坏殆尽,现今有效储集空间以次生储集空间为主,包括高陡断层相关洞穴(表现为钻井放空或泥浆漏失)、高角度构造缝、扩溶或充填残余缝、溶蚀孔洞、晶间孔隙及微裂缝等多种储渗空间类型,形态多样,大小悬殊,分布不均。其中,与走滑断裂相关的洞穴、构造缝及沿缝溶蚀孔洞是主要的储集空间类型。顺托果勒地区储层在主干断裂带上最为发育,次级断裂带储层发育程度变差[2]。

顺北地区实钻揭示表明,断裂带附近的钻井多钻遇放空和漏失。此外,部署在分支断裂带上的 SHB 1-8H、SHB 1-9H 和 SHB P3H 井也钻遇漏失。上述单井测试均获得高产油气流,表明沿断裂带储层质量较好,明显受不同级别的断裂带控制。同时录井资料显示,顺北地区位于断裂带上的单井在钻进过程中常出现钻时明显降低至 10min/m 以下,其分布与断裂及其伴生裂缝溶蚀扩大密切相关,推测为大型断裂-洞穴型储集体。该类型储集体是目前 SHB 1 井区所揭示的最重要的储集层类型和主要产层。特别是 1 号断裂带上的多口单井长期高产、稳产,油压下降缓慢,表明顺北地区储集体具有较大规模[3]。

通过顺北 1 号断裂带立体雕刻分析,能量强的大型洞穴型储层均沿断裂-裂缝体系发育,从而证实顺北地区储层发育的特殊性,即顺北地区奥陶系储层为发育在非暴露区且受控于走滑断裂带的规模裂缝-洞穴型储层,洞穴宽度相对较小(侧钻放空一般小于 3m),

但具有横向延伸长、纵向深度大的优点。

顺北油气田是由一系列沿断裂带分布、埋深大于 7000m 的碳酸盐岩断溶体海相油气藏组成，具有沿断裂带整体含油、不均匀富集的特点，无统一油(气)-水界面，是以特深（＞7000m）、高温（＞150℃）、常压(压力系数＜1.2)为主要特征的碳酸盐岩断溶体油气藏。

顺北油气田多口井获得油气流，为低密度、低黏度、低含硫、中-高含蜡的轻质油-凝析油。地面原油密度为 0.7916～0.8434g/cm^3，平均值为 0.8075g/cm^3；黏度为 1.15～8.85mPa·s，平均值为 4.44mPa·s；含硫量为 0.03%～0.19%，平均值为 0.12%；含蜡量为 2.62%～7.04%，平均值为 4.73%。顺北油气田天然气以烃类气体为主，甲烷含量为 75.60%～94.71%，平均值 83.06%；乙烷含量为 0.82%～9.17%，平均值为 5.99%；以高熟原油伴生气-凝析气为主，油、气同源。

2.1.2 超深碳酸盐岩储层天然裂缝发育情况评价

1. 塔里木盆地顺北特深碳酸盐岩储层天然裂缝发育情况

顺托果勒地区主要储集空间为与走滑断裂相关的洞穴、构造高角度缝和沿缝溶蚀孔洞，洞穴(钻井放空)主要发育在断裂带附近，高角度缝以 NE 向为主、与主断裂走向一致，说明洞穴和高角度缝发育与走滑断裂多期活动有直接关系。

研究表明，顺托果勒地区主要发育 NE 与 NW 向两组走滑断裂。走滑断裂带的多期持续活动及构造破裂作用是储层发育的主控因素，断裂带多期活动形成了大型洞穴-裂缝系统，也为后期大气水渗流及沿缝扩溶、埋藏溶蚀改造提供了有利通道，有利于洞穴及溶蚀孔洞的形成。

下古生界碳酸盐岩属于刚性地层，受外力作用，断裂带岩石破碎程度高，洞穴(钻井放空)主要发育在断裂带附近。顺北 1 号走滑断裂带上的 SHB 1-2H、SHB 1-3CH 井和 SHB 1-4H 井在钻进过程中均钻遇放空，表明钻遇了缝洞型储层。断裂带多期活动形成的裂缝系统本身可以作为一种重要的储集空间，如位于次级断裂带上的 SHB 2 井直井与侧钻井成像测井资料均揭示发育高角度裂缝(图 2-2)，高角度裂缝走向以 NE 向为主，与主断裂走向一致，表明受走滑断裂带控制[4]。

2. 塔里木盆地顺南地区碳酸盐岩储层天然裂缝发育情况

顺南地区位于塔里木盆地塔中 I 号断裂带下盘，塔中北坡顺托果勒低隆与古城墟隆起的结合部位，主要发育 NE 向走滑断裂，断裂分段特征明显，奥陶系油气沿 NE 向走滑断裂分布。断裂带附近的钻井缝洞型储层发育，油气显示好，远离断裂带，储层发育差，且在同一断裂带不同部位钻井，储层发育特征与油气显示亦具有较大差异。目前研究认为，顺南地区断裂带附近不同构造部位储集性能差异明显的原因与走滑断裂分段性及其派生裂缝发育体系差异密切相关。

基于岩心及成像测井资料对裂缝进行识别与描述，总结发现顺南地区主要发育构造缝、成岩缝及构造抬升形成的类风化缝三种类型裂缝，且以构造缝为主，发育少量溶蚀缝。研究区内构造缝以剪裂缝为主，发育少量张性缝及张剪性缝。裂缝走向以 NE—NEE

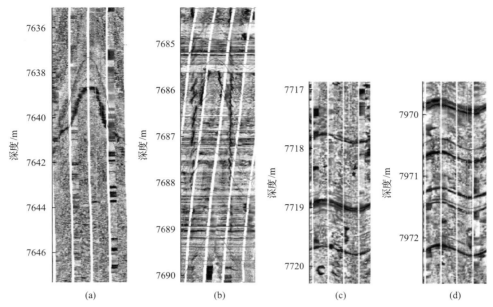

图 2-2　塔里木盆地顺托果勒地区 SHB 2 井直井与侧钻井水平段成像测井裂缝识别

走向为主，局部 NW 走向，与主走滑断裂带走向近平行或小角度相交，部分近垂直相交。与走滑断裂走向近平行的 NE 向裂缝主要为断裂伴生裂缝，而与断裂走向小角度或近垂直相交的裂缝主要为断裂派生裂缝。裂缝倾角普遍较大，主要为高角度-近垂直裂缝，该区低角度裂缝的发育与岩层变形过程中的层间剪切有关。裂缝开度主要介于 0~0.2mm，局部裂缝开度大于 1mm，规模较大，基本全充填，裂缝充填物以方解石为主，其次为硅质及泥质。

　　根据顺南地区不同岩性段岩心观测统计及成像测井解释裂缝线密度计算结果（表 2-1），顺南地区鹰山组裂缝发育程度普遍较大，且大于一间房组裂缝线密度。岩心统计结果表明，鹰山组平均裂缝线密度 6.63 条/m，一间房组仅为 2.24 条/m；成像测井解释鹰山组平均裂缝线密度为 0.15 条/m，一间房组平均裂缝线密度为 0.09 条/m。

表 2-1　顺南地区钻井构造裂缝线密度统计

井号	岩心观测裂缝 线密度/(条/m)		成像测井解释裂缝 线密度/(条/m)	
	一间房组	鹰山组	一间房组	鹰山组
SN1	2.27	7.67	—	0.01
SN2	2.21	5.45	—	—
SN3	1.21	0.39	—	—
SN4	2.15	9.98	—	—
SN4-1	—	—	0.23	0.59
SN401	—	15.56	0.02	—

续表

井号	岩心观测裂缝 线密度/(条/m)		成像测井解释裂缝 线密度/(条/m)	
	一间房组	鹰山组	一间房组	鹰山组
SN5	0.00	0.38	0.02	0.00
SN5-1	—	—	—	0.07
SN501	—	—	0.19	0.14
SN6	—	—	0.00	0.07
SN7	5.57	6.95	—	—
平均	2.24	6.63	0.09	0.15

　　构造裂缝的发育受构造位置、岩性、结构、层厚及温度、围压等因素的影响。顺南地区绝大多数裂缝为构造成因缝，控制构造裂缝形成的本质是构造应力的作用，根据对不同构造位置岩心裂缝密度的统计结果分析认为，构造裂缝的发育与所处构造位置密切相关，靠近断层，裂缝发育程度明显要高，随距断层距离增大，裂缝发育程度逐渐降低，断裂控制诱导裂缝发育区为距断裂 2km 左右；针对同一条断层，位于走滑断层拉分、压隆段的裂缝发育程度明显要高于平移段 (图 2-3)。同时岩性也是控制构造裂缝发育的重要因素，随着白云石含量的增加，裂缝发育密度有增大趋势，因而鹰山组以石灰岩、白云岩为主的地层较一间房组以石灰岩为主地层裂缝更发育。

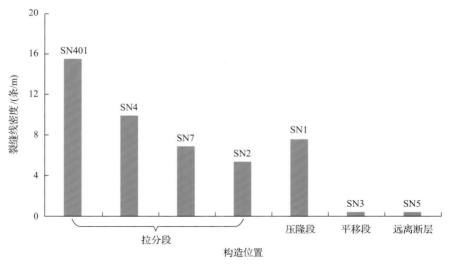

图 2-3　顺南地区不同构造位置裂缝密度分布

2.1.3　超深碳酸盐岩储层岩石力学特性评价

　　岩石力学参数一般指岩石的弹性参数(弹性模量、剪切模量与泊松比)和强度参数(岩石拉张强度、拉张强度、内聚力和内摩擦角等)，是制订压裂施工方案和施工措施的重要依据。准确求取岩石力学参数对制订完善的压裂施工方案和技术措施，降低作业风险具有重要的作用。

求取岩石力学参数的方法主要有两种：一是在室内实验室对岩样进行实测；二是通过地球物理测井资料求取岩石力学参数。

深部碳酸盐岩油藏地层本身地质条件复杂，如盆地形成时间跨度大、埋深跨度大、非均质性强、裂缝溶洞发育等，导致碳酸盐岩的力学特性复杂，不易掌握力学参数变化规律。目前国内外学者主要通过油藏区露头岩石的力学测试和对油田钻井与测井资料的分析来研究碳酸盐岩的力学特性及其内部孔隙结构特征[5,6]。

1. 实验室试验法

试验法是最直接的方法，不足之处是岩样获取比较困难。常规手段是采集对应目标层系的碳酸盐岩露头岩心，借助岩石力学试验系统、非金属声波测试仪等，可完成单轴压缩、三轴压缩和围压声波测试等试验。

实际上，由于受深部钻井取样困难的限制，目前很少有学者对埋深达数千米的碳酸盐岩油藏基质开展力学试验研究。如果有条件通过深部钻井取样获得深部储层的碳酸盐岩油藏基质岩样，可以对岩样开展力学试验和微细观电镜扫描试验，获得超深碳酸盐岩油藏基质的力学参数，并揭示其微细观破裂机制。图 2-4 为中石化西北局在新疆塔里木盆地塔河油田基地进行深部钻井取样所获得的埋深达 5300～6200m 的碳酸盐岩基质岩样[7]。

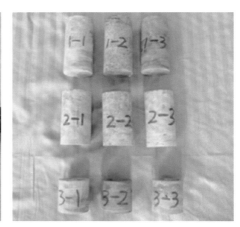

(a) 深部岩样　　　　　　　　　　　(b) 标准岩石试样

图 2-4　塔河油田深部碳酸盐岩基质岩样及制成的标准岩石试件

对塔河油田深部地层岩样进行的室内岩石力学试验主要有单轴压缩试验、三轴压缩试验和巴西劈裂试验。

1) 单轴压缩试验

采用伺服控制岩石压力试验机，岩石试件的压力由试验机的传感器测得，试件压缩变形通过静态电阻应变仪测得。可观察岩石试件最终的破坏形态，测试获得碳酸盐岩试件的全应力-应变曲线，并测出岩石试件的抗拉强度、弹性模量和泊松比。

对于碳酸盐岩试件来说，试验过程中由于局部破裂常常导致碎片或碎块崩离试件或脱落，岩石最终呈现出劈裂破坏模式。

2) 三轴压缩试验

在岩石全自动三轴伺服流变仪上进行，通过三轴压缩试验，主要获取岩石的抗剪强度(包括黏聚力和内摩擦角)，同时也获得不同围压状态下的岩石峰值强度、抗压强度、弹性模量和泊松比，有时还需要模拟温度等其他环境因素。

弹性参数的求取公式为

$$E_s = \frac{\Delta \sigma}{\Delta \varepsilon_1}$$

$$\mu_s = \frac{\Delta \varepsilon_2}{\Delta \varepsilon_1} \tag{2-1}$$

式中，E_s 为杨氏弹性模量，MPa；μ_s 为泊松比，无因次；$\Delta \sigma$ 为轴向应力增量，MPa；$\Delta \varepsilon_1$ 为轴向应变增量，mm/mm；$\Delta \varepsilon_2$ 为径向应变增量，mm/mm。

碳酸盐岩具有明显的围压效应，围压对碳酸盐岩的抗压强度和弹性模量影响较大。随着围压的增大，碳酸盐岩的峰值强度和弹性模量也随之增大，表现出显著的应变硬化特性。从深层岩样三轴试验试件破坏形态可知，在三轴应力状态下碳酸盐岩表现为沿斜截面的剪切破坏，并且有次生裂纹产生。

3) 巴西劈裂试验

岩石抗拉强度采用巴西劈裂试验间接获得，试件抗拉强度由式(2-2)计算得到

$$\sigma_t = \frac{2P}{\pi DH} \tag{2-2}$$

式中，P 为破坏荷载；D 为试件直径；H 为试件高度。

塔河油田深部岩样通过巴西劈裂试验测得的抗拉强度平均为 3.8MPa。

为了分析超深碳酸盐岩的微细观破裂机制，可以对单轴压缩和三轴压缩的碳酸盐岩试件的破裂断口进行微细观电镜扫描试验(设备可采用 SU-70 热场发射扫描电镜)，并与宏观力学试验进行对比分析。

2. 测井资料法

岩心的获得比较困难，因此利用室内试验法求取岩石力学参数有明显的局限性。测井资料中蕴藏着大量的地层信息，长期以来人们一直在应用地球物理测井资料的方法求取岩石力学参数。测井资料的获取容易，且表征的地层信息连续，因而得到了广泛应用。

岩石的弹性参数求取：根据弹性力学理论，利用声波测井的纵、横波速度及密度资料，可求取岩石的弹性模量和泊松比[式(2-3)]：

$$E_{d} = \frac{\rho v_{s}^{2} \left[3(v_{p}/v_{s})^{2} - 4 \right]}{(v_{p}/v_{s})^{2} - 1}$$

$$\mu_{d} = \frac{(v_{p}/v_{s})^{2} - 2}{2 \left[(v_{p}/v_{s})^{2} - 1 \right]}$$

(2-3)

式中，E_{d} 为动态弹性模量，MPa；μ_{d} 为动态泊松比；v_{p} 为纵波速度，m/μs；v_{s} 为横波速度，m/μs；ρ 为密度，kg/L。

式(2-3)所求岩石弹性参数是动态的，反映的是地层在瞬间加载时的力学性质，与真实地层所受的长时间静载荷是有差别的，在实际应用中需要利用相关的模式进行动静态参数的转换。

2.2　国内外超深碳酸盐岩储层地质及开发特征概况

碳酸盐岩油气藏在全球范围内分布广泛，据统计，世界上 236 个大型油气田中，96 个为碳酸盐岩油气藏，约占 40%，碳酸盐岩油藏中有 30% 以上为缝洞型油藏。我国海相碳酸盐岩油气资源量大于 300×10^{8}t，石油资源量约为 150×10^{8}t，主要分布在塔里木和华北地区，其中缝洞型油藏占探明碳酸盐岩油藏储量的 2/3，是今后增储的主要领域。

2.2.1　塔河奥陶系缝洞型碳酸盐岩储层地质及开发特征

塔河油田位于新疆塔里木盆地沙雅隆起阿克库勒凸起西南部，主力油层奥陶系储层，塔河油田奥陶系碳酸盐岩储层埋深为 5400～6900m，压力系数为 1.1 左右，地层温度为 120～150℃，具有超深、高温、高压的特点。奥陶系基质岩块基本不含油，平均渗透率为 $0.018 \times 10^{-3} \mu m^{2}$，孔隙度为 0.04%～5.24%，储集空间为裂缝和溶洞，其储集空间类型为裂缝型、裂缝-孔洞型、裂缝-溶洞型，后两类较为普遍，油气渗流通道以裂缝为主。储集性能主要受裂缝和溶蚀孔洞发育的影响，储层分布差异大。原油物性较差，部分原油属中-高含硫、含蜡、高黏的重质原油。先期主要采用裸眼完井，油井完井后大多无自然产能，需要通过大规模酸压改造建产。

随着勘探开发进程的推进，塔河主体区块外围(托甫台、艾丁北、于奇东地区)区域奥陶系储层埋深逐渐增大(超过 6000m)，油藏经长期深埋、压实，成岩和后生作用强烈，岩溶作用较弱，储层发育致密。

从 TS-1 井下奥陶统及寒武系储层来看，塔河深层上述层位主要岩性为白云岩，且储层发育较致密，预计地层破裂压力梯度为 0.02MPa/m，远高于塔河主体区块 0.016～0.018MPa/m 的破裂压力梯度。这些因素都导致塔河外围区块地层破裂压力、延伸压力很高，致使这些地层储层改造作业出现了地面施工压力过高，甚至导致地层压不开，给该区域的酸压施工带来了较大的困难。

对于酸压层段为异常致密层的井，在最初的现场施工中，尽管采用了射孔、酸浸的方法，但只能降低近井地带的地层破裂压力，裂缝一旦延伸到远离井筒地带，地层延伸压力较高，仍难以保证裂缝正常延伸。所以如何确保该类超深高破压储层顺利改造，是目前超深井储层改造面临的一个难题。

目前塔里木盆地油气的勘探开发面对着超深、高温、高破压的储层特征,对该类油藏的完井、增产改造等配套技术提出了新的挑战。相应的超深、高破压井深度酸压改造技术在塔河油田外围区块(托甫台、艾丁北、于奇地区)得到了推广应用[8]。

相关的主体技术包括:

(1)压前小型压裂测试,录入储层特性参数:由于多数施工层位均属于超深、高破压地层,对储层的压裂改造尚属首次,为了详细了解储层与压裂相关的特性参数,施工前先对储层实施小型压裂测试施工分析,测出地层破裂压力、延伸压力、液体效率、地层滤失等参数,从而为优化大型压裂泵注程序提供依据。

(2)采用压前预处理措施,降低储层破裂压力:深度射孔技术、酸液浸泡预处理及燃爆诱导压裂技术是储层改造常用的降低储层破裂压力的压前预处理措施,上述技术能够克服地层较高的破裂压力,降低施工难度。

尤其是燃爆诱导压裂技术,在近井地带形成多条径向裂缝,消除井壁周围的应力集中,降低储层破裂压力(破裂压力降低 15～20MPa 以上),然后进行后续大规模酸压施工,进一步延伸已有裂缝,并增加其导流能力。这样井筒周围就可以形成多条具有高导流能力的酸蚀裂缝,扩大储层渗流面积,远井地带储层的渗透性也得到了有效改善,达到有效提高储层改造的目的。

随后采用胶凝酸酸化预处理地层,解除地层近井地带污染,改善近井渗流通道,促进地层吸液,确保施工近井地带裂缝顺利延伸。

(3)优化工作液体系配方:①一方面改善压裂液高温流变性能,另一方面充分延缓压裂液交联时间 3～5min 以上,以解决压裂施工的高黏度与高摩阻之间的矛盾,降低施工中的液体摩阻损耗,提高施工中井底有效压力;②优选耐高温酸液体系,如常用的高温胶凝酸体系和温控变黏酸体系,酸液良好的耐高温、低缓速、降滤失性能可以有效增加酸蚀裂缝穿透距离,确保酸压改造效果;③采用加重工作液体系,提高井底有效施工压力。现场通过大量的室内实验配方研究,确定了以 NaCl-KCl 为加重剂的压裂液体系及以 $CaCl_2$ 为加重剂的加重酸体系配方。加重工作液需要具有较强的抗盐能力,性能稳定,成本较低,且不应存在现场配液及压后排液困难的问题,同时高温流变性能也需要满足超深高破压储层改造的需要。

(4)优化施工泵序:由于碳酸盐岩油藏非均质性强,裂缝、溶洞发育的特殊性,具体施工参数的确定,可以参考小型压裂测试结果进行优化,也可根据大型压裂施工过程压力变化进行实时调整。

同时适当采用多级交替注入的泵注程序,充分发挥酸液的"指进"效应,有效提高酸蚀裂缝穿透距离,确保酸压改造的效果。

(5)优化管柱结构,降低施工摩阻:在固井质量良好的前提下,可以采用"油管浅下"的方法进行酸压施工:全井筒尽量不采用 2 7/8″[①]的油管,尽可能采用 4″及 3 1/2″的油管施工,同时井筒下部不下入油管。

相比传统的酸压施工管柱下至管脚的做法,在排量 4.5m³/min 的情况下可减小施工

---

① 2 7/8″表示 2 7/8in,1in=2.54cm。

摩阻 10MPa 左右。

2.2.2 冀中拗陷北部奥陶系超高温超深潜山碳酸盐岩储层地质及开发特征

冀中拗陷北部奥陶系潜山碳酸盐岩储层油气资源丰富，杨税务等潜山具有亿吨级储量，是渤海湾地区油气接替的新领域。冀中拗陷超高温碳酸盐岩前期钻探井反映出储层渗透率低（0.1～0.3mD），孔隙度低（5%～8%），天然裂缝以微细裂缝为主，且充填程度高，裂缝连通性差，地应力梯度高（0.023MPa/m），地层两向应力差高（7.0～9.8MPa）等特点。针对该类储层特征进行了多种改造工艺的尝试，包括加砂压裂、稠化酸大规模酸压、重复酸压、清洁酸大规模酸压等，形成的裂缝以单一裂缝为主，且裂缝半长仅 80～120m，沟通距离短，无法实现复杂裂缝深度改造的目的，虽取得一定增产效果，但见效时间短、无稳定产量，改造效果不理想，未能实现勘探突破。

与塔里木、西南、中东、北海等海相储层相比，廊固凹陷碳酸盐岩储层更具诸多难点，具体体现在以下几个方面：①储层埋藏为 5000m，温度高达 180℃，对压裂液的耐温、耐剪切性能及酸液缓蚀和缓速提出了更高要求；②储层致密、埋藏深、破裂压力高，有效压开难度大，前期多口井施工压力达 80MPa 以上，闭合应力高达 100MPa 以上；③与塔里木、西南地区较纯碳酸盐岩储层相比，储层岩性特殊（石灰岩与白云岩互层），石灰岩的酸岩反应过程更简单，在储层温度条件下酸岩反应速率高于白云岩储层，改造过程中酸岩反应速率快，酸液有效作用距离短；④地层闭合压力约为 100MPa，研究表明，当闭合应力大于 60MPa 时，单一酸压即使能够实现非均匀刻蚀，裂缝导流能力随闭合应力增大也会急剧降低。虽然可以采用酸压和加砂结合的方式来增大导流能力，但这种方法同样存在加砂成功率低、安全风险高的问题[9,10]。

冀中拗陷中以裂缝作为主要的储集空间和渗流通道的储层，属于超高温深层裂缝型碳酸盐岩储层。对于以塔河油田为代表的缝洞型碳酸盐岩油气藏和以四川龙王庙气藏为代表的溶蚀孔洞型碳酸盐岩油气藏来说，已经形成了深度酸化压裂等主体改造技术，能够实现该类储层的有效开发。针对裂缝型碳酸盐岩储层，成功改造经验较少，因此在冀中拗陷安探 1x 井的改造施工中，提出了"深度沟通和体积改造"相结合的改造模式，这种模式基于碳酸盐岩储层自身的改造特点，同时借鉴页岩储层体积压裂改造的相关理念。由于储层发育不同尺度的天然裂缝，可以通过优化改造工艺，在超高温环境下实现不同尺度裂缝的溶蚀和沟通，获得更大的有效改造体积。

2.2.3 塔里木盆地顺北特深碳酸盐岩断溶体油气藏地质及开发特征

1. 顺北区域地质概况

塔里木盆地面积大，油气资源丰富，其中以塔北的沙雅隆起和塔中的卡塔克隆起油气成果最为显著。随着勘探技术的进步，特别是沙漠地震勘探与钻井技术的发展，特深层、深层获取了较好的地震资料，7000～8000m 井深能够安全、快速地完钻，深层与特深层的油气逐步被发现。

通过"十二五"期间的艰苦探索，油气勘探逐步向斜坡区、拗陷区进军，特别是近年来一批新的特深层含油气带被证实，发现了新的油气田。SHB 1 井的钻探进一步证实，中—下奥陶统碳酸盐岩发育超深层缝洞型储集体，存在油气成藏。为进一步落实规模，针对 1 号断裂部署实施了 7 口钻井，均获得高产油气流。至此，一个新的油气田——顺北油气田被发现。

顺北油气田主体位于顺托果勒低隆起，其东南延伸至古城墟隆起的顺南斜坡。顺托果勒低隆起经历多期复杂的沉积构造演化，为多期缝洞型储层发育和油气成藏富集提供了良好的地质条件。

顺托果勒地区奥陶系碳酸盐岩主要储层发育段为一间房组—鹰山组上段，与走滑断裂相关的洞穴、构造缝及沿缝溶蚀孔洞是主要的储集空间类型。顺托果勒地区储层在主干断裂带上最为发育，次级断裂带储层发育程度变差。

通过顺北 1 号断裂带立体雕刻分析，能量强的大型洞穴型储层均沿断裂-裂缝体系发育，从而证实顺北地区储层发育的特殊性，即顺北地区奥陶系储层为发育在非暴露区且受控于走滑断裂带的规模裂缝-洞穴型储层，洞穴宽度相对较小（侧钻放空一般小于 3m），但具有横向延伸长、纵向深度大的优点。大型断裂-洞穴型储集体是 SHB 1 井区目前所揭示的最重要的储集层类型和主要产层。特别是 1 号断裂带上的多口单井长期高产、稳产，油压下降缓慢，表明顺北地区储集体具有较大规模。

2. 特深断溶体油气藏特征

顺北油气田是由一系列沿断裂带分布、埋深大于 7000m 的碳酸盐岩断溶体海相油气藏组成，具有沿断裂带整体含油、不均匀富集的特点。断溶体圈闭由上覆巨厚泥岩作为区域封盖层，洞穴、裂缝及沿缝溶蚀孔洞形成有利储集层，断裂带外围致密碳酸盐岩作为侧向封挡构成了物性圈闭。无统一油（气）-水界面，是以特深（>7000m）、高温（>150℃）、常压（压力系数<1.2）为主要特征的碳酸盐岩断溶体油气藏。

顺北地区特深断溶体油气藏的发现是近年来塔里木盆地油气勘探的重大突破。顺托果勒地区呈现出近 $2.8 \times 10^4 km^2$ 油气勘探前景，极大地拓展了塔里木盆地的资源潜力。据测算，顺托果勒地区 18 条北东向走滑断裂带控制的含油气面积为 $3400km^2$，油气资源量达 $17 \times 10^8 t$ 油当量（石油 $12 \times 10^8 t$，天然气 $5000 \times 10^8 m^3$），成为了塔里木探区"十三五"期间的勘探主战场；按每条断裂带 $6000 \times 10^4 t$ 油气储量、$20 \times 10^4 t$ 产能计算，至 2025 年可实现 $5 \times 10^8 t$ 石油地质储量，建成 $200 \times 10^4 t$ 原油、$10 \times 10^8 m^3$ 天然气的产能阵地[3]。

顺北地区特深断溶体油气藏属碳酸盐岩孔隙型与岩溶缝洞型油气藏之外的一种新的油气藏类型。该类型油气藏在我国尚属首次发现，且埋深超过 7000m 仍为油藏也实属罕见，彻底改变了以往特深、高温、高压条件下烃源岩热演化模式的常规认识，对推动我国特深领域的油气勘探具有开创性意义，同时也将带动塔里木盆地玉北、阿东等地区的油气勘探进程。

2.3 国内外超深碳酸盐岩储层用高温压裂酸化工作液概况

近年来，对于深井碳酸盐岩储层的酸压改造，国内外逐步形成了以通过控制酸液滤失和降低酸岩反应速率实现深穿透的深度酸压为主体的各种酸压改造技术，如稠化酸酸压、化学缓速酸酸压、泡沫酸酸压、乳化酸酸压、高效酸酸压、多氢酸酸压、固体酸酸压、交联酸酸压等。现代酸压理论中，酸液体系发展较快，越来越多的不同酸液体系投入到酸压改造中，如稠化酸、胶凝酸、变黏酸、清洁酸等[11]。

碳酸盐岩储层改造技术主要分为酸压和水力加砂压裂两种，目前已形成的酸压技术包括普通酸压、前置液酸压、多级交替注入酸压、混氮酸压、平衡酸压、水力喷射酸压等。相应的酸液体系包括稠化酸、胶凝酸、乳化酸、活性酸、变黏酸、转向酸、固体酸等[12,13]。

近些年，我国陆续发现并开发了一批超深层碳酸盐岩油气藏，该类油气藏的特点是储层埋藏深、地层温度高、产层厚度大、储层的非均质性严重、基质中碳酸盐纯度高、自然投产率很低。酸压是该类储层重要的增产措施，酸压工作液的性能直接影响酸压效果，因此该类储层对酸压液体体系有更高的要求。

2.3.1　地面交联酸体系

地面交联酸体系主要由酸用稠化剂、酸用交联剂和其他配套的添加剂组成，通过聚合物稠化剂与交联剂的配合使用，使酸液形成网络冻胶体系。这种冻胶状态使其在地层的微裂缝及孔道中的流动极大地限制了液体的滤失，减缓了酸液中 H^+ 向已反应的岩石表面扩散，使鲜酸继续向深部穿透和自行转向其他的低渗透层，随着酸液的进一步消耗，黏度随之降低，易于返排，是目前最为有效的控制酸液滤失的手段。

实验室对高温地面交联酸综合性能进行了评价：高温地面交联酸的高温流变性能好，在 150℃、剪切速率 $170s^{-1}$ 下，恒温剪切 60min，测得酸液黏度仍保持在 50mPa·s 以上；高温地面交联酸体系酸岩反应速度低于其他常规酸液体系一个数量级，其缓速性能明显优于其他酸液体系。

2.3.2　自生酸体系

酸压技术主要有两种：酸液直接进行酸化压裂和前置液酸压。现有的压裂液体系在高温深层储层应用时，两种技术都存在缺陷：

交联酸是酸压的首选体系。交联酸直接用 HCl、HF 等强酸反应制备。在高温条件下，酸液由于酸岩反应速度快，在到达裂缝前端之前就成为残余酸，有效距离短，不能有效腐蚀裂缝前端，此外，酸液严重腐蚀管柱。

前置液酸压过程中，先用不发生反应的压裂液进行造缝，再注入酸液进行刻蚀，但活性酸难以到达裂缝前端，因而难以达到有效刻蚀。

自生酸是针对高温储层的一种特殊酸液体系，在常温常压下几乎不产生 H^+，注入地层后在催化剂、水或温度场的作用下逐渐释放 H^+，与地层反应实现酸蚀。由于流体只在储层条件下产生 H^+，因此酸液的有效作用距离增大，对管壁的腐蚀作用减弱。

针对塔河油田酸压过程中常规酸液体系酸压有效作用距离短的问题，开展了新型酸液体系的研究，研制出高温地面交联酸的胶凝剂、交联剂，同时进行了压裂液+自生酸深度酸压技术现场试验。该技术通过前期压裂液造缝降温，再采用大排量将具有深穿透、低溶蚀、缓速性能好等特点的自生酸基液顶至裂缝远端，提高酸蚀作用波及范围，实现深度酸压的目的。

随着温度的升高，自生酸在改性黄原胶稠化剂的悬浮作用下，高聚合度羧基化合物（难溶于水）和盐类发生反应，逐渐生成酸的酸液体系（常温下反应速度极慢），具有深穿透、低溶蚀的特点，可减缓酸岩反应速率，加大酸蚀裂缝长度，实现深度酸压的目的。

实验室对高温地面交联酸综合性能进行了评价：自生酸体系酸质量分数逐渐增大，90min 后，酸浓度趋于平缓，最高酸浓度达到 18.0%，表明自生酸在地层中能够刻蚀岩石，增大裂缝的导流能力；自生酸体系适用于温度为 90～150℃的储层，可达到深度酸压的目的；自生酸体系导流能力高于其他酸液体系，当闭合压力大于 20MPa 后，自生酸体系导流能力低于高温胶凝酸体系而高于变黏酸和转向酸体系（图 2-5）。

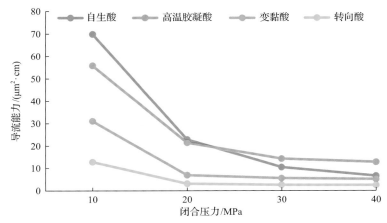

图 2-5　四种体系酸蚀导流能力随闭合压力变化曲线

2.3.3　抗高温清洁酸体系

清洁酸具有良好的耐温、缓速和刻蚀性能，是在碳酸盐岩储层酸压时最常用的缓速酸液。塔河油田所用清洁酸耐温 140℃，不能完全满足顺北油气田超深、超高温储层的酸压需求。现有其他清洁酸在室温下放置会出现弱交联现象，无法满足高温深井泵注要求，同时在高温下存在酸岩反应快、酸蚀作用距离短、高温缓蚀不足、剪切变碎或析出等问题。因此，研制了满足顺北油气田超深、超高温储层酸压要求的清洁酸[14]。针对性合成缔合耐温可清洁酸用稠化剂，并形成耐温、耐剪切和高温稳定的清洁酸冻胶结构。高温下，常规缓蚀剂与清洁酸稠化剂的配伍性差，导致酸基液存在放置增黏和高温析出现象，影响酸液的腐蚀和缓速性能。为此研制了醛胺酮类高温缓蚀剂和高温增效剂，以减少缓蚀剂中游离的有机醛数量，防止室温和高温下缓蚀剂和稠化剂发生交联作用，从而解决酸液基液的增黏和高温析出分层问题。

采用上述酸用稠化剂和缓蚀剂，优化形成了清洁酸体系，其配方为：20.00%HCl+1.00%稠化剂+1.00%交联剂+3.00%缓蚀剂+1.00%破乳剂+0.05%高温增效剂。该清洁酸不加交联剂时的基液黏度为 50～60mPa·s，现场放置 10 天后基液黏度依然稳定，不影响交联和泵注；15%～20% HCl 条件下，酸液体系交联时间在 0.5～5.0min 可调，在 160℃温度下以剪切速率 170s^{-1} 剪切 1h 后黏度达到 100mPa·s，性能良好；20% HCl、140℃温度下的动态腐蚀速率为 44.3072g/(m^2·h)，钢片表面无点蚀和坑蚀，表面平整，符合石油天然气行业标准《酸化用缓蚀剂性能试验方法及评价指标》(SY/T 5405—2019) 中的一级指标。

室内评价发现，经高温剪切以后，该清洁酸交联状态良好，无剪切变碎、脱酸现象；加热控制释放锆离子缓慢交联，最高黏度达到 500mPa·s；有机氯检测结果为 278mg/L，符合现场生产要求；酸液体系经过酸岩反应后自动破胶，破胶液黏度小于 10mPa·s。由此可见，该清洁酸具有良好的配伍性能、耐温耐剪切性能和腐蚀性能，可以满足顺北油气田超深、超高温储层酸压对清洁酸的要求。

同时从非均匀驱替的角度考虑，随着两种液体黏度比增大，酸液在裂缝中非均匀分布的特征更明显，这种非均匀分布使酸液对岩石的非均匀刻蚀程度加强，有利于酸蚀后裂缝导流能力的提高及保持。常规胶凝酸在高温下的黏度约为 15mPa·s，压裂液和清洁酸剪切后黏度为 50～60mPa·s，黏度比达到 4 倍以上，可在超深高温条件下形成有效的非均匀刻蚀。

2.3.4 其他新型碳酸盐岩压裂酸化工作液

以往酸压过程中，采用的酸液都是酸接触岩石马上发生化学反应，酸的有效作用范围有限。若要进行深部地层酸化，就应从本质上改变酸岩反应过程，人为控制其作用过程。为此出现了一系列新型酸压液体体系，它们逐步向具有耐高温、降滤失、缓速、缓蚀、低摩阻、易返排的多性能方向发展，获得更大规模的酸压裂缝和更高的酸蚀裂缝导流能力。

目前，新型酸压液体体系主要包括清洁自转向酸、乳化酸、无伤害合成酸、复合酸等，这些酸液在国内外得到广泛应用且增产效果理想，为油田的增储上产提供了重要保障。

1. 清洁自转向酸

目前使用的常规酸压液体体系主要存在两个问题：①由于储层的非均质性，注酸过程中，酸液优先进入高渗带或裂缝发育区域，而低渗透和污染严重的层得不到相应的改造；②酸压过程中，裂缝向下延伸至水层，导致压后产水和快速水淹。为了改善非均质储层酸压效果，出现了一种新的酸液体系——清洁自转向酸。这种新型的转向酸体系，酸液中含有独特性能的黏弹性表面活性剂，该体系依靠反应生成的盐类物质浓度自然调节酸液黏度，遇油降解，遇水后还能保持一定的结构，对油层进行改造的同时兼具控水功能。

近年来，由于储层条件越来越苛刻，常规酸体系适用范围受到限制，国内外关于清洁自转向酸的研究也越来越活跃。

2. 新型乳化酸

常规乳化酸通常是指酸与油按适当比例(通常为 70∶30)在乳化剂的作用下混配而成的油包酸乳化液。其优点是滤失量小，缓速性能好，能进入地层深部，达到深穿透酸压沟通地层深部缝洞的目的。国外在大型重复酸压中使用乳化酸较多。国内华北、大港、江汉、四川等油田也开展过乳化酸的研究与应用并取得了一定的施工成功率。其中塔河油田发展了低摩阻乳化酸，实现了乳化酸大排量(达到 4m³/min)、高泵压、深穿透酸压目的，有效酸蚀缝长可达 150m，现场获得了较成功的应用[15]。

Alzahrani[16]研究了一种缓蚀剂在外相的乳化酸。乳化酸中的缓蚀剂能在管道金属表面形成保护膜，缓解酸与管道金属表面的反应效果，强化了乳化酸的缓蚀作用，进而可使酸液进入更深的地层，同时新型乳化酸具有较好的热稳定性。

3. 纳米微乳酸

纳米微乳酸是由酸、油、主表面活性剂和助表面活性剂在临界配比下自发形成的均匀、透明、稳定的分散体系。分子粒径介于 10～100nm。

其优点是：①油包酸体系能够有效延缓酸岩反应速率；②油相为外相，对油层伤害低；③降低对管线的腐蚀，可节省缓蚀剂用量；④摩阻较低，施工风险低；⑤界面张力极低，黏度低，易泵入；⑥热力学稳定性好。

2000 年以后，我国开始研究微乳酸技术，已开发出许多微乳酸配方，并在现场取得良好的应用效果。中国石油西南油气田分公司天然气研究院在 2000 年之后研制的纳米微乳酸在 60～80℃的井温下施工，缓速率是空白酸的 4～6 倍，已经在川中的大安寨低渗碳酸盐岩油田进行了两口井的酸化施工作业，施工成功率达 100%，有效率达 70%。

4. 复合酸液体系

单一的酸压液体体系有时不能满足复杂碳酸盐岩储层的要求，可能出现：改造区域有限，控制范围不理想；酸液高温性能不足，穿透距离有限的情况。可将多种酸压液体结合起来，发挥各种酸压液体的优点，解决目前酸压中存在的问题，从而形成适合不同储层特点的复合酸液体系。

Cesin 等[17]将乳化酸与低伤害清洁酸结合，采用交替注入的方式注入。应用于墨西哥东南部高温高压低渗透天然裂缝性碳酸盐岩。乳化酸具有高度缓速及低滤失的特性，可以产生较长的酸蚀裂缝，提高低渗油层的渗透能力。低伤害清洁酸中不添加固相、聚合物或金属，不会有残留物损害地层。将这两种酸液体系结合，使得产量明显增加。

Gao 等[18]提出了一种结合水基压裂液和自生酸特性的新型酸性压裂液体系，既可作为水基压裂液有效造缝，又能在地层温度较高时逐渐释放酸腐蚀地层，该体系为高温碳酸盐岩储层的酸压提供了理想的解决方案。表 2-2 为不同温度下的酸性压裂液配方。

表 2-2 不同温度下的酸性压裂液配方

温度/℃	凝胶配方	$H_{(120min)}/(\text{mPa·s})$
130	15%～25%SGA-E+0.45%CHJ-1+0.5%SJL-1	101
150	15%～25%SGA-E+0.5%CHJ-1+0.6%SJL-1	53

注：$H_{(120min)}$ 为液体剪切 120min 后的黏度。

该种新型酸性压裂液体系具有以下特点：①低温下(<40℃)不产酸，高温下(>100℃)

产酸缓慢。随着温度的升高，酸的产率增加，最终酸浓度可达 8%左右；新型酸性压裂液体系具有比传统缓速酸(如有机酸和稠化酸)更好的缓速性能。②该体系对 13Cr 钢的腐蚀小，不添加缓蚀剂即可直接使用，从而降低了成本，避免了缓蚀剂对地层的潜在损害。③新型酸性压裂液体系是一种交联体系。130℃和 150℃下 $170s^{-1}$ 剪切 120min，黏度大于50mPa·s。破胶、滤失等性能可以满足水基压裂液的性能要求。④新型酸性压裂液体系可作为前置液去造缝。与传统的酸液体系相结合，可以实现对整个裂缝的有效腐蚀。

2.4 国内外超深碳酸盐岩储层深穿透酸压工艺概况

近年来，深层碳酸盐岩储层改造技术不断进步，中国塔里木、四川盆地等及北美 Bakken、Eagle Ford 等超高温、超深层改造技术相继突破，为研究区压裂改造带来新的启示。

2.4.1 深穿透酸压技术思路

超深碳酸盐岩储层的深穿透酸压技术包含两个层面：一是如何大幅度提高有效酸蚀缝长；二是如何大幅度提高酸蚀裂缝导流能力。没有导流能力的酸蚀长缝和没有酸蚀长缝的导流能力都是没有意义的，因此二者缺一不可。在现有施工条件下，提高有效酸蚀缝长的主要途径是研制和应用抗高温清洁酸，通过先注入常温的耐高温压裂液与地层接触后发生热交换降低裂缝内的温度，从而降低抗高温清洁酸的酸岩反应速率，提高酸液的有效作用距离。而提高酸蚀裂缝导流能力的主要措施是交替注入高黏酸与低黏酸液，利用黏度差形成的黏滞指进效应，大幅度提升酸液对储层岩石的非均匀刻蚀效果。

所谓非均匀刻蚀，是指注入不同类型的压裂液和酸液，利用液体之间的黏度差，降低局部的过度溶蚀，形成差异化刻蚀，从而提高酸液有效作用距离和高压下裂缝导流能力的保持效果。非均匀刻蚀中的酸液有多种黏度，高黏度酸液的滤失量小，在造缝初期有利于缝长和缝宽的增加。但随着裂缝增长速度变慢，在高黏度酸液之后注入的低黏度酸液可以更加充分地进入各种尺度的天然裂缝中，溶蚀并扩展天然裂缝，提高酸压改造的范围。然后，交替注入不同黏度的酸液，形成了指进现象，提高了酸液在储层内的非均匀程度。裂缝内高黏度酸液的酸岩反应速度慢，低黏度酸液的酸岩反应速度快，低黏度酸液分布不均匀有利于加深局部的刻蚀程度，提高裂缝面在高闭合应力下的支撑效果，增加酸蚀裂缝的支撑效果和导流能力。

2.4.2 国内超深碳酸盐岩储层深穿透酸压工艺

国外(如中东地区)碳酸盐岩储层深度大多小于 4000m，储层温度为 70～120℃；对于深度大于 5000m 的井，采用基质酸化工艺或常规酸压工艺即可有效提高单井产量。

而我国碳酸盐岩油气藏类型丰富，油藏条件却非常复杂(储层温度普遍为 120～160℃、井深大多为 4000～7000m)，主要以深度酸压工艺(多级交替注入、多级交替注入闭合酸压、清洁酸酸压)进行储层改造。

对于碳酸盐岩的储层改造，经过几十年的研究与发展，国内外逐步发展和完善了通过控制滤失和延长酸岩反应时间来实现深穿透和针对不同储层条件的各种酸压技术，如前置液酸压、稠化酸(胶凝酸)酸压、化学缓速酸酸压、泡沫酸酸压、乳化酸酸压、高效酸酸压、多氢酸酸压、固体酸酸压技术，以及多级交替注入、闭合裂缝酸化、平衡酸压等施工工艺，也尝试了对碳酸盐岩储层进行加砂压裂改造[19]。

1. 超深碳酸盐岩储层通道加砂酸压工艺

现有的酸压工艺是通过溶蚀裂缝面的钙质矿物，留下未反应的岩石骨架作为支撑点，由于各个点分布的不均匀性和本身的低抗压性，在高闭合应力下将会逐渐挤压破碎。

研究人员尝试采用交联酸携砂或是复合酸压的方法来提高酸蚀裂缝的导流能力，在现场应用方面取得了一定的效果。然而，随着储层深度的增加，碳酸盐岩储层加砂越来越困难，砂比无法有效地提高，难以达到高浓度铺置的效果。

近几年，国内外尝试在低渗油气藏采用高通道脉冲加砂的方式进行改造，该技术将支撑剂由连续铺置变为非均匀的不连续铺置，既可以起到有效的支撑作用，提高油气流动的能力，同时也能降低施工时加砂的风险。对于超深碳酸盐岩储层，借鉴高通道脉冲加砂的思路，将高通道加砂的方式与酸压相结合，形成通道加砂酸压技术(支撑剂团块铺置形态见图 2-6)，该种技术可以更好地将酸压技术与加砂技术有机结合起来，达到稳定生产的目的。

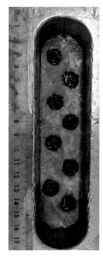

(a) 酸蚀裂缝　　　　　　(b) 连续铺砂　　　　　　(c) 高通道铺砂

图 2-6　导流能力测试前连续铺砂及高通道铺砂方式下岩板形态图

相关导流能力实验研究结果也表明，在超深高应力条件下，仅靠酸液体系刻蚀后岩面微凸体的支撑难以保持较好的导流能力。采用连续铺砂的方式虽然在高应力条件下保持一定的导流能力，但增加的幅度有限，这是因为支撑剂填充了酸液溶蚀岩板后的流动通道，液体只能在支撑剂之内的孔隙中流动。采用高通道加砂的方式则可以有效地增加高应力下支撑剂的承压效果，同时也能充分利用前期酸液溶蚀的通道，增加液体在缝内的流动能力[20]。

而对于石灰岩储层来说，由于石灰岩的岩性较软，支撑剂容易嵌入裂缝壁面，导致有效缝宽下降，从而进一步降低导流能力，需要根据实际地层情况优选出在高压下能保持较好的抗压形态和较低破碎率的支撑剂。此外，由于石灰岩的弹性模量较高，超深碳酸盐岩储层酸压所形成的缝宽较窄，不利于支撑剂的大量注入，采用高通道加砂的方式可以有效降低施工风险。

2. 超深碳酸盐岩储层交联酸携砂酸压工艺

对于超深碳酸盐岩储层，常规酸压虽然能通过酸蚀蚓孔沟通更多的储集体，但由于井深温度高，酸岩反应速度快，同时蚓孔增大了酸液的滤失，造成酸蚀裂缝长度有限，难以沟通井眼远处的储集体，并且深井闭合应力大，酸蚀裂缝有效导流保持时间短，造成酸压效果不理想。

正是考虑到普通酸压和加砂压裂都有自身的一些不足，因此提出了酸携砂酸压的技术思路。酸携砂酸压综合了酸压和水力加砂压裂的优点，将酸压形成的多分支酸蚀裂缝和水力压裂形成的较长且有较高导流能力的支撑裂缝有机地结合在一起，从而使携砂酸压具有能够形成与水力压裂相当的较长人工裂缝，更好地沟通储层中的微裂缝，形成具有更高、更长期导流能力的酸蚀-支撑复合裂缝的特点。因此运用携砂酸压工艺能够更大程度地改造储层，从而提高增产效果、延长增产有效期[10]。

室内导流评价实验结果也证明，交联酸携砂酸压导流能力远高于酸压导流能力，在相同闭合压力条件下，加砂量越高，导流能力越高。截至 2015 年，该工艺在玉北、顺南、塔河主体区、托甫台区成功应用 7 井次，有效率为 85.7%，建产率为 57.1%，说明该工艺能够达到深穿透、高导流的改造效果[21]。

3. 超深碳酸盐岩自生酸深穿透酸压工艺

近年来，随着塔河油田外扩，新区碳酸盐岩储层(托甫台、跃参区块)埋深逐渐增大(6000～7000m)、温度大幅提高(160℃)，碳酸盐岩酸压改造面临酸岩反应速度快、有效作用距离短、裂缝远端酸蚀导流能力低等难题，前期以普通胶凝酸、变黏酸为主的酸压技术仅适用于 140℃ 及以下储层，已无法满足新区高效改造的需要。

为了解决塔河油田新区超深、高温碳酸盐岩储层酸压过程中存在的难题，研究形成了自生酸体系及配套酸压工艺。该酸液是在改性黄原胶悬浮作用下，随温度升高逐渐生成盐酸的酸液体系。自生酸这种高温下逐渐生酸特性，可减缓酸岩反应速率，提高裂缝中远端导流能力，最大限度地增加有效缝长，且泵注完自生酸后，低排量下采用普通胶凝酸闭合酸化,提高近井导流能力,实现提高裂缝整体导流能力和深穿透改造的目的[22]。

根据超深、高温碳酸盐岩储层深穿透酸压改造的要求，主体工艺采用压裂液冻胶+自生酸的前置液酸压工艺；结合自生酸在近井低温区域，酸浓度低、导流能力小于胶凝酸的特点，高排量注完自生酸后，设计选用胶凝酸进行闭合酸化，形成了自生酸前置液酸压-闭合酸化工艺。该工艺深穿透作用机理为：前置液酸压中前期大量压裂液的注入，使得近井地带(人工裂缝近端)降温作用明显。自生酸在低温下生酸浓度低，酸岩反应速度慢，酸活性损耗小。随着酸液向裂缝中远端流动，不断与地层发生热传递，在高温条件下逐渐生成较高浓度盐酸，对裂缝中远端岩石进行有效刻蚀，从而提高裂缝中远端导流能力，实现深穿透改造。

自生酸深穿透酸压工艺已在塔河油田托甫台区 TH-1 成功开展现场应用，挤入地层总液量 686.5m³，其中压裂液 356.5m³、自生酸 270m³、闭合酸化用胶凝酸 30m³，最高油压 78.4MPa，最大排量 6.3m³/min，停泵测压降由 3.4MPa 下降到 3.1MPa，施工曲线如图 2-7 所示。

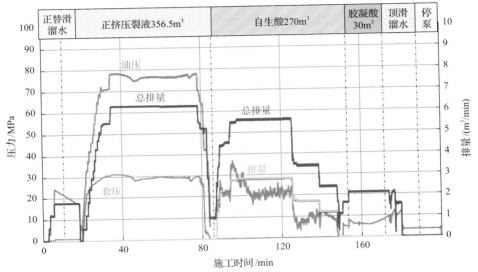

图 2-7 塔河油田 TH-1 井自生酸酸压施工曲线(施工井段：5713.16～5803.00m)

压后 5mm 油嘴自喷生产，初期日产油 58.2t，目前日产油 44.6t，单井累计产油 2.2×10⁴t。压后拟合数据表明，有效酸蚀裂缝半缝长达 122.3m，酸蚀导流能力达 421.2mD·m，实现了储层的深穿透改造和提高裂缝整体导流能力的目的，可在高温深井储层穿透酸压改造中推广应用。

4. 超深碳酸盐岩多级交替黏滞指进非均匀刻蚀酸压工艺

位于塔里木盆地的顺北油气田，其碳酸盐岩储层具有超深(≥7300m)、高温(≥160℃)、高破裂压力梯度(0.019MPa/m)等特点，导致储层酸压改造难度极大，主要表现为：①井筒沿程摩阻大，井口施工压力高，注入排量低，导致造缝及裂缝延伸能力弱；②地应力高，塑性特征强，裂缝起裂延伸难度大，且初期裂缝导流能力低，递减也快；③储层温度高，酸岩反应速度快，导致酸蚀缝短；④储层岩石弹性模量高，造缝宽度小，面容比大，酸岩反应速度进一步加快，酸蚀缝长进一步缩短。

上述问题带来的结果是，储层酸压改造后产量低、递减快，难以经济有效开发。针对顺北油气田超深碳酸盐岩储层埋深更大、物性更差、温度更高，以及酸岩反应速度更快、闭合应力更高、裂缝导流能力更难以保持的问题，有必要研究有效实施深穿透酸压技术的方法。

蒋廷学等[14]研制开发出一种耐 160℃高温的清洁酸液，提出了多级交替黏滞指进非均匀刻蚀酸压工艺，以期形成具有长期导流能力的酸蚀支撑裂缝，从而在顺北油气田超深碳酸盐岩储层实现深穿透酸压改造。

采用所研制的抗高温清洁酸，测试仅注入清洁酸、仅注入胶凝酸和先注入清洁酸再注入胶凝酸酸蚀后岩板裂缝的导流能力（所用岩心为塔里木盆地奥陶系石灰岩露头），实验结果表明：采用"清洁酸+胶凝酸"的注酸方式，即交替注入两种不同黏度的酸液可以强化刻蚀面的非均匀程度，在高闭合应力下具有更高的裂缝导流能力。同时通过计算不同注酸方式下酸蚀裂缝导流能力与酸蚀有效缝长的关系，若采用"清洁酸+胶凝酸"的组合注入模式，不仅酸蚀裂缝导流能力整体上有较大幅度提高，有效缝长也大大增加，能够达到深穿透改造的效果。

同时对非均匀刻蚀酸压工艺参数进行优化，根据顺北油气田前期酸压施工实践，施工液体用量一般为 600～900m³，先注入压裂液再注入酸液，施工排量为 6～8m³/min。相应施工方式及施工参数优化结果表明：①在现场施工中，应控制不同类型酸液之间的注入排量差，尽力将后置顶替酸液的排量提高至施工允许的最大排量；②在现场施工中，应先以一定排量注入大规模高黏酸液，再将小规模低黏酸液大排量注入，进一步提高酸液的非均匀刻蚀效果；③在实际施工时，考虑施工成本和储层特征，可以选择不同的液体注入方式。若需要沟通远处的缝洞体，则考虑"酸液+压裂液"交替注入方式，提高酸蚀裂缝长度；若储层物性较好，则考虑交替注入不同黏度酸液的方式沟通更多天然裂缝，扩大酸液改造范围，提高裂缝导流能力。

顺北油气田超深碳酸盐岩储层深穿透酸压技术的核心是："高黏液体+低黏酸液"的注入模式优化，不同黏度酸液的黏滞指进效应的有效形成，不同黏度酸液注入参数优化及控制。顺北油气田超深碳酸盐岩储层深穿透酸压技术在现场试验 5 井次，改造后均获得了理想的产量。其中，一口井在 162℃条件下有效酸蚀缝长为 143.70m，有效地沟通了井周的缝洞区，初期产量达到了 121.6t/d。

5. 超深碳酸盐岩水平井水力喷射定点深度酸压工艺

埋深超过 6000m 的碳酸盐岩长裸眼水平井，常规笼统酸化压裂技术无法控制裂缝位置，浅、中深裸眼井分段酸化压裂技术也不适用。定点深度酸化压裂技术的目标是在超深裸眼井中实现对某一确定目标储集体的酸蚀裂缝深度沟通，既要避免低效率的酸液随机分布模式，又要克服酸液大量进入非目标位置造成的沟通失败。为了实现这一目标，提出了定点改造工艺组合，既利用水力喷射技术完成定点射孔和预破裂，又克服了深井施工排量受限的问题，满足大排量、大规模施工的需要，最终实现对目标储集体的深度沟通[23]。

该工艺主要包括水力喷射定点射孔起裂和深穿透酸化压裂两部分，通过两趟管柱完成。第 1 趟管柱完成定点射孔、起裂。下入水力喷射工具至目标位置深度；采用加重压裂液完成水力喷射射孔，在地层中定点形成孔眼并产生微裂缝，降低破裂压力；在孔眼处憋压起裂，初步延伸裂缝。水力喷射射孔后，液体压力直接作用在岩石壁面上，孔眼的周向应力增加，地层破裂压力降低，迫使裂缝在孔眼处起裂。射孔、起裂后，将形成明显的应力薄弱区。

由于射孔管柱喷嘴节流压差高达 23.6～53.0MPa，管柱摩阻高，如果起裂后直接进行酸化压裂施工，则井口油压、套压都将超过安全范围，无法实现深度酸化压裂。因此，需要更换第 2 趟管柱完成深穿透酸化压裂。

该工艺在塔里木盆地阿克库勒凸起 P5 超深水平井得到应用，实现了对目标储集体的准确沟通，酸化压裂后日产油达到 107t。

6. 超深碳酸盐岩储层多级水力射流酸压技术

缝洞型碳酸盐岩油藏是我国西部油田的主要储层类型之一，水平井和多级酸压是开发该类油气藏的有效方法，然而，深层水平井酸压面临高温（＞120℃）、高裂缝破裂压力梯度（＞2.0MPa/m）、压裂液高流动摩阻（为泵压的 40%～50%）、储层各向异性严重等多重困难，给井下工具、地面设备和酸液性能带来了巨大的挑战。

Li 等[24]将水力射流与酸压技术相结合，形成了多级水力射流酸压新技术，可提高深井多级压裂的产能和效率，水力射流酸压装置如图 2-8 所示。酸射流对地层的冲击可以产生深穿透的大直径孔眼，并且喷射酸液与近井的碳酸盐岩发生反应，降低破裂压力。在相同流量下，水力射流酸压与射孔酸压相比，进口面积较小，导致裂缝尖端酸液流速较高（但流量会逐渐下降），速度越高，各点的酸反应时间越短，酸在近井眼的有效作用距离越大。

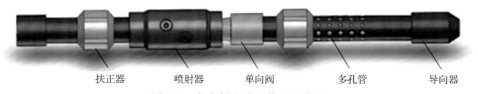

扶正器　　　喷射器　　　单向阀　　　多孔管　　　导向器

图 2-8　水力射流酸压装置示意图

该工艺具有以下特点：①井下工具简单可靠，可广泛应用于裸眼、衬管完井和其他常规酸压无法处理的特殊情况。与机械封隔器或桥塞相比，由于缺少橡胶元件，能承受较高的温度。HA122H 井的情况表明，井下工具耐温为 160℃（第一级压裂施工曲线见图 2-9）。此外，该技术还可以控制裂缝起始位置，实现更有效的储层改造效果。②节约成本。首先去除射孔工艺环节和成本；其次节约工时（每层施工节约 2～4h），缩短完井周期。③施工风险低。与封隔器酸压相比，该技术可以有效避免作业风险，同时降低了破裂压力，提高酸压的成功率。

7. 超深碳酸盐岩储层水平井储层分段酸压改造工艺

水平井压裂技术始于 20 世纪 80 年代，经过 30 多年的发展，目前已形成较完善的适应不同井筒环境的水平井分段压裂改造技术。目前比较成熟的水平井分段压裂主体技术有裸眼封隔器+滑套分段压裂技术、泵送可钻式桥塞分段压裂技术、管内封隔器分段压裂技术、封隔器双封单压分段压裂技术、水力喷砂分段压裂技术。

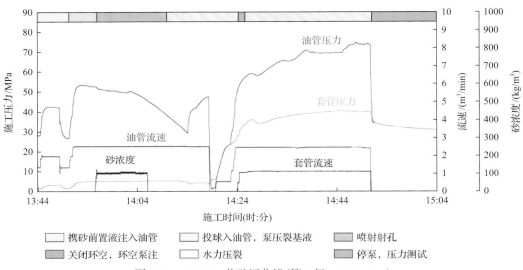

图 2-9　HA122H 井酸压曲线(第 1 级，6880.48m)

　　塔里木盆地塔中Ⅰ号气田为超埋深复杂大型碳酸盐岩油气田，主要开发层系为奥陶系良里塔格组及鹰山组。气田储层埋藏深(5000~7000m)、温度高(130~170℃)、非均质性强、预测难度大，直接建产率低，大多数井需要进行储层改造。塔中Ⅰ号气田历经多年的勘探开发实践，坚持水平井开发塔中碳酸盐岩油气藏、实现规模效益开发的基本思路，形成了以"伽马导向、控压钻井、分段改造"为核心的水平井钻完井一体化配套技术。

　　水平井裸眼分段酸压改造配套技术是塔中Ⅰ号气田水平井开发的核心工艺技术，分别采用过常规笼统酸压、投球限流均匀布酸酸压、管内投球均匀布酸酸压、管内投球均匀布酸+遇油膨胀封隔器+压裂滑套裸眼分段复合酸压、遇油膨胀封隔器+压裂滑套裸眼分段酸压、压控式筛管+裸眼封隔器+投球式筛管全通径裸眼分段酸压、压控式筛管+裸眼封隔器全通径裸眼分段酸压、投球式筛管+裸眼封隔器裸眼(非全通径)分段酸压、不压井拖动水力喷砂射孔分段酸压等多种酸压工艺技术[25]。其中遇油膨胀封隔器+压裂滑套裸眼分段酸压及压控式筛管+裸眼封隔器+投球式筛管全通径裸眼分段酸压是塔中地区应用最多的两种主流工艺，占已实施井的 69.45%。遇油膨胀封隔器+压裂滑套裸眼分段酸压为国外引进技术，主要集中在 2008~2011 年应用，2012 年以后，国内自主研发生产的压控式筛管+裸眼封隔器+投球式筛管全通径裸眼分段改造工具及配套酸压工艺技术得到了广泛使用，已成为塔中碳酸盐岩水平井储层改造的主流技术。

　　塔中Ⅰ号气田形成了一套针对不同储层类型、较好适应塔中超埋深碳酸盐岩储层高温、高压、高含硫特点的长裸眼水平井分段酸压改造综合配套技术，在国内超深、超长水平井储层改造领域处于领先地位。该综合配套技术包括：①改造前综合研究-精细分段技术；②以国产全通径裸眼分段工具(全通径分段酸压管柱见图 2-10)为主的长裸眼水平井分段技术；③超埋深碳酸盐岩储层酸压改造液体体系；④超埋深碳酸盐岩储层酸压改造工艺技术。

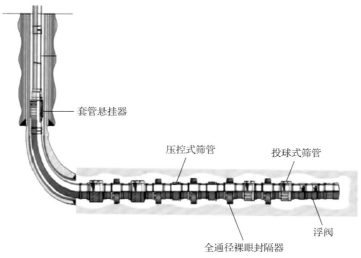

图 2-10　全通径分段酸压管柱示意图

塔中 Ⅰ 号气田奥陶系碳酸盐岩储层早期增产措施以解堵酸化和中小规模酸压为主，随着储层改造技术的快速发展，应用在该气田的储层改造工艺技术发展到今天的大规模前置液酸压、多级液体组合酸压、携砂酸压、闭合酸压、黄原胶非交联压裂液大规模酸压等多种工艺。目前塔中 Ⅰ 号气田水平井储层分段改造采用的酸压工艺，除少数井段直接钻遇洞穴采取酸化解堵外，基本上都是采用黄原胶非交联压裂液大规模多级交替注入（含前置液酸压）的酸压工艺。

2.4.3　国外超深碳酸盐岩储层深穿透酸压工艺

随着世界范围油气勘探的不断推进，深层、超深层逐渐成为油气资源发展的重要新领域，并且不断有新发现。国外正在生产埋深大于 5000m 的碳酸盐岩油气田 32 个，主要位于北美、俄罗斯、意大利等地区，最深的碳酸盐岩气田是美国西内盆地阿纳达科凹陷米尔斯兰奇（Mills Ranch）奥陶系气田，埋深 7663～8083m。统计结果表明，这类深层、超深层碳酸盐岩油气藏往往储量规模大、产量高[26,27]。

国内外勘探开发实践表明，水平井是提高单井产能、实现油气藏高效开发的重要手段。在 2010 年以前，水平井裸眼分段酸压改造技术基本上由国外几家大型石油工程公司垄断，与国外相比，国内水平井压裂工程技术专项研究起步较晚。

另一种常用的酸压技术为多级交替注入酸压技术，是指将数段前置液和酸液交替注入地层进行酸压施工的工艺技术，其工艺方法为："前置液+酸液+前置液+酸液+前置液+酸液+……+顶替液"。根据地层的不同特性，该项技术可以将非反应性高黏液体与各种不同特性的酸液相组合，构成不同类型、不同规模的多级交替注入酸压技术。该项技术主要应用于低渗、特低渗的碳酸盐岩储层，更适用于重复酸压井。

对于低渗透碳酸盐岩储层来说，多级酸压是最佳的开发方式之一，因为增加酸压改造的段数能够很大程度上提高单井产能。但是这种多级改造会给施工带来诸多挑战，尤其是对超深碳酸盐岩储层的酸压改造来说。其中一个重要挑战就是如何在多级酸压过程中有效实现不同层段间的封隔，并对多个产层成功进行酸压作业。

对井眼采取不同的完井方式具有各自的优缺点。裸眼完井方式在结构稳定且含有天然裂缝的地层中效果良好，但在酸压过程中会优先压开地层中最薄弱的地方，并不能对储层进行充分改造。在天然裂缝高度发育的地区，采用生产管柱进行完井并不总是一个很好的选择，因为固井水泥可能会进入天然通道，造成生产上的损失。当井眼穿过敏感区域(如水层)时，情况会变得更加复杂，这些区域也必须与井眼进行封隔处理，在这种情况下，作业者可以选择在环空使用裸眼封隔器进行封隔，封隔不需要的区域，然后在产层附近进行射孔，以便进行后期改造和生产。

美国的卡顿伍德湾油田在大型重复酸压中采用了该项技术，注入级数多达 16 级，增产效果显著。Schlumberger Dowell 公司在墨西哥的碳酸盐岩天然裂缝型油气藏进行了多级注入深度酸压，注入级数最高达到 15 级，施工后取得了明显的增产效果。随着碳酸盐岩开发逐渐向深层超深层发展，多级交替注入酸压工艺开始在深层超深层运用[28]。

2.5 超深碳酸盐岩储层酸压技术发展趋势

与其他国家碳酸盐岩油气藏相比，我国碳酸盐岩油气藏地质时代老、埋藏深、经过多期构造运动改造，油藏以裂缝-孔隙型、缝洞型为主，气藏以孔隙型礁滩白云岩为主，开发难度更大。无论是塔里木盆地奥陶系缝洞型油藏、四川盆地礁滩相气藏，还是渤海湾盆地前古近系潜山油气藏，储集层主要分布在古生界，埋藏普遍较深，一般为 5000~7000m，地质条件极为复杂。

我国碳酸盐岩油气藏成藏模式多样、构造复杂、储集层差异大，目前的技术发展还远不能解决碳酸盐岩油气藏开发中的各种问题，今后仍然面临诸多挑战[29,30]。

(1)新发现油气藏埋深不断增加，地质条件更加复杂，需要更先进的储集层描述技术。如塔里木盆地顺北油田奥陶系碳酸盐岩断裂溶蚀型油藏，平均埋藏深度超 7000m，深大断裂对油藏的控制作用更为突出，储集体特征及分布更难以刻画，因此需要发展更高精度的复杂储集层描述技术。随着埋深的增加，影响储集层的成因、分布、物性的因素及流体与储集体的配置关系更复杂，需要更高精度的储集体刻画和流体性质识别技术。

(2)碳酸盐岩油气藏埋藏深、高温高压，同时油气藏类型多，特别是四川盆地多为酸性气藏，这类气田的安全和经济开发是一个挑战。

(3)为实现深穿透，酸液体系已由单一型向复合型发展，已经逐步成为降滤失、缓速、缓蚀、降阻和助排的多功能酸液体系。高黏度胶凝酸和低摩阻乳化酸的发展实现了大排量、高泵压、深穿透的目标。同时酸液体系总体发展趋势为"低伤害、低成本、低滤失、低反应速度、高溶蚀效果"，以延长酸蚀作用距离，形成高导流低伤害的导流裂缝。

(4)多数碳酸盐岩油藏属于块状底水或带有气顶的油藏，避气顶和避底水是目前酸压亟待解决的问题之一。分层酸压和控缝高酸压技术是未来的发展方向之一。

(5)缝洞型碳酸盐岩储层酸液滤失问题，影响了裂缝的延伸长度，降低了酸压裂缝沟通天然裂缝系统的概率。变黏酸酸压技术的发展和现场应用是深度酸压技术的重大突破，有望发展为深层超深层碳酸盐岩储层酸压的主流技术。

（6）我国深层碳酸盐岩储层多数属于基质基本不具备储渗能力的缝洞型储层，酸压追求的目标在于最大限度地增大裂缝的规模，增加与天然裂缝系统的沟通机会。多级交替注入酸压工艺是我国深层碳酸盐岩储层酸压改造的发展方向之一。

（7）建议加强对非均匀酸岩刻蚀裂缝长期导流能力及主控因素的分析研究，并进一步研究有效延长超深碳酸盐岩储层深穿透酸压有效增产周期的方法和技术。

（8）随着油气勘探开发领域的不断扩大，越来越多的深层碳酸盐岩油气藏和复杂岩性油气藏被发现，酸携砂酸压工艺为这类油气藏改造提供了一项新的技术方法。可以预见在不久的将来，酸携砂酸压将成为低孔、低渗、深井碳酸盐岩油气藏和复杂岩性油气藏改造的一项主流技术，应用前景广阔。但是，该工艺还处于初期阶段，关于酸携砂酸压的许多问题还需要在今后的研究和实践中进一步深入。

参 考 文 献

[1] 彭守涛, 何治亮, 丁勇, 等. 塔河油田托甫台地区奥陶系一间房组碳酸盐岩储层特征及主控因素[J]. 石油实验地质, 2010, 32(2): 108-114.

[2] 焦方正. 塔里木盆地顺北特深碳酸盐岩断溶体油气藏发现意义与前景[J]. 石油与天然气地质, 2018, 39(2): 207-216.

[3] 焦方正. 塔里木盆地顺托果勒地区北东向走滑断裂带的油气勘探意义[J]. 石油与天然气地质, 2017, 38(5): 831-839.

[4] 张继标, 张仲培, 汪必峰, 等. 塔里木盆地顺南地区走滑断裂派生裂缝发育规律及预测[J]. 石油与天然气地质, 2018, 39(5): 955-963, 1055.

[5] 路保平, 鲍洪志. 岩石力学参数求取方法进展[J]. 石油钻探技术, 2005, (5): 47-50.

[6] 郭印同, 陈军海, 杨春和, 等. 川东北深井剖面碳酸盐岩力学参数分布特征研究[J]. 岩土力学, 2012, 33(S1): 161-169.

[7] 张强勇, 王超, 向文, 等. 塔河油田超埋深碳酸盐岩油藏基质的力学试验研究[J]. 实验力学, 2015, 30(5): 567-576.

[8] 耿宇迪, 张烨, 米强波, 等. 超深高破压碳酸盐岩储层深度酸压改造技术研究与应用[J]. 石油和化工设备, 2010, 13(12): 33-36.

[9] 张以明, 才博, 何春明, 等. 超高温超深非均质碳酸盐岩储层地质工程一体化体积改造技术[J]. 石油学报, 2018, 39(1): 92-100.

[10] 高跃宾, 丁云宏, 卢拥军, 等. 超深碳酸盐岩储层携砂酸压技术[J]. 油气井测试, 2015, 24(4): 69-71, 78.

[11] 李丹, 伊向艺, 王彦龙, 等. 深层碳酸盐岩储层新型酸压液体体系研究现状[J]. 石油化工应用, 2017, 36(7): 1-5.

[12] 胡文庭, 何晓波, 李楠, 等. 塔河油田外围超深碳酸盐岩储层深度酸压改造技术研究与应用[J]. 石油地质与工程, 2015, 29(1): 115-117.

[13] Gao Y, Lian S, Shi Y, et al. A new acid fracturing fluid system for high temperature deep well carbonate reservoir[C]//SPE Asia Pacific Hydraulic Fracturing Conference, Beijing, 2016.

[14] 蒋廷学, 周珺, 贾文峰, 等. 顺北油气田超深碳酸盐岩储层深穿透酸压技术[J]. 石油钻探技术, 2019, 47(3): 140-147.

[15] 关富佳, 姚光庆, 向蓉. 乳化酸的优越性能及油层酸化应用研究[J]. 新疆石油天然气, 2003, 15(2): 50-52.

[16] Alzahrani A A. Innovative method to mix corrosion inhibitor in emulsified acids paper[C]//SPE International Petroleum Technology Conference, Beijing, 2013.

[17] Cesin S, Fayard A J, Valtierra J L C, et al. Innovative com-bination of dynamic underbalance perforating with emul-sified acid and nondamaging viscoelastic surfactant-based fluids used for acid stimulation boosts productivity in low permeability naturally fractured carbonates[C]. SPE Brasil Offshore, Macaé, 2011.

[18] Gao Y, Lian S, Shi Y, et al. A new acid fracturing fluid system for high temperature deep well carbonate reservoir[C]//SPE Asia Pacific Hydraulic Fracturing Conference, Beijing, 2016.

[19] 伊向艺, 卢渊, 李沁, 等. 碳酸盐岩储层交联酸携砂酸压改造新技术[J]. 中国科技论文在线, 2010, 5(11): 837-839.

[20] 周珺, 周林波, 蒋廷学, 等. 超深碳酸盐岩储层通道加砂酸压导流能力实验[J]. 成都理工大学学报(自然科学版), 2019, 46(2): 221-226.

[21] 李永寿, 贺正刚, 鄢宇杰. 玉北地区交联酸携砂酸压工艺研究与评价[J]. 复杂油气藏, 2015, 8(1): 75-78.

[22] 侯帆, 许艳艳, 张艾, 等. 超深高温碳酸盐岩自生酸深穿透酸压工艺研究与应用[J]. 钻采工艺, 2018, 41(1): 3, 35-37.

[23] 周林波, 刘红磊, 解皓楠, 等. 超深碳酸盐岩水平井水力喷射定点深度酸化压裂技术[J]. 特种油气藏, 2019, 26(3): 158-162.

[24] Li G S, Sheng M, Tian S C, et al. Multistage hydraulic jet acid fracturing technique for horizontal wells[J]. Petroleum Exploration and Development, 2012, 39(1): 107-112.

[25] 季晓红, 黄梦云, 单锋, 等. 塔里木盆地塔中地区奥陶系超埋深碳酸盐岩凝析气田水平井储层分段酸压改造应用实践及认识[J]. 天然气地球科学, 2015, 26(S2): 186-197.

[26] 马永生, 蔡勋育, 赵培荣. 深层、超深层碳酸盐岩油气储层形成机理研究综述[J]. 地学前缘, 2011, 18(4): 181-192.

[27] 胥云. 低渗透复杂岩性油藏酸压技术研究与应用[D]. 成都: 西南石油学院, 2005.

[28] Perex D, Huidobro E, Avendano J. Applications of acid fracturing technique to improve gas production in naturally fractured carbonate formations, Veracruz Field, Mexico[C]//IADS/SPE Asia Pacific Drilling Technology, Jakarta, 1998.

[29] 李阳, 康志江, 薛兆杰, 等. 中国碳酸盐岩油气藏开发理论与实践[J]. 石油勘探与开发, 2018, 45(4): 669-678.

[30] 陈志海, 戴勇. 深层碳酸盐岩储层酸压工艺技术现状与展望[J]. 石油钻探技术, 2005, (1): 58-62.

第3章　超深碳酸盐岩储层复杂应力特性

3.1　复杂应力场及裂缝扩展研究概况

超深碳酸盐岩储层油藏蕴涵着丰富的油气资源，在全球已探明的油气储量中，60%为海相碳酸盐岩储层，其现已成为油气勘探开发的重要领域。由于碳酸盐岩储层埋藏深、超高温、超高压、非均质性强和孔隙缝洞发育等特点，给压裂施工设计带来一系列的问题，大部分井需要进行储层压裂改造才能达到增产的目的。自 1947 年美国 Kansas 的 Houghton 油田成功进行世界第一口井压裂试验以来，经过 70 多年的发展，压裂技术从工艺、压裂材料到压裂设备都得到快速的发展，已成为提高单井产量及改善油气田开发效果的重要手段。

目前对碳酸盐岩储层的改造主要还是各种酸液的酸化或酸压，碳酸盐岩油气藏储集空间复杂，既有裂缝溶蚀孔洞型、孔隙型，又有复合型。碳酸盐岩大部分储层非均质性强，裂缝发育，压裂液滤失严重，造成碳酸盐岩储层压裂是世界性难题。酸压技术从常规稠化酸、缓速酸发展到目前高效酸+多级注入酸压技术+闭合裂缝酸化技术，在低渗碳酸盐岩中取得较好的效果，近年来，国内外碳酸盐岩酸压技术发展迅速，转向酸压、水平井水力喷射酸压、裸眼封隔器分段酸压技术开始成为主流技术。

Verweij 等[1]对荷兰滨海地区垂直方向应力场进行了计算分析。Maleki 等[2]利用地震资料，识别出伊朗 DQ 油田裂缝，给出了裂缝分布方位。陈世达等[3]对山西沁水盆地煤层气发育段的地应力进行了测试，给出了垂向应力随深度的变化规律。Mohsen 等[4]使用伊朗西南部油田三口井的岩相薄片、孔隙度-渗透率核心数据、图像日志、偶极剪切声波成像仪(DSI)测井、速度偏差测井(VDL)、液压流量单位(HFU)对萨尔瓦克组的微裂缝进行了研究，给出了裂缝的分布方位及其与主应力的相关性。Nasehi 和 Mortazavi[5]对水力压裂过程中裂缝形成过程进行了模拟分析，分析了岩石物理力学参数、地应力、泵注排量、流体性质对裂缝扩展起不同的作用。

周春梅等[6]利用 ANSYS 与 FLAC 对山西省晋城城庄煤矿的构造应力场进行了数值模拟，认为该地区经历了东西向与南北向两次构造运动，产生剪切裂缝，不同的区域受力不同，对研究区进行了风险分区。Ameen 和 Mohammed[7]对沙特阿拉伯北部 Qusaiba 志留系的页岩进行研究，利用钻孔图像测井、定向岩心、地震和钻井观测数据，分析了裂缝类型、分布方位，利用诱导裂缝发育特征，研究了应力场的分布规律。Thorsen[8]基于线性弹性和脆性岩石的常见破坏准则，提出一种利用井眼压力与图像数据估算地应力的方法。尹帅等[9]对塔里木盆地塔中区块致密砂岩的应力场进行了模拟，通过建立三维地质模型，利用 ANSYS 进行数值模拟。该区块内断层数量较少，不存在裂缝与溶洞，在模拟过程中，对断层区域进行网格加密处理。

压裂液具有传递压力、形成地层裂缝、携带支撑剂进入裂缝等作用，其性能对压裂施工有重要的影响，目前压裂液向低伤害、环保、高性能的方向发展，如清水压裂等。在碳酸盐岩储层进行水力压裂仅处于探索阶段，示范区碳酸盐岩储层埋藏深、水平应力差较大(25～30MPa)、起裂压力高，近井地带易形成多裂缝和弯曲缝，摩阻大，滤失严重难以控制，故研究缝洞型碳酸盐岩储层裂缝起裂及扩展规律具有深远的意义。

关于节理、断层、层面、天然缝等地质上的不连续面对水力压裂的实施过程、所形成水力缝的几何形态的影响的研究已久。当水力缝遇到天然微裂缝时，存在三种情形：①水力缝穿过天然缝继续延伸；②水力缝沿天然缝延伸一段长度后在天然缝面上重新造缝；③天然缝被压开，水力缝沿天然缝延伸。当水平地应力差小于14MPa时，如果最大主应力方向与天然缝之间的渐近角小于30°，则水力缝将沿着天然缝延伸，如图3-1中的情形1；当地应力差小于3.5MPa时，水力缝将沿着所有角度渐近角的天然缝延伸，当渐近角为90°时，出现如图3-1中的情形2。

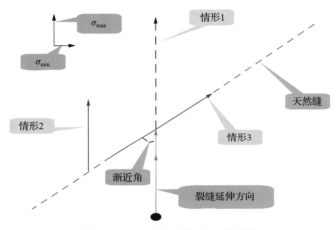

图 3-1　水力缝与天然缝相遇情形

地应力差越小，水力缝越容易沿天然缝延伸，越容易出现多裂缝、多裂缝分支和高施工压力等情况。裂缝在遇到层面后几乎停止延伸，只穿透了2.5～5cm，注入的支撑剂大部分都沿着层面铺置。此时上覆层面地应力比下层高0.7～1.4MPa，说明在摩擦力和地应力差的共同作用下，可以很好地控制裂缝延伸。当天然缝、节理、层面等各种地质不连续情况同时存在时，水力裂缝的延伸变得非常复杂。在天然缝发育区，由于天然缝被压裂液充填，很难见到单一裂缝，大多数都是同时出现几条主控缝及其分支。在岩性发生变化处和与节理相连处也出现了相似的裂缝分支和裂缝扭曲。当裂缝与节理相交时即产生2～3个分支缝，其中有一些分支缝在延伸不远处就消失，而其他缝能延伸到很远处，这些分支缝分分合合延伸到远处。值得指出的是，在这项实验中，渐近角为30°～90°，最小主应力为0.69MPa，水平应力差为2～2.8MPa。

实验研究表明，由于断层区的应力变化，断层对裂缝几何形态影响较为严重，多数情况下水力裂缝在遇到断层后停止延伸，即使穿过断层，也不会延伸很远。现场实际挖掘实验也验证了这一点，在应力差为2.8MPa的条件下在断层区进行压裂实验，设计缝长为23m，而实际延伸缝长仅为1m，且只在断层内发现压裂液和支撑剂。作者在前人所进行的关于水力裂缝能否穿过天然缝继续向前延伸研究的基础上，进行了一系列的室内实验来研究不同渐近角和地应力差下天然缝(节理)对水力裂缝的影响。

3.2 超深碳酸盐岩储层地质力学基本特征

塔里木盆地是典型的叠合盆地，古隆起、古斜坡是油气富集的有利部位，围绕古隆起、古斜坡的油气勘探取得了丰硕的成果。在该思想的指导下，巴楚隆起、和田古隆起及卡塔克隆起高部位相继获得油气突破，但未取得实质性的规模发现。在加强盆地成藏关键问题研究的基础上，逐步认识到盆地北部、东部广泛发育下寒武统斜坡-盆地相烃源岩，盆地北部下古生界发育完整的生-储-盖组合，多期断裂活动为油气运移、聚集提供了有利条件，成藏条件优越。在此基础上，为加强对断裂带的刻画和评价，部署实施了新三维地震勘探，优选实施了探井 SHB 1 井的钻探进一步证实，中—下奥陶统碳酸盐岩发育超深层缝洞型储集体，存在油气成藏。为进一步落实规模，针对 1 号断裂部署实施了 7 口钻井，均获得高产油气流，至此一个新的油气田(顺北油气田)被发现。

3.2.1 顺北油气田储层特征

1. 地质概况

顺北油田位于塔里木盆地的中西部，地理位置隶属新疆维吾尔自治区阿瓦提县和沙雅县，构造位置位于顺托果勒低隆的北部，处于阿瓦提拗陷、满加尔拗陷与沙雅隆起的结合部位，勘探面积 4452.55km²。紧邻南部海相烃源岩，同时发育本地寒武系烃源岩，构造位置有利，油源充足，是油气长期运移聚集的有利区。顺北油区包含四个区块，分别是顺托果勒北、顺托果勒、顺托果勒西和阿瓦提东，研究工区为顺北油区的 1 区块[10]。

2. 构造演化过程

结合塔里木盆地的构造背景，顺北地区主要构造走滑运动分为四期[11,12]：

(1)加里东早期(寒武纪—中奥陶世)：伸展断裂阶段。塔里木板块周缘由快速拉张裂陷转变为区域性稳定构造沉降，发育了一套碳酸盐岩地层[13,14]。张性构造运动一直持续到早奥陶世，在拉张应力作用下，顺北地区早奥陶世沉积的碳酸盐岩地层形成规模不大的张性正断层，断距小，但后期多形成反转构造。

(2)加里东中—晚期(中奥陶世—中泥盆世)：挤压走滑阶段。中奥陶世末(加里东中期 I 幕)，在挤压应力作用下，导致区域性挤压隆升。加里东中期基本奠定了顺北地区的断裂体系格架，走滑断裂剖面上表现为陡直的直立断层或正花状构造，向下断穿寒武系或断至寒武系内部，向上多数断至中—下奥陶统顶面附近，消失在塑性的上奥陶统泥岩中；平面上多呈线状延伸或雁列式排列。晚奥陶世，由于全球性海侵而转变为混积陆棚，沉积的泥岩为优质盖层。奥陶纪末(加里东中期 III 幕)，进一步挤压抬升，区域应力斜向作用于盆内北北东向基底薄弱带上产生走滑分量，形成近 NE 向压扭走滑断裂。顺北 5

号断裂带在 T_7^4 界面发育左阶右行走滑分段，沿走滑平移段也有局部隆起特征，分段间多发育叠接隆起构造，该期为顺北 5 号断裂带的主活动期。加里东晚期，上覆地层在顺北 5 号断裂带深层走滑断裂再活动时形成雁列正断层，顺北 1 号断裂带深层走滑断裂左阶左行活动，分段间多发育叠接拉分，且沿走滑平移段局部有下凹特征，该期为顺北 1 号断裂带的主活动期，上覆雁列正断层形成。北东向和北西向走滑断裂的继承性发育，断裂带继续延伸且拓宽，向下刺穿寒武系，沟通寒武系底部优质烃源岩与碳酸盐岩断溶体，成为油气富集的有利构造区。

(3)海西早期(晚泥盆世—石炭纪末)：张扭走滑阶段。加里东中期发育的 NE 向压扭走滑断裂转变为张扭走滑，继承性发育了一系列张扭走滑断裂，剖面呈负花状、平面呈雁列式张性正断裂展布的构造样式，断裂带内部上志留统—中下泥盆统具有明显加厚的同沉积作用，表明该期是断裂的主活动期，断裂活动强度较加里东中晚期明显增加。

(4)海西晚期(晚二叠世末)：继承性挤压阶段。顺托果勒低隆起进一步抬升，存在微弱的继承性断裂活动，向上断入石炭系—二叠系。顺北 1 号与顺北 5 号断裂带深层走滑断裂再次活动而在上覆地层中再次形成雁列正断层，顺北 1 号与顺北 5 号断裂带在该阶段同时表现为左行走滑活动。石炭纪广泛沉积海相碳酸盐岩，二叠纪除海相碳酸盐岩沉积外，还普遍发育基性岩浆侵入和火山喷发[15]。前期断裂继承性活动与叠加改造，同时这期的热事件也造成深部富硅高温热流体沿碳酸盐岩裂缝带对储层进行了溶蚀改造。根据李培军等[16]对顺北地区的成藏研究认为，海西晚期发生油气充注。此后研究区的构造格局基本定型，形成现今构造格局。

3. 地层特征

顺北地区地层发育较齐全，截至目前，研究区钻井已揭示的地层包括上寒武统、奥陶系、石炭系、二叠系、三叠系、白垩系、古近系、新近系和第四系。三叠纪地层砂泥岩互层频繁，泥岩容易吸水膨胀、剥落掉块。二叠纪地层脆硬，裂缝纵向发育，易井漏、掉块。奥陶纪地层裂缝发育，地层压力低易漏失，且硫化氢含量高；桑塔木组存在火成岩侵入体，且地层坍塌压力较高，易垮塌。研究区由于受多期构造运动的影响，恰尔巴克组存在不同程度的缺失。奥陶系延续了寒武系西台东盆的沉积格局，地层发育齐全，自下而上依次为下奥陶统蓬莱坝组(O_1p)、中—下奥陶统鹰山组($O_{1-2}y$)、中奥陶统一间房组(O_2yj)和上奥陶统恰尔巴克组(O_3q)、良里塔格组(O_3l)以及桑塔木组(O_3s)。顺北地区目的层位描述如下：

1)恰尔巴克组(O_3q)

岩性上，该组地层上部为灰色泥岩和灰色灰质泥岩，下部以灰色含泥质泥晶灰岩为主，夹有深灰色-棕褐色泥岩层，部分井段可见棕红色泥灰岩。该组厚度 14~28m 不等，平均厚为 23.5m。

2)一间房组(O_2yj)

顺北地区一间房组在研究区分布广泛，厚度稳定，岩性种类较多，泥晶、微晶、微亮晶和亮晶均有分布，含有物可见生物碎屑、砂屑、砾屑等，颗粒分选性不等，磨圆度普遍较差，亦可见硅化、白云石化和黄铁矿化现象。该组在顺北地区分布为厚度 100~

200m 不等，平均厚为 150m。

3）鹰山组（$O_{1-2}y$）

该层位岩性以（微）亮晶颗粒灰岩和泥（微）晶颗粒灰岩为主，总体上沉积环境相比于一间房组未见明显变化，局部发育颗粒滩相，但整体上沉积水动能仍较低。由于钻井均未钻穿该区地层，对该地层厚度无法估计。

4. 断裂带发育特征

早—中奥陶世，顺北区块位于台地相沉积环境，奥陶系中下统沉积了巨厚的碳酸盐岩。中奥陶世末，寒武纪—奥陶纪大型碳酸盐岩建造阶段结束，在近南北向构造应力作用下，地壳逐步抬升，沙雅隆起形成了一个北高南低的宽缓古隆起，顺北地区处于沙雅隆起的南部倾末端，形成了北东向及北西向的走滑断裂体系，断裂发育规模大，断穿层位多，位于断裂带及断裂带附近的碳酸盐岩受应力作用改造而破碎，形成裂缝储集体，加里东晚期—海西早期构造运动对走滑断裂带进一步改造，同时还可能存在海西晚期热液溶蚀作用，形成以断裂控制为主的多种成因叠加改造的裂缝-洞穴型储集体。实钻资料证实，沿加里东中期走滑断裂带发育的北东向断穿基底的主干断裂带是顺北区块储层发育和油气聚集的最有利区域。综合钻井资料、岩心资料、成像测井等资料，顺北地区奥陶系储层类型为沿深大断裂发育的裂缝-洞穴型储层，储集空间类型可划分为洞穴、构造溶蚀缝、构造缝、压溶缝，基质溶孔、晶间孔、粒内孔少见。

3.2.2 顺北断裂分布特征

塔里木盆地受多期构造运动影响，在顺北地区地层中，发生多期断层活动，对地层进行叠加改造，形成了早期南强北弱、晚期北强南弱的走滑断裂体系。台盆区自北向南发育多个走滑断裂体系，顺北为调节断裂体系，顺南为北东向断裂体系。走滑断裂带具有"纵向分层变形、主滑移带平面分段、垂向多期叠加"的空间结构样式[17-19]，顺北走滑断裂带受多期构造活动叠加改造影响，在地震剖面上特征清晰，易于识别（图 3-2），主要表现为纵向断穿基底、高陡直立。

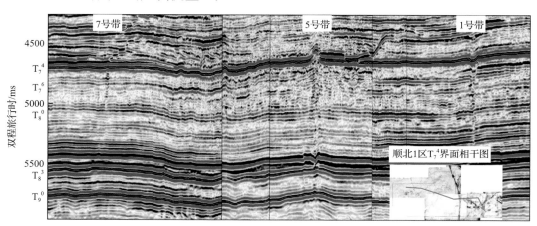

图 3-2 顺北走滑断裂带地震剖面特征

现有研究成果表明(图 3-3),顺北地区走滑断裂带平面上是典型的三段式结构:拉分段、挤压段和平移段,滑移距离小,多在千米尺度(350~1780m),油区断裂带滑移距离小,气区断裂带滑移距离大。纵向上分为下伏陡直走滑段与上覆雁列正断层,形成纵向分层结构。

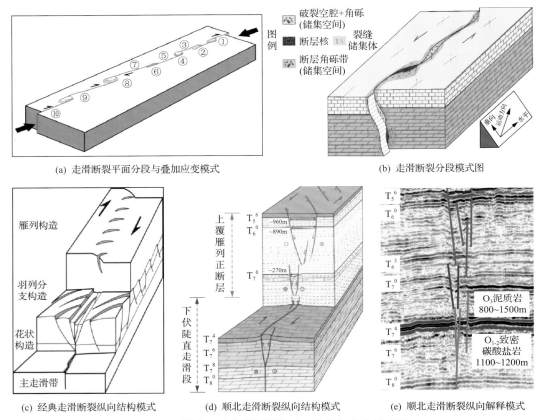

图 3-3　顺北地区走滑断裂体系三维空间分布模式图

相关构造研究成果表明,塔北东西分区、塔中北东近平行,顺北 5 号断裂贯穿南北,东西侧断裂分布显著差异。顺北 5 号断裂南北分段分属不同体系,拼接而成,断裂带北段—中段与南段断裂带演化存在差异[20-22]。在区块北中段,断裂体系多期纯走滑发育,平面三段式明显,断裂面控储;在断裂带南段,走滑断层叠加地堑,正断层断裂面储层欠发育(图 3-4),从垂直方向上看,顺北 5 号断裂奥陶系发育复合构造样式、雁列正断层控制下部志留系。放空漏失实钻证实,走滑断裂带内部,主走滑断裂面控制储集体发育。

研究过程中,收集了顺北 5 号断裂带北部地区 T_6^0—T_8^0 之间的地震数据体、现有断裂带在各个层面上的交线。根据这些资料,并结合地质上断层的空间分布特征,建立了研究区域内裂缝的三维分布模型(图 3-5),获得如下认识:

(1)研究区断层走向主要为北北西向和近北东向;东部地区为 5 号断裂带主体,自南向北由 8 条小断层组成,以北西向为主。

(2)断裂带内主体为走滑拉分段,东部 5 号断裂带局部地区挤压隆起,形成花状结构。

(3)西南部地区发育 11 条小型直立断层。

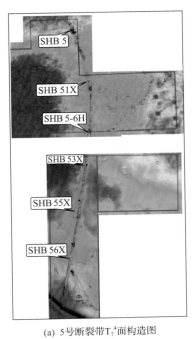

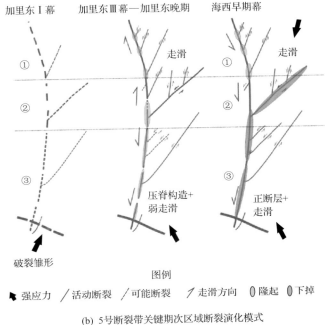

(a) 5号断裂带T₇⁴面构造图　　　(b) 5号断裂带关键期次区域断裂演化模式

图 3-4　顺北 5 号断裂带不同位置处内部断层演化模式

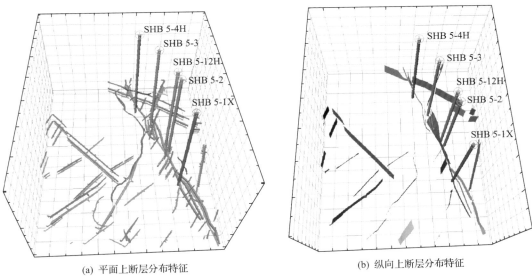

(a) 平面上断层分布特征　　　　　　　(b) 纵向上断层分布特征

图 3-5　顺北 5 号北部断裂带三维分布图

3.2.3　天然裂缝特征

由 SHB 501 井与 SHB 7 井的成像测井资料(图 3-6)，根据成像照片，识别出了其中的裂缝，获得了裂缝的埋深、走向、倾向与倾角等数据(表 3-1)，建立了走向、倾角节理玫瑰花图与柱状分布图。

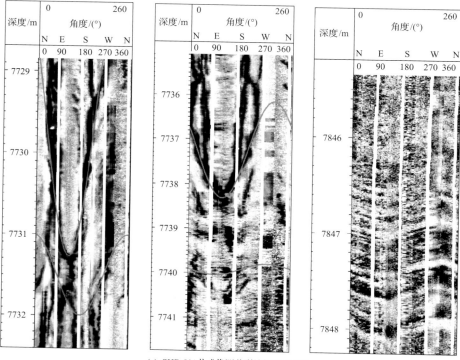

(a) SHB 501井成像测井裂缝解释成果图

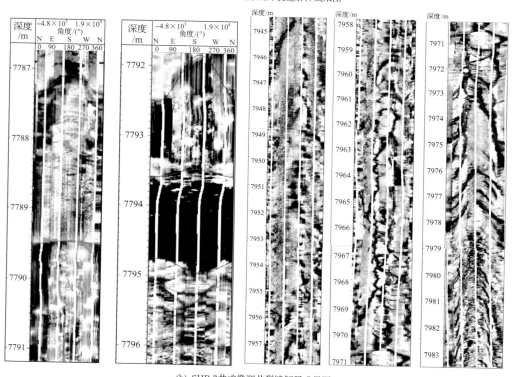

(b) SHB 7井成像测井裂缝解释成果图

图 3-6　顺北典型钻井奥陶系 FMI 成果图

表 3-1　单井裂缝分布数据表

井号	深度/m	地层	走向/(°)	倾向/(°)	倾角/(°)	裂缝性质
SHB 501	7729.7	一间房组	NE36.9	SE126.9	86.1	张开缝
	7731.5		NE81.5	SE171.5	77.6	张开缝
	7737.2		NE26.9	SE116.9	83.5	张开缝
	7739.9		NE5.2	SE95.2	48.4	张开缝
	7855.2	鹰山组	NE36.8	NW306.8	85.1	张开缝
	7873.4		NW294.4	SW204.4	6.7	张开缝
	7943.4		NW338.4	SW248.4	3.4	张开缝
	7943.9		NE24.2	SE114.2	82.9	张开缝
	7944.5		NW309.5	SW219.5	4	张开缝
	8012.9		NW311	SW221	7.6	张开缝
SHB 5-3	7391.2	一间房组	NW330	SW240	60	张开缝
	7394		NW300	SW210	72	张开缝
	7493		NW305	NE35	24	张开缝
	7547.4	鹰山组	NW271	NE1	30.8	张开缝
	7552.2		NW325.2	SW235.2	47.5	充填缝
	7553.2		NW329.3	SW239.3	69.4	充填缝
	7555.5		NW335.2	SW245.2	67.3	充填缝
	7581.7		NE37.3	NW307.3	74	张开缝
	7582.3		NE11.4	NW281.4	76.5	张开缝
	7583		NE13	NW283	71.6	张开缝
	7643		NW344.4	NE75.6	8.4	张开缝
	7646.8		NW343.6	NE73.6	18.4	张开缝
	7672.2		NW358.2	NW268.2	28.2	张开缝
	7673.4		NE15.6	NW285.6	42.5	张开缝
	7674.2		NE17.6	NW287.6	46.9	张开缝
	7674.5		NE20.6	NW290.6	37.1	张开缝
	7675.3		NE14	NW284	18.3	张开缝
	7675.5		NE23.4	NW293.4	28.3	张开缝
	7687.1		NE53.1	NW323.1	14.9	张开缝
	7693.7		NW333.8	NE63.8	12.9	张开缝
	7714.3		NW292.4	NE22.4	6.8	张开缝
	7715.1		NW339.2	NE69.2	14.7	张开缝
	7730.8		NE86.3	SE179.3	12.8	张开缝
	7730.9		NW347.5	NE77.5	5.3	张开缝

井号	深度/m	地层	走向/(°)	倾向/(°)	倾角/(°)	裂缝性质
SHB 7	7596.7	一间房组	NE45	SE135	55	张开缝
	7645.8		NE350	SE80	13	张开缝
	7735.6	鹰山组	NW352	SW262	12	张开缝
	7787.2		NW288	NE18	52.1	张开缝
	7789.5		NW295	NE25	13.3	张开缝
	7792.3		NW298.2	NE28.2	73.3	张开缝
	7793.5		NW298	NE28	25.5	张开缝
	7944.7		NE47.6	SW317.6	79.2	张开缝
	7961.1		NW301.8	NE31.8	72.1	张开缝
	7961.7		NW291.2	NE21.2	72.1	张开缝
	7966.1		NW75.3	NW185.3	74.4	张开缝
	7967.6		NE31.8	NW301.8	62.3	张开缝
	7970.6		NE90	NW180.0	43.6	张开缝
	7971.1		NW291.2	NW201.2	43.6	张开缝
	7971.6		NE26.5	NW116.5	55.0	张开缝
	7971.8		NW280.6	NW190.6	59.0	张开缝
	7971.9		NW280.6	NW190.6	59.0	张开缝
	7972.1		NW344.1	NE74.1	43.6	张开缝
	7974.05		NE58.2	NW328.2	83.7	张开缝
	7976.6		NW280.6	NE10.6	79.2	张开缝
	7977.8		NE79.4	NW349.4	78.1	张开缝
	7981.5		NE68.8	NW338.8	86.0	张开缝

对识别出的单井内的裂缝进行分析统计(图 3-7)，可以获得如下认识：

(1)在奥陶系一间房组与鹰山组的碳酸盐岩地层中，均有裂缝发育，裂缝的性质以张开缝为主，在 SHB 5-3 井中有少量充填缝发育。

(2)顺北 5 号断裂带附近发育的裂缝，走向以 NW280°～NW290°为主，发育少量的 NE30°～NE70°的裂缝；SHB 7 井在 7 号断裂带附近，裂缝以 NE10°～NE20°为主，在 NW310°附近有少量裂缝发育。

(3)从倾向分布图可以看出，5 号断裂带附近的裂缝倾向以 SE150°～SW200°为主，7 号断裂带以 SE100°～SE120°为主；从倾角可以看出，一间房组与鹰山组内均有高角度缝与低角度缝发育，在鹰山组内，高角度缝更发育。

(4)将裂缝走向与断裂带走向对比可以大致看出，顺北 5 号断裂带断层以北西向为主，裂缝也以北西向为主，少量北东向裂缝，断层与裂缝的走向基本一致；断层在鹰山组上部以花状组合为主，在下部以直立形态发育；裂缝在鹰山组下部倾角也较大，中上部则低角度的水平裂缝与高角度近直立裂缝发育，也具有较好的一致性。

(5) 根据断层与裂缝的对比可以发现，在同一构造背景作用下，断层的发育控制着裂缝的发育方向、密集程度及角度，该认识与以往的地质认识一致。

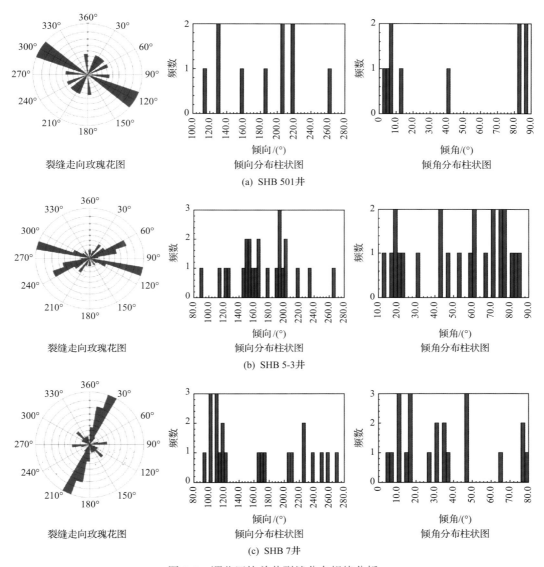

图 3-7 顺北区块单井裂缝分布规律分析

3.2.4 单井地应力与岩石力学参数分析

1. 单井地应力测试

根据 Kaiser 效应，对 SHB 501 井 S501-1-62-74(7656.38~7656.46m)、S501-1-63-74(7656.46~7656.57m)两块岩心，进行声发射测试实验(表 3-2)：测得垂直应力 189.91MPa，

水平最大主应力191.52MPa, 水平最小主应力141.25MPa; 垂直地应力梯度0.024MPa/m, 水平最大主应力梯度0.025MPa/m, 水平最小主应力梯度0.018MPa/m。水平最大主应力梯度＞垂直应力梯度＞水平最小主应力梯度, 水平主应力差为50.27MPa。经古地磁测试, SHB 501井三组岩样所处地层水平最小主应力方位处于NE129.8°附近。

表3-2　声发射检测结果

样品编号	检测条件			地应力大小检测结果						
				Kaiser点对应的应力值/MPa				三主应力大小/MPa		
	围压/MPa	孔隙压力/MPa	温度/℃	垂直	0°	45°	90°	垂直应力	水平最大主应力	水平最小主应力
S501-1-62-74 (7656.38～7656.46m) 和 S501-1-63-74 (7656.46～7656.57m)	30	0	30	109.93	109.93	107.95	61.87	189.91	191.52	141.25

2. 工作液对岩石力学性能的影响

对SHB 501井, 已经进行过多种类型的岩石力学实验, 包括未浸泡样品与不同类型溶液浸泡后样品的单轴压缩实验、三轴压缩实验、直剪实验与巴西劈裂实验, 通过实验, 获得了样品的强度指标与溶液浸泡后的强度损伤变化规律。实验结果表明:

(1) 单轴抗压强度: 未浸泡的岩样单轴抗压强度平均为72.67MPa, 酸液浸泡后岩样为13.58MPa。

(2) 三轴抗压强度(围压为30MPa): 未浸泡岩样三轴抗压强度平均为267.76MPa, 酸液浸泡岩样为232.89MPa。

(3) 单轴弹性模量: 未浸泡岩样单轴弹性模量平均为39314MPa, 酸液浸泡岩样为6832MPa。

(4) 三轴弹性模量(围压为30MPa): 未浸泡岩样三轴弹性模量平均为49744MPa, 胶凝酸浸泡岩样为45548MPa。

(5) 抗剪强度评价方面, 岩心浸泡后内聚力比未浸泡的岩心均有所下降, 降幅在50%以上, 内聚力大小表现为酸液浸泡＜未浸泡, 反映出岩石的软化性。

(6) SHB 501井4块样品抗拉强度平均值为4.22MPa, 抗拉强度波动范围大。

(7) 岩心浸泡后, 单轴与三轴强度、弹性模量等比未浸泡岩心相比均有大幅度下降。由于围压弥补了岩心浸泡后的强度损失, 浸泡前后三轴弹性模量对比性不强。

3. 单井地应力的计算

为了分析顺北区域概况及基本地质特征、顺北天然裂缝特征、断裂特征对裂缝的影响, 以及天然裂缝对酸压效果的影响; 对顺北5号走滑断裂带进行精细解析, 研究走滑断裂控缝作用机制、SHB 5井区岩石力学参数解释模型、岩石弹性力学参数的测井计算、岩石强度参数的测井计算, 构建横波时差曲线进行动静态岩石力学参数的校正, 并进行应力场数值模拟明确现今地应力分布规律。

利用纵横波资料，完成了 SHB 501 井弹性模量、泊松比、抗压强度与地应力的简单计算，建立了单井相关参数剖面(图 3-8)。

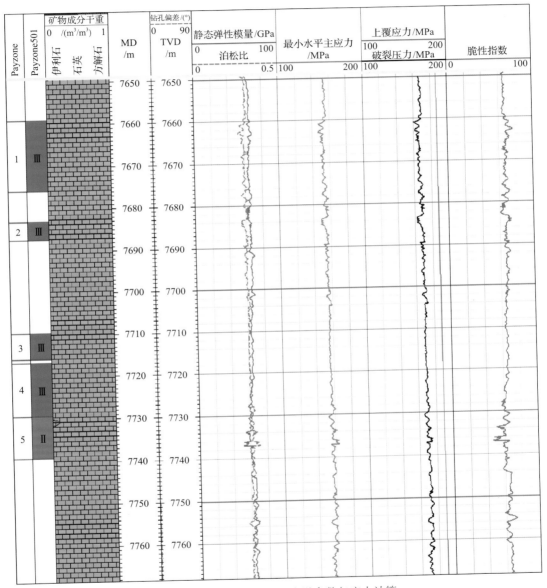

图 3-8　SHB 501 井岩石力学参数与应力计算

根据计算结果，对弹性模量、泊松比、抗压强度、垂直应力、水平最大主应力与水平最小主应力等进行统计，如图 3-9 和表 3-3 所示。计算结果显示，在一间房组与鹰山组的储层段，上覆地层压力为 165~170MPa；井下闭合压力(水平最小主应力)在 152~157MPa；井下破裂压力在 165~170MPa；储层应力及脆性与上下隔挡层的差别不大。

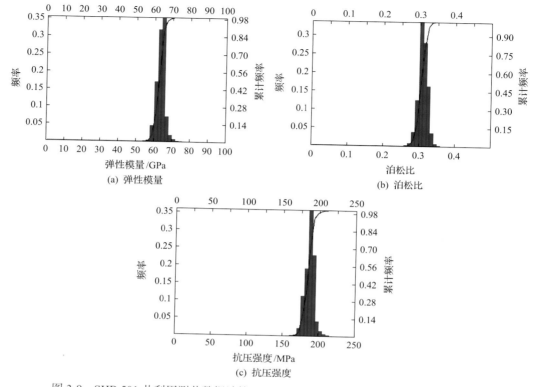

图 3-9　SHB 501 井利用测井数据计算强度指标分布柱状图(深度：7650~8045m)

表 3-3　SHB 501 井利用测井数据计算强度指标统计结果表

层号	测深/m		层厚/m	弹性模量/GPa	泊松比	水平最小主应力/MPa	水平最大主应力/MPa	垂直应力/MPa	破裂压力/MPa
	顶深	底深							
1	7658.9	7675.7	16.8	64	0.29	152	182	165	165
2	7683	7687.2	4.2	64	0.29	152	183	166	166
3	7709.5	7715.7	6.2	64	0.30	156	187	169	169
4	7716.5	7729.2	12.7	62	0.31	156	188	169	169
5	7729.2	7739.1	9.9	60	0.31	157	189	170	170

3.2.5　酸浸泡后岩石力学强度实验

1. 实验材料与仪器

试验岩样同样来自塔河油田奥陶系碳酸盐岩储层，岩心加工为标准岩样(5cm×10cm)。由于碳酸盐岩极易与酸反应，选用浓度较低的酸液进行实验。实验仪器同样为高温高压动静岩石三轴测试系统。

2. 主要实验过程

将加工好的岩样放入酸液配方中浸泡 3 天，取出岩样在 90℃下进行三轴压缩实验，从应力-应变曲线图中获取岩石力学参数，并与浸泡前 90℃三轴压缩实验结果进行对比，主要过程同完井液浸泡实验,此处不再赘述。

3. 实验结果

同样将酸液浸泡过后的岩心在 90℃环境下进行三轴抗压实验,对比酸液浸泡前后岩石强度,实验数据如表 3-4 所示。根据实验结果建立酸液浸泡厚度的岩石强度曲线如图 3-10 所示。

表 3-4　酸液浸泡后三轴压缩实验结果

岩心编号	围压/MPa	抗压强度/MPa	弹性模量/GPa	泊松比
30	30	209.4	38.1789	0.304
34-1	30	218.23	32.5839	0.293
34-2	45	274.34	36.1102	0.332
34-3	45	293.86	33.6835	0.314
35	60	330.5	30.3105	0.337
37-1	60	322.4	34.0672	0.364

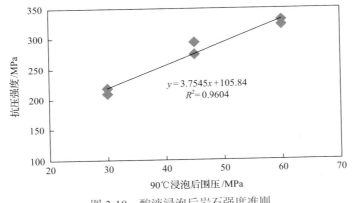

图 3-10　酸液浸泡后岩石强度准则

综合对比未浸泡岩样三轴压缩实验结果,表 3-5 给出酸液浸泡后 90℃同一环境下岩石的力学相关参数的平均值,可以得到岩样的抗压强度在酸液浸泡前后变化(图 3-11)。可以看出在不同围压下,岩石的抗压强度均有所下降,平均降低了 20.5%。这是因为岩样在物化反应后发生软化。

表 3-5　酸液浸泡前后岩石强度参数(平均值)对比

序号	处理状态	围压/MPa	抗压强度/MPa	弹性模量/GPa	泊松比
1	浸泡前	30	275.88	59.1789	0.304
	浸泡后	30	209.4	35.4629	0.298
2	浸泡前	45	362.3	56.7102	0.302
	浸泡后	45	293.86	34.8235	0.324
3	浸泡前	60	412.74	55.3105	0.247
	浸泡后	60	330.5	32.0346	0.344

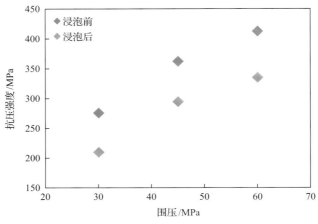

图 3-11 酸液浸泡前后抗压强度结果对比

由从弹性模量变化看(图 3-12),酸液浸泡后岩石的弹性模量降低了近 45%,弹性模量决定了岩石抵抗变形的能力,说明岩石经酸液浸泡之后岩样更容易变形,也更容易被破坏。从泊松比的变化看(图 3-13),酸液浸泡后岩石的泊松比增加了近 16%,泊松比增加说明岩石塑性变强。总体上看,酸液浸泡降低了岩样的力学强度,在开发过程中应适当减小维持井壁稳定的生产压差。

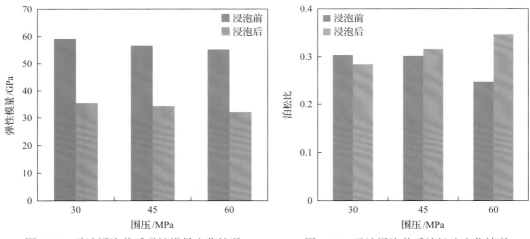

图 3-12 酸液浸泡前后弹性模量变化情况   图 3-13 酸液浸泡前后泊松比变化情况

根据实验强度结果,结合 Mohr-Coulomb 强度准则可以计算出酸液浸泡前后岩样的内摩擦角和黏聚力,浸泡前,内摩擦角和黏聚力分别是 39.82° 和 33.94MPa,浸泡后分别是 34.28° 和 27.74MPa,如图 3-14 所示,作为岩石的两个抗剪强度指标,从机理上分析酸液浸泡后岩石强度降低的原因,岩石酸液的浸泡使其脆性降低。内摩擦角适当减小是由于岩石内部结构受侵蚀越来越大,结构单元体表面性质出现不稳定变化,黏聚力降低,岩石抗剪性越来越差,强度降低,酸液浸泡使岩石软化,强度降低约 20.5%。

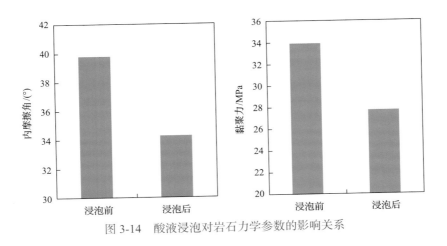

图 3-14 酸液浸泡对岩石力学参数的影响关系

3.3 超深碳酸盐岩断溶体背景下的复杂应力场

3.3.1 考虑断裂带特征的地应力场建模

根据三维地震数据体，首先建立时间域的地质模型，然后通过时深关系建立深度域的地质模型。在此基础上，输入获得的地层相关物理力学参数，通过数值模拟计算，获得了研究区内最大主应力、中间主应力与最小主应力的分布特征。

1. 时间域地质模型

根据地震数据体解释结果，结合地震层位与地层的对应关系（图 3-15，表 3-6），通过地震数据重采样，将均方根振幅属性采样到三维地质网格中。通过选取合理的截断值，将整个网格划分成两部分，即断层和背景。在此基础上，建立了时间域地质模型（图 3-16），模型显示，该地区东北地区高、西南地区低。

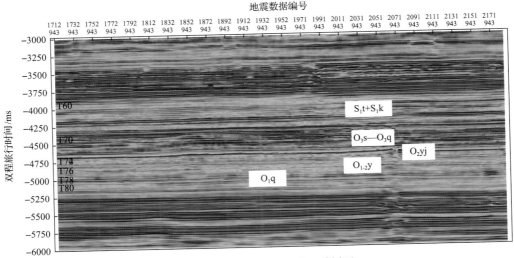

图 3-15　Inline1949 时间域地质剖面

表 3-6　地震层位与地层对应关系表

地震层位	$T_6^0—T_7^0$	$T_7^0—T_7^4$	$T_7^4—T_7^6$	$T_7^6—T_8^8$	$T_7^8—T_8^0$
地层	$S_1t—S_1k$	$O_3s—O_3q$	O_2yj	$O_{1-2}y$	O_1q
断层性质	走滑+拉分	走滑+挤压+拉分	走滑+挤压+拉分	走滑	走滑

图 3-16　研究区建模网格框架与时间域地层模型

2. 深度域地质模型

顺北 5 区块自南向北埋深变化范围较大，从建立的地震地质模型图中可以看出，越往南其平均速度越大，深度越大。这是由于研究区地层为北部高、南部低，造成北部地层的速度小于南部地层的速度。在建立时深转换关系时，不能直接采用同一个关系式，因此将研究区从南至北划分为两个区域，自上而下划分为五层，分别求取平均速度和深度之间的关系。根据收集的 SHB 5 井与 SHB 5-4 井数据，建立了该地区时深转换线性关系，并利用钻孔中—间房组顶界面深度与 T_7^4 深度进行校核。

针对研究区内不同断层受力情况，将研究区由北向南划分出五个区块，分别代表在断层形成过程中的拉分段和压隆段。同时基于掌握区域背景资料，对地质、地震分层做了统一深度域划分。根据建立的时深转换关系式，将建立的时间域地质模型转化为深度域地质模型(图 3-17)，同时，在建立地质模型过程中，根据井位坐标、断层分布图，将钻井与断层加载到模型中。

3. 计算参数选择

进行数值模拟时，准确地给定地层、断层与裂缝的相关力学参数是基础。研究过程中，首先通过室内获得完整地层物理力学参数，断层与裂缝的参数通常是对完整地层的参数进行一定的折减处理后得到的。通过模拟获得应力场的分布后，再利用实际测试的应力场进行校核。

本节研究过程中，对地应力进行数值模拟计算时，涉及五套地层($S_1t—S_1k$、$O_3s—O_3q$、O_2yj、$O_{1-2}y$、O_1q)和三种材料(碳酸盐岩块体基质、断裂和裂缝)。根据实验结果，结合一些调研资料，可以直接给出完整块体的弹性模量、泊松比、抗压强度与抗拉强度。

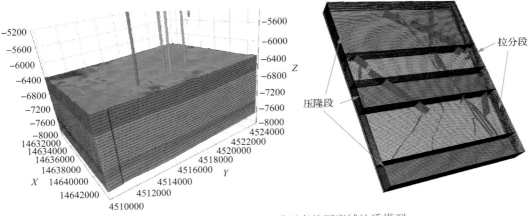

图 3-17 建立的包括多种地质要素的深度域地质模型

其他材料无法直接获取参数，因此做如下假定：对于断层，将断层考虑为断层带，大主干断层影响范围宽度设定为 80m，小断层宽度为 60m，裂缝影响宽度为 10m；计算时，对断层的参数（弹性模量），按其分别为围岩的 0.05 倍取值，计算地应力场。本节计算过程中，对应的材料参数如表 3-7 所示。

表 3-7 地应力场数值模拟采用的参数表

材料类型及对应地层		弹性模量/GPa	泊松比	抗压强度/MPa	抗拉强度/MPa
碳酸盐岩块体	S_1t—S_1k	30	0.3	45	5
	O_3s—O_3q	35	0.28	50	7
	O_2yj、$O_{1-2}y$、O_1q	38	0.28	60	8
断层		0.35	0.32	3	0
裂缝		0.37	0.30	3	0

4. 计算方法

顺北地区以断裂带发育为主要特征，在一间房组顶部有部分溶洞发育。对应力场进行分析模拟时，对于该地区，由于断层、裂缝与溶洞大量发育，不太适用连续单元方法，采用混合介质模型，将包含断层、裂缝与溶洞的地层附近网格参数进行弱化处理。计算软件采用 FRACMAN 进行，该软件基于 DFN 技术，可以依托地震属性、构造特征及露头信息约束，构建三维空间中任意复杂的非均质裂缝岩体，精确刻画及描述裂缝网络的几何形态与渗流特征，进行应力场的分布模拟计算，通过压力测试数据、生产动态数据及试井数据，修正模型。

5. 地质模型中网格划分与边界条件

将研究区地质模型东西向与南北向划分为 242 单元与 310 单元，网格大小为 50m×50m，垂直方向划分为 30 层，合计 225 万个网格单元。

根据调研资料，顺北地区奥陶系中水平最大主应力方向为 NE41.4°，水平最小主应力方向为 NW311.4°。在进行应力场计算时，地层水平方向位移固定，无法产生位移大变形,在垂直方向施加应力梯度为 0.025MPa/m,水平最大主应力梯度为 0.024MPa/m,水平最小主应力梯度为 0.018MPa/m。由于地层埋深较大,同时断裂带在鹰山组中下部表现为走滑断层,具有一定倾斜角度,按现有地质认识,将研究区域自北向南划分为五个区域,其中三个区域为压隆段,水平方向应力>垂直方向应力>水平最小主应力;两个区域为拉分段,该区域内垂直方向应力>水平方向应力>水平最小主应力。对于裂缝,给定裂缝刚度参数:法向刚度系数 K_n 为 500MPa/cm,切向刚度系数 K_s 为 250MPa/cm,在该条件下将地层相关参数进行概化处理,得到弹性模量与泊松比分布图(图 3-18),然后对顺北 5 号断裂带地区的应力场进行全区的模拟。

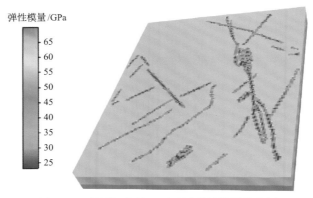

图 3-18 断层概化处理后地层弹性模量分布图

6. 应力场模拟结果

采用软件,划分网格,给定地层、断层与裂缝的参数及应力梯度后,对应力场进行模拟分析。图 3-19 和图 3-20 为计算结果图。

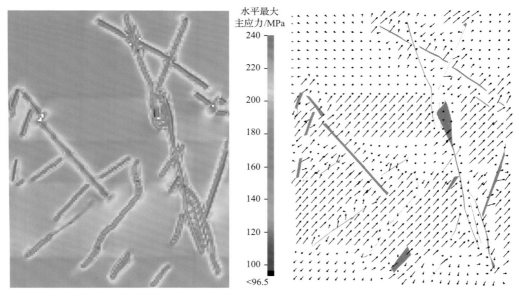

图 3-19 顺北 5 号断裂带地区水平最大主应力分布图

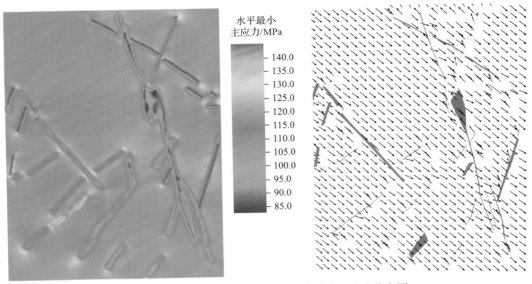

水平最小
主应力/MPa

140.0
135.0
130.0
125.0
120.0
115.0
110.0
105.0
100.0
95.0
90.0
85.0

图 3-20 顺北 5 号断裂带地区水平最小主应力分布图

3.3.2 断裂带对区域地应力场的影响

根据研究区内地层与断裂带发育特征，将地层组合划分成五个小层，在不同小层内部，断层的组合样式不同，因此断层附近应力分布不同。以下分别对每小层内地应力分布规律进行描述。

1. S_1t+S_1k

该套地层中，上部层段东北部、中西部发育几条北西向小断层，地层下部开始发育北东向羽状系列小断层，构成顺北 5 号断裂带的上层结构（图 3-21）；地层中，北西向雁列断层形成主体断层结构，断层以走滑与拉分为主，断层对应力场的影响较大（图 3-22）。

1）最大主应力特征

从计算结果可以看出（图 3-23），①基岩内部：最大主应力为 165～170MPa，部分地区为 160～165MPa。②北西向断层：由于最大主应力方向为北东向，断层受挤压作用产生应力集中，最大主应力较正常应力大，分布范围为 170～185MPa。③北东向断层：走向与最大主应力方向接近平行，在核心部分由于岩体破碎，存在应力最小值约为 160MPa，断层两侧再逐渐过渡至正常地层应力 170MPa。

2）中间主应力特征

从计算结果可以看出（图 3-24），①基岩内部：中间主应力为 155～160MPa，西北地区为 150～155MPa，断层地区为 160～165MPa；主要方向为北东向，部分地区为垂直方向。②北西向断层：断层核部主应力比周围高，为 160～165MPa，应力以垂直方向为主。

③北东向断层：中间主应力一般为 155～160MPa，应力方向为正常的北东向，部分断层附近应力降低。

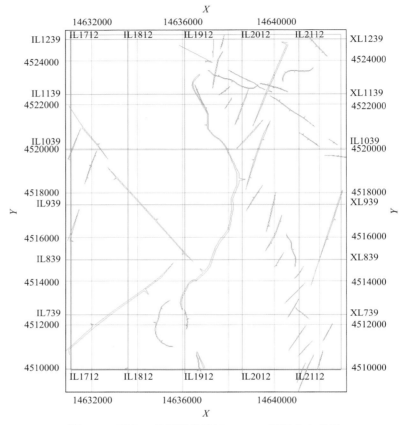

图 3-21　顺北 5 号断裂带地区 S_1t+S_1k 断层分布特征

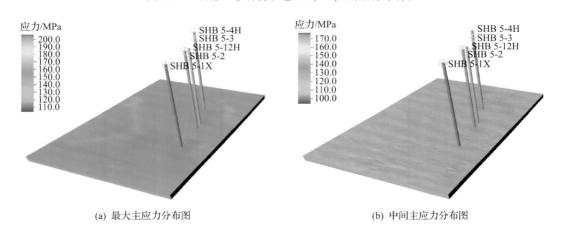

(a) 最大主应力分布图　　　　　　　　　(b) 中间主应力分布图

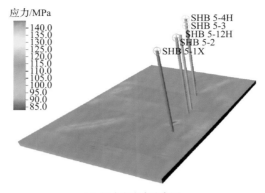

(c) 最小主应力分布图

图 3-22 顺北 5 号断裂带地区 S_1t+S_1k 三维应力场分布图

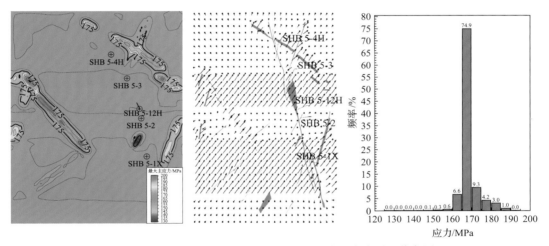

图 3-23 顺北 5 号断裂带地区 S_1t+S_1k 最大主应力平面分布图

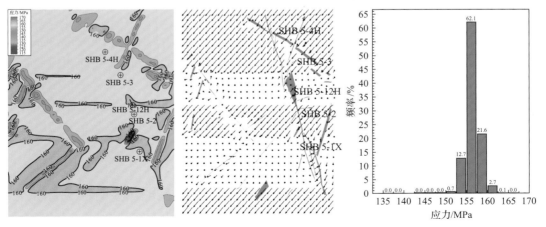

图 3-24 顺北 5 号断裂带地区 S_1t+S_1k 中间主应力平面分布图

3）最小主应力特征

从计算结果可以看出（图3-25），①基岩内部：最小主应力主要为115～118MPa，断层地区有应力集中，主应力为125～130MPa。②北西向断层：断层核心部位最小主应力比围岩大 4～5MPa，应力方向为北西向。③北东向断层：最小主应力为 120～135MPa，断层核心部位最小主应力应力集中，最大可达135MPa，主应力方向为北西向。

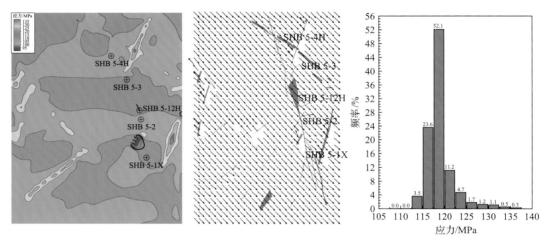

图3-25　顺北5号断裂带地区S_1t+S_1k最小主应力平面分布图

2. O_3s—O_3q

该套地层中，顺北5号断裂带在上部显示为北东向羽状断层，下部为北西向断层连续分布，两个地区的断层组合成花状构造；在区块东侧与中南部发育几条北东向独立大断层，西部发育一条北西向大断层（图3-26）。整套地层中，顺北5号断裂带位置处断层组合复杂，导致该地区三维地应力场分布复杂（图3-27）。

1）最大主应力特征

从计算结果可以看出（图3-28），①基岩内部：最大主应力为170～190MPa，部分地区超过190MPa。②5号断裂带地区：在断裂带发育地区，核心部分最大主应力因地层破碎，应力减弱，为140～150MPa，在核部向正常地层过渡过程中，距离为一倍断裂带宽度的位置附近产生应力集中变大，其值为180～190MPa，然后再减小至正常应力。③其他断层发育区：在核心部分应力最小约为 150MPa，断层两侧再逐渐过渡至正常地层应力170MPa；断层的两端出现应力集中，为180～190MPa。

2）中间主应力特征

从计算结果可以看出（图3-29），①基岩内部：中间主应力主要为165～175MPa，部分地区为160～165MPa。②北西向断层与北东向断层：中间主应力主要为140～160MPa，主应力方向在挤压区为北东向，在走滑区为垂直方向，在中部与南部地区，断层附近发生方向偏转；断层核部区域为应力低值区，最小为130～140MPa；断层尖端有应力集中现象，最大可达 180MPa。

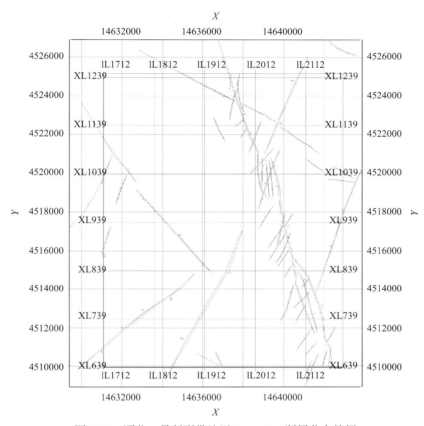

图 3-26　顺北 5 号断裂带地区 O_3s—O_3q 断层分布特征

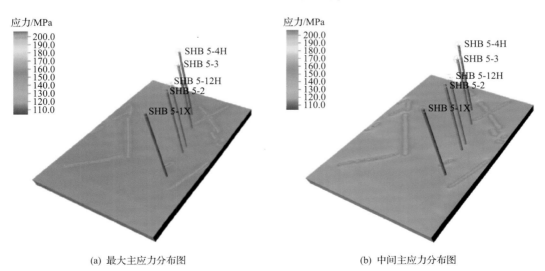

(a) 最大主应力分布图　　　　　　　　(b) 中间主应力分布图

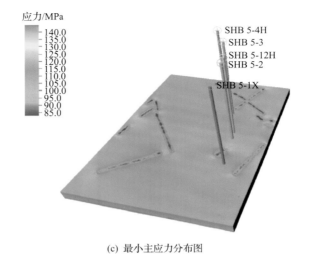

(c) 最小主应力分布图

图 3-27　顺北 5 号断裂带地区 O_3s—O_3q 三维应力场分布图

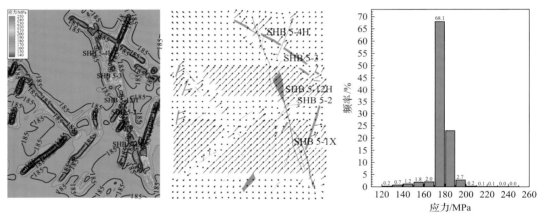

图 3-28　顺北 5 号断裂带地区 O_3s—O_3q 最大主应力平面分布图

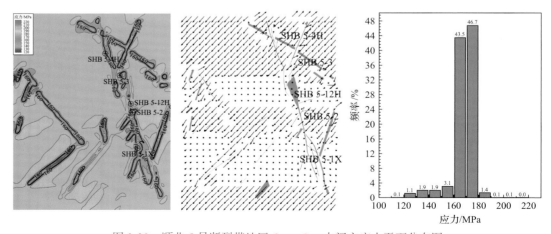

图 3-29　顺北 5 号断裂带地区 O_3s—O_3q 中间主应力平面分布图

3）最小主应力特征

从计算结果可以看出（图 3-30），①基岩内部：最小主应力为 125～135MPa，部分地区为 120～125MPa，断层地区应力减小。②北西向断层与北东向断层：断裂带内部应力为 100～120MPa，逐渐过渡到正常应力；断层交叉处应力降低明显；断层尖端处局部有应力集中，最大达到 135MPa；应力方向为北西向。

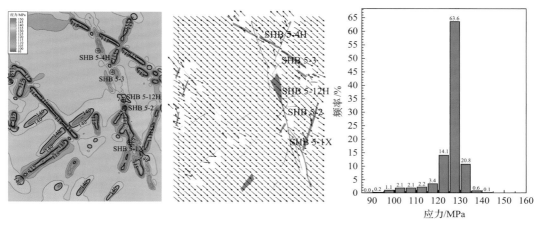

图 3-30　顺北 5 号断裂带地区 O_3s—O_3q 最小主应力平面分布图

3. O_2yj

该地层断层发育与 O_3s—O_3q 下部地层特征类似。5 号断裂带为北西向断层，在地层中连续分布，两个地区的断层组合成花状构造；在区块东侧与中南部发育几条北东向独立大断层，西部发育一条北西向大断层。整套地层中，5 号断裂带位置处断层组合复杂（图 3-31）。图 3-32 是顺北 5 号断裂带地区 O_2yj 三维应力场分布图。

1）最大主应力特征

从计算结果可以看出（图 3-33），①基岩内部：最大主应力为 175～185MPa，部分地区为 170～175MPa。②5 号断裂带：对应力场影响大。在断裂带核心部位，应力场为 170～75MPa，然后逐渐增加至 185MPa，再逐渐减小至正常应力；最大主应力以垂直向下为主；局部地区为北东向。③其他断层：最大主应力为 175～185MPa；在断层与 5 号断裂带交叉区域，应力最小约为 170MPa；断层两侧存在应力高值区，为 180～185MPa，再过渡至正常应力。

2）中间主应力特征

从计算结果可以看出（图 3-34），①基岩内部：中间主应力为 170～185MPa，部分地区为 185～190MPa。②5 号断裂带：断裂带连续完整发育，核心部位存在中间主应力低值区，为 120MPa；向两侧逐渐增加，分布范围为 120～160MPa；应力方向以北东向为主；在断裂带交叉部分，有应力集中现象，最大可达 190MPa。③其他断层：中间主应力分布于 140～170MPa，断层尖端应力集中，最大可达 180MPa。

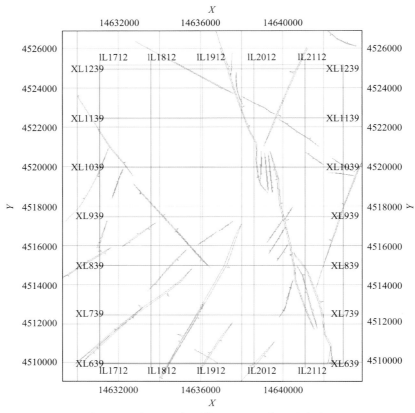

图 3-31　顺北 5 号断裂带地区 O_2yj 断层分布特征

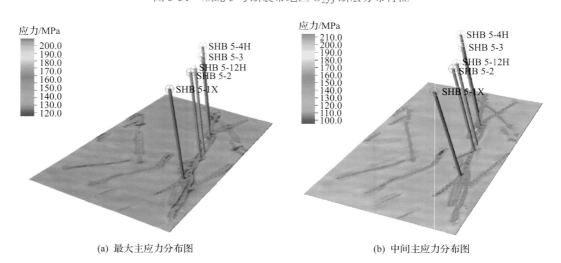

(a) 最大主应力分布图　　　　　　　　　　　(b) 中间主应力分布图

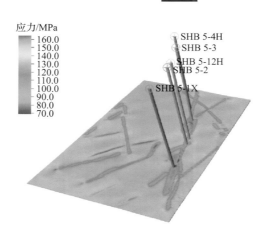

(c) 最小主应力分布图

图 3-32 顺北 5 号断裂带地区 O_2yj 三维应力场分布图

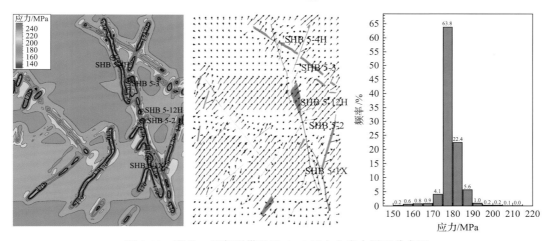

图 3-33 顺北 5 号断裂带地区 O_2yj 最大主应力平面分布图

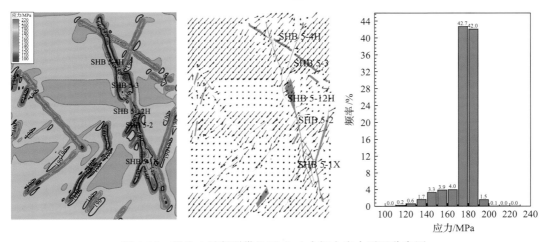

图 3-34 顺北 5 号断裂带地区 O_2yj 中间主应力平面分布图

3）水平最小主应力特征

从计算结果可以看出（图 3-35），①基岩内部：水平最小主应力为 130～140MPa，方向为北西向。②5 号断裂带：断层区域为最小主应力低值区，分布范围为 110～120MPa，局部最小值为 100MPa；在断层两侧出现应力高值区，其值可达 140～145MPa。③北西向断层：主要为低值区，应力值为 110～120MPa。④北东向断层：以应力低值区为主，部分地区出现应力高值区，最大可达 150MPa。

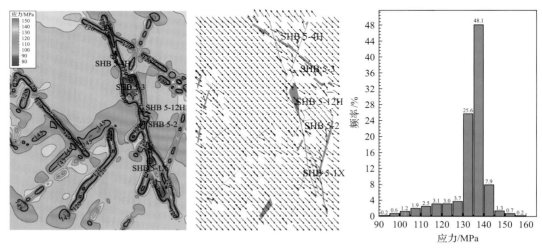

图 3-35　顺北 5 号断裂带地区 O_2yj 水平最小主应力平面分布图

4. $O_{1-2}y$

该套地层中，5 号断裂带在地层中连续分布，上部为北西向断层，两个地区的断层组合成花状构造；下部为直立断层；在区块东侧与中南部发育几条北东向独立大断层，西部发育一条北西向大断层（图 3-36）。图 3-37 是根据断裂特征计算后的顺北 5 号断裂带地区 $O_{1-2}y$ 三维应力场分布图。

1）最大主应力特征

从计算结果可以看出（图 3-38），①基岩内部：最大主应力为 180～195MPa，部分地区为 160～165MPa。②北西向断层：由于最大主应力方向为北东向，断层受挤压作用产生应力集中，最大主应力较正常应力大，分布范围在 170～185MPa。③北东向断层：走向与最大主应力方向接近平行，在核心部分由于岩体破碎，存在应力最小值约为 160MPa，断层两侧再逐渐过渡至正常地层应力 170MPa。

2）中间主应力特征

从计算结果可以看出（图 3-39），①基岩内部：中间主应力在 175～185MPa，部分地区为 170～175MPa。②5 号断裂带：断层区域为应力低值区，分布范围为 140～160MPa；断层两侧处应力集中，存在高值区，最大达 190MPa，再逐渐过渡至正常地层应力。③北东向断层与西南部断层：中间主应力为 150～160MPa，在断层交叉处有应力集中，最大可达 170～180MPa。

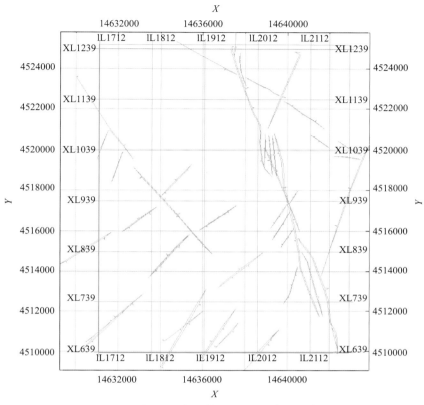

图 3-36　顺北 5 号断裂带地区 O$_{1-2}$y 断层分布特征

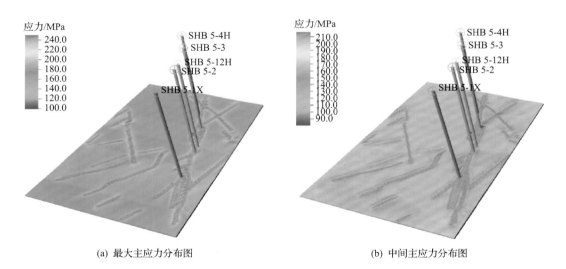

(a) 最大主应力分布图　　　　　　　　　　(b) 中间主应力分布图

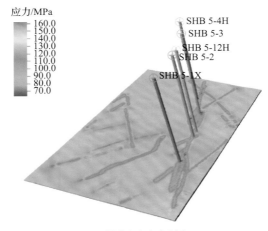

(c) 最小主应力分布图

图 3-37 顺北 5 号断裂带地区 $O_{1-2}y$ 三维应力场分布图

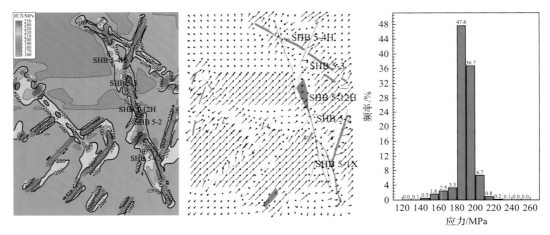

图 3-38 顺北 5 号断裂带地区 $O_{1-2}y$ 最大主应力平面分布图

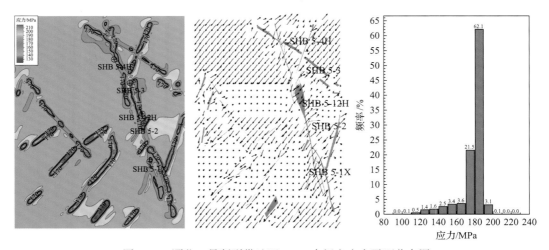

图 3-39 顺北 5 号断裂带地区 $O_{1-2}y$ 中间主应力平面分布图

3）最小主应力特征

从计算结果可以看出（图 3-40），①基岩内部：最小主应力在 130～140MPa，应力方向为北西向。②5 号断裂带：断层区域为应力低值区，为 90～120MPa，断层交叉处，存在应力集中高值区，应力为 140～150MPa。③其他断层发育区：最小主应力为 110～120MPa，在断层尖端有应力集中，最大可达到 150MPa。

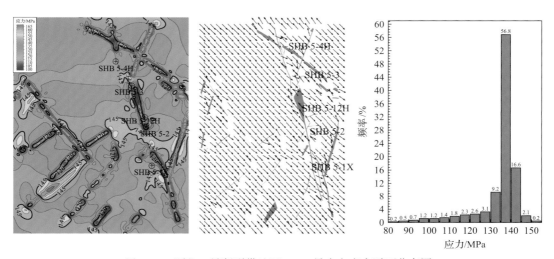

图 3-40 顺北 5 号断裂带地区 $O_{1-2}y$ 最小主应力平面分布图

5. O_1q

该套地层中，5 号断裂带以垂向走滑断层发育为特征，其他地区的断层也以垂直方向为主，自上至该套地层均有发育（图 3-41）。图 3-42 是顺北 5 号断裂带地区 O_1q 三维应力场分布图。

1）最大主应力特征

从计算结果可以看出（图 3-43），①基岩内部：最大主应力为 190～205MPa，部分地区为 185～190MPa。②5 号断裂带：断裂带由多条断层组成，最大主应力以垂直方向为主，应力分布范围为 200～220MPa；断层尖端有应力集中，最大可达 230MPa；断层两侧应力逐渐降低至正常应力。③其他断层：最大主应力较基岩大，表明断层以挤压为主，最大可达为 200MPa。

2）中间主应力特征

从计算结果可以看出（图 3-44），①基岩内部：中间主应力在 180～190MPa，部分地区为 170～180MPa。②5 号断裂带：主应力方向以北东向为主，断裂带发育区以低应力为特征，分布范围为 160～180MPa，北部与中部断层交叉地区，有应力集中，最大可达195MPa。③其他断层：以低应力为特征，分布范围在 160～180MPa，断层两侧与尖端有应力集中现象，中间主应力最大为 190MPa，再向两侧过渡至正常应力。

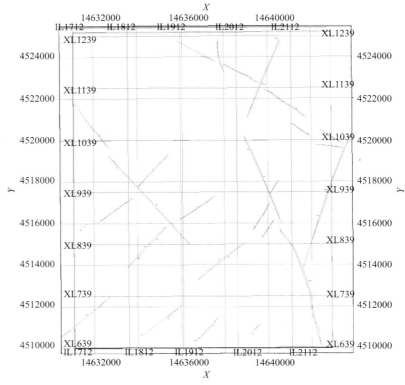

图 3-41　顺北 5 号断裂带地区 O_1q 断层分布特征

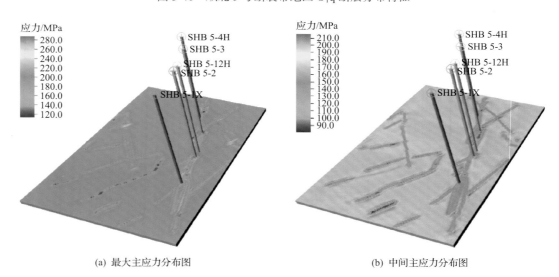

(a) 最大主应力分布图　　　　　　　　(b) 中间主应力分布图

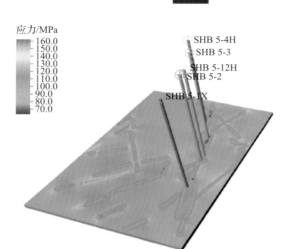

(c) 最小主应力分布图

图 3-42 顺北 5 号断裂带地区 O_1q 三维应力场分布图

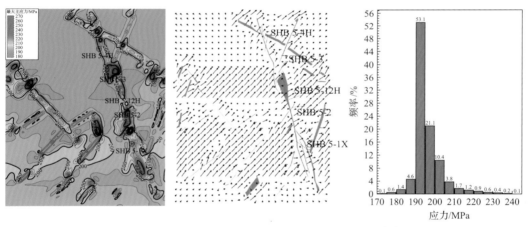

图 3-43 顺北 5 号断裂带地区 O_1q 最大主应力平面分布图

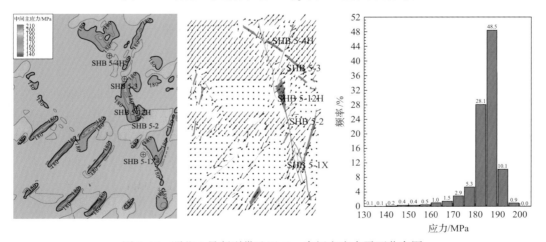

图 3-44 顺北 5 号断裂带地区 O_1q 中间主应力平面分布图

3) 最小主应力特征

从计算结果可以看出 (图 3-45)，①基岩内部：最小主应力为 135～145MPa，部分地区为 145～150MPa；应力方向为北西向。②5 号断裂带：断层区域为应力低值区，最小主应力分布范围为 120～140MPa；在断层尖端与两侧，应力集中，最大可达 150MPa。③其他断层：应力低值区，最小主应力分布范围为 130～140MPa。

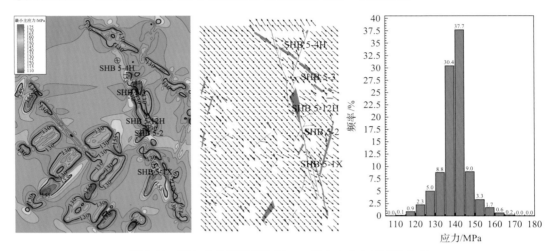

图 3-45 顺北 5 号断裂带地区 O_1q 最小主应力平面分布图

3.4 超深复杂应力碳酸盐岩储层酸蚀裂缝起裂与扩展特征

为研究断裂带附近钻井进行酸化压裂时，酸压后产生裂缝与天然裂缝的相互影响，选择 SHB 5-1X 井一间房组为例，建立小区域范围的三维地质模型，在应力场模拟基础上，开展酸化压裂过程模拟。模拟时，首先根据统计出的裂缝分布规律，初步给定一些天然裂缝分布，然后开展三种工况的模拟：①总液量与施工排量不变，改变液体黏度；②总施工液量与压裂液黏度不变，改变施工排量；③保持压裂液黏度与施工排量不变，增加总施工液量。通过数值模拟，揭示压裂产生裂缝的分布与影响范围。

3.4.1 不同类型断层对应力场影响规律

在顺北 5 号断裂带不同的位置，断层性质不同，因此有必要分析不同的断层组合情况下应力场的分布特征。选择 SHB 5-1X 井附近三条北东向断层组合、SHB 5-3 井附近花状构造断层组合、SHB 5-4 井附近的交叉断层组合，以鹰山组储层为代表，进行地层细化，通过数值模拟，揭示断层附近应力场的变化特征。

1. SHB 5-1X 井附近断层组合

SHB 5-1X 井附近鹰山组中，三条北西向断层端部交叉，向南近似平行发育，断层延伸 3～4km；另外发育一条北东向小断层，延伸 2km 左右。该断层组合发育为挤压型，在鹰山组中，断层倾角超过 80°，近似直立发育(图 3-46)。

该模型东西方向长为 2.0km，南北方向长为 2.4km，建立地质模型后，划分为 100×120×20 的单元，单一网格长宽均为 20m，同样对断层进行粗化处理。按照成像测井获得的裂缝分布规律，建立两组三维裂缝，根据地质资料可知，SHB 5-1X 井附近地区断层在鹰山组为挤压型断层，$\sigma_H > \sigma_V > \sigma_h$，给定应力边界条件后，进行应力场模拟计算。

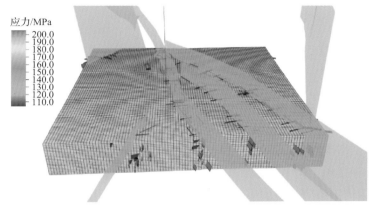

图 3-46 SHB 5-1X 井附近断层组合与网格模型

由模拟结果可以看出：

(1)最大主应力总体最大(图 3-47)，在基岩块体内，应力主要为 190～200MPa，平均值在 195MPa；断层中心为低应力区，最低为 180MPa；断层两侧为高应力区，最大可达 225MPa；断层附近应力差值可达 30～35MPa；断层附近高值区与低值区相间排列；最大主应力方向为 NE52°，断层附近，最大主应力方向与断层走向垂直；断层两端，应力方向发生偏转，由北东向转为北西向，最大偏转角度超过 60°。

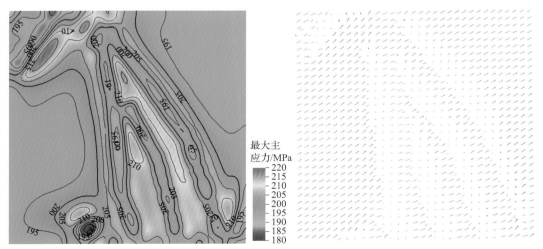

图 3-47 SHB 5-1X 井附近最大主应力分布特征

(2)基岩内部，垂直方向应力处于水平最大主应力与水平最小主应力之间，分布范围为 185～195MPa，平均值为 190MPa，与最大主应力相差 10MPa 左右；断层内部，应力最小为 175MPa 左右；在两条断层之间，应力出现最大值为 195～200MPa，断层附近应力差值为 20MPa 左右；北部断层尖端，应力最大值为 200～205MPa（图 3-48）。与水平最大主应力进行比较可知，由于断层内部应力弱化，使得水平最大主应力小于垂向应力，因此最大主应力在部分地区表现为垂直方向最大，应力方向发生了改变。

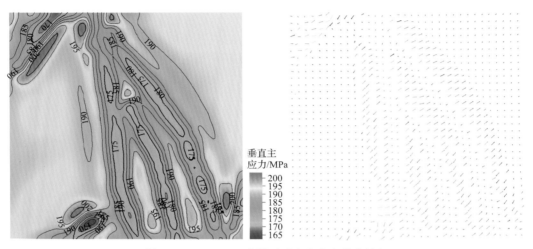

图 3-48　SHB5-1X 井附近垂直主应力分布特征

（3）由最小主应力分布图可知（图 3-49），基岩内部最小应力在 135～145MPa，平均接近 140MPa；断层内部出现应力低值区，最小应力可达 115～120MPa，断层之间出现应力高值区，最大达 150MPa，断层附近应力差值可达 30MPa；断层外侧出现应力相对高值区，断层对应力场的影响范围是断层宽度的 3 倍左右。由水平最小主应力方向分布图可知，应力方向主体为 NW328°，在断层附近，应力场与断层走向近似平行，在断层尖端，应力方向有偏转，最大偏转角为 20°～30°。

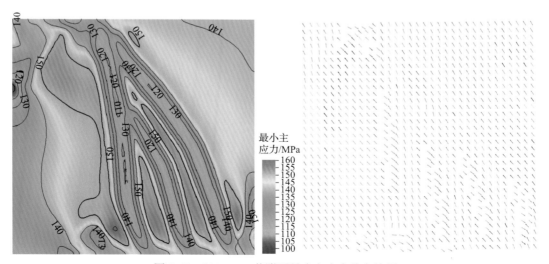

图 3-49　SHB5-1X 井附近最小主应力分布特征

2. SHB 5-3 井附近断层组合

SHB 5-3 井附近鹰山组中，发育北西向四条断层，近似平行排列；自左向右，第一条与第四条断层延伸超过 10km，形成"Y"形断层主体，断层上部近似直立，底部倾斜；中间两条小断层，延伸 2～3km，近似直立发育(图 3-50)。

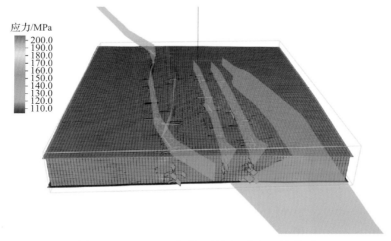

图 3-50　SHB 5-3 井附近断层组合与网格模型

该模型东西方向长为 2.0km，南北方向长为 2.4km，建立地质模型后，划分为 100×120×20，单网格长宽均为 20m，同样对断层进行粗化处理。按照成像测井获得的裂缝分布规律，建立两组裂缝空间分布，根据地质资料可知，SHB 5-3 井附近地区断层表现为在鹰山组呈雁列式的拉分正断层，垂直方向应力最大，$\sigma_V > \sigma_H > \sigma_h$，在此基础上进行了应力场模拟计算，揭示断层对应力场分布的影响。

根据模拟结果可知，SHB 5-3 井附近鹰山组地应力具有如下特征：

(1)垂直方向主应力总体最大(图 3-51)，在基岩块体内，应力主要为 180～195MPa，平均值在 190MPa；断层中心为低应力区，最低为 160MPa；断层两侧为高应力区，最大可达 225MPa；断层附近应力差值可达 30～40MPa；断层呈花状形态，上部近似平行，因此应力高值区与低值区相间排列；水平最大主应力方向为垂直方向，但由于应力低值区存在，部分地区应力低于水平最大主应力值，应力方向发生偏转，变为水平北东方向。

(2)由水平最大主应力分布等值线图、应力方向及分布趋势柱状图可知(图 3-52)，在基岩块体内，水平最大主应力主要分布范围为 160～185MPa，平均值为 175MPa；断层中心应力最小为 140MPa，两侧应力最大可达 200MPa；断层附近应力差值可达 40MPa。由应力方向分布图可知，基岩内水平最大主应力方向为 NE52°，断层附近，主应力方向发生偏转；断层主体两侧，应力方向与断层垂直；断层端部，主应力偏转方向较大，部分地区转为 NW350°，偏转角度约为 60°。由模拟结果可知，断层对应力场影响较大，影响范围为断层宽度的 2～3 倍。

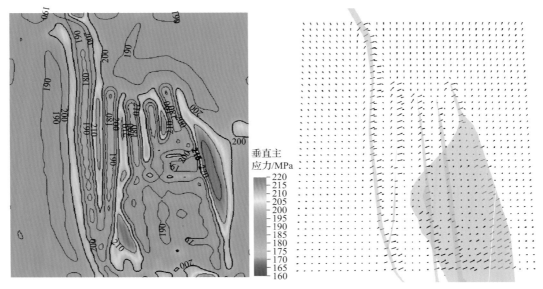

图 3-51　SHB 5-3 井附近垂直主应力分布特征

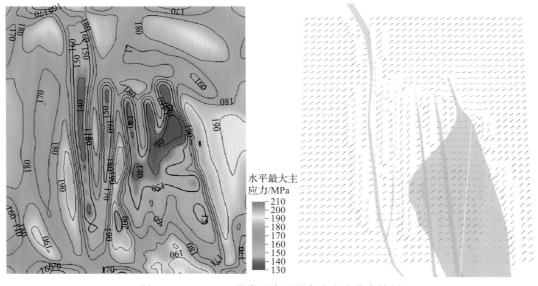

图 3-52　SHB 5-3 井附近水平最大主应力分布特征

（3）从计算结果可以看出（图 3-53），基岩内部最小主应力为 130～160MPa，应力方向为 NW328°；断裂带为应力低值区，分布范围为 110～120MPa；断层两侧与端部及断层交叉处，存在应力集中高值区，分布范围为 150～170MPa；最小主应力方位为北西向，局部偏转角度为 20°～30°。

3. SHB 5-4H 井附近断层组合

在顺北 5 号断裂带北部 SHB 5-4H 井附近，发育几条北西向断层，其中走向 NW328°

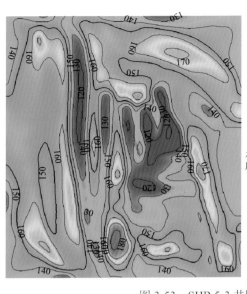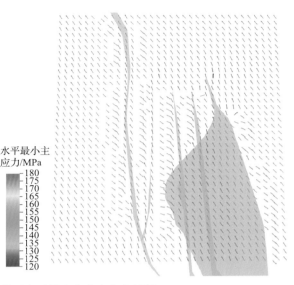

图 3-53　SHB 5-3 井附近水平最小主应力分布特征

断层切割走向 NW290°交叉切割，形成走滑切割组合。在鹰山组中，断层垂直发育。取该区块大小 2.0km×2.4km，根据裂缝发育特征，构造该区域内的裂缝组合，划分网格形成 100×120×20 的单元后，给定边界条件，进行粗化处理，建立模型，进行地应力场模拟，分析该断层组合下应力场的分布特征(图 3-54)。

图 3-54　SHB 5-4H 井附近断层组合与网格模型

由模拟结果可以看出，在该断层组合下：

(1)由水平最大主应力分布等值线图与应力走向分布图可以揭示(图 3-55)，该断层组合附近，基岩内水平最大主应力分布范围为 190～195MPa，断层内部，最小值为 180MPa，断层两侧，最大为 210MPa，断层附近应力差为 30MPa；该地区水平最大主应力方向主要为 NE52°，在断层附近，发生转向，断层主体与断层垂直，在断层端部与断层交叉部位，主应力方向偏明显，偏转角度可达 60°；断层对应力场的影响范围为 200～300m。

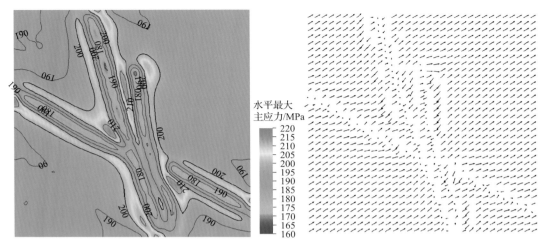

图 3-55　SHB 5-4H 井附近水平最大主应力分布特征

　　(2)由垂直应力分布图可以看出(图 3-56),基岩内垂直应力为 190MPa 左右,断层内部,应力最小值为 160~170MPa,断层外侧与断层交叉部分,产生应力集中,最大值为 200~210MPa,断层附近应力差值为 30~35MPa。

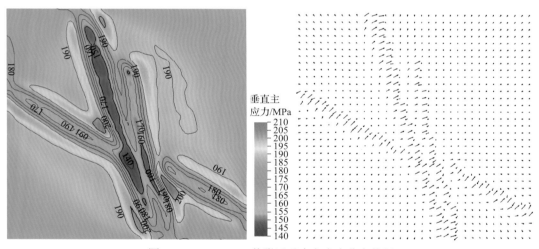

图 3-56　SHB 5-4H 井附近垂直主应力分布特征

　　(3)由水平最小主应力分布图可以看出(图 3-57),水平最小主应力在基岩内为 135~140MPa,在断层内部,水平最小主应力为 120MPa,断层端部,产生应力集中,水平最小主应力最大可达 150MPa,断层内部与端部应力差约为 30MPa。从水平最小主应力方向上显示,断层附近主应力方向产生变化:在断层两侧,主应力方向过渡至与断层走向平行;在端部,主应力方向发生偏转,最大扩展转角度可达 40°~50°。断层对水平最小主应力的影响范围大约为 200m。

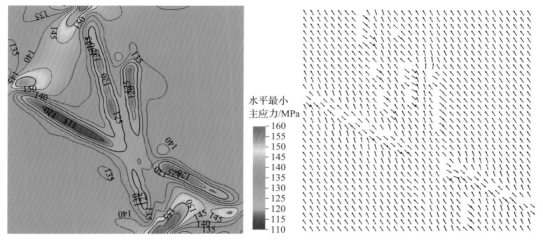

图 3-57 SHB 5-4H 井附近水平最小主应力分布特征

3.4.2 天然裂缝与压裂裂缝相互作用机理

顺北 5 号断裂带碳酸盐岩储层内发育天然裂缝与缝合线，是地层的薄弱带，进行压裂时，新产生的压裂缝与天然裂缝会相互作用。因此全面了解天然裂缝与压裂缝间的相互作用机制是研究碳酸盐岩储层复杂缝形成机理的关键。

图 3-58 为天然裂缝与水力裂缝相交过程示意图，根据裂缝相互作用的时间，将天然裂缝与水力裂缝的相交过程分为相遇前、相遇时和相遇后三个阶段。

(1) 相遇前，由于裂缝相距较远，天然裂缝的存在对水力裂缝的扩展影响较小，水力裂缝不发生偏转，仍为平行于水平最大主应力方向的平直裂缝，如图 3-58(a) 所示。

(2) 相遇时，当水力裂缝与天然裂缝刚刚相交时，由于裂缝相交点处的流体压力较小，天然裂缝一般处于闭合状态，随后可能存在以下两种裂缝延伸模式：①水力裂缝与天然裂缝相遇后导致天然裂缝发生剪切破坏，如图 3-58(b) 所示，这种延伸模式虽不会改变水力裂缝的延伸路径，但会导致天然裂缝渗透率急剧升高，压裂液大量滤失到天然裂缝，造成交点处缝内流体压力出现短暂下降；②水力裂缝直接穿过天然裂缝，如图 3-58(c) 所示，此时天然裂缝在另一侧的破裂压力低于天然裂缝的开启压力。

(3) 相遇后，对于沿天然裂缝延伸的情况，天然裂缝在剪切破坏作用下，渗透率进一步增大，天然裂缝开启，裂缝发生转向，如图 3-58(d) 所示；对于直接穿过天然裂缝的情况，水力裂缝可能继续沿着原始路径进行扩展，如图 3-58(e) 所示，也可能随着压裂液的持续注入，使裂缝相交点处流体压力大于天然裂缝壁面正应力，诱导天然裂缝开启，如图 3-58(f) 所示。

在碳酸盐岩中进行酸化压裂时，与水力压裂相比，除了这几种相互作用机理外，还可能存在一种机理，即在高压作用下，酸液使岩体中形成初始压裂缝，随后酸液与岩体反应，使表面粗糙产生蚓孔，增加裂缝的开度与导流能力；同时，酸液降低岩体的破坏强度；酸压裂缝与天然裂缝相遇后，先沿裂缝扩展，随后，岩体强度降低效应与酸蚀裂缝通道增强效果，裂缝附近更易形成交叉裂缝，裂缝主要延伸方向则与水平最小主应力方向垂直。

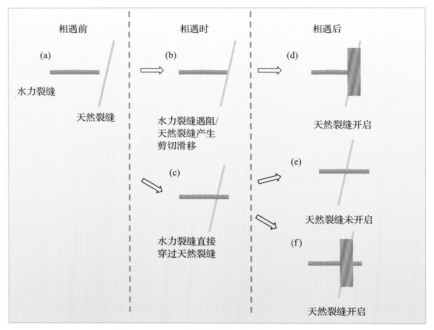

图 3-58　天然裂缝与水力裂缝相交过程

3.4.3　人工裂缝扩展有限元模拟

FracMan 中的水力压裂模拟基于临界应力分析理论，涉及离散裂缝网络模型中的流-固耦合方程组的求解。水力裂缝自井筒沿着垂直于水平最小主应力的方向起裂，通过检查相交的天然裂缝是否满足拉张准则，进而将压裂液泵注到张性裂缝内实现对复杂缝网的模拟(图 3-59)。FracMan 通过保持泵送的压裂液与天然裂缝和水力裂缝之间的体积平

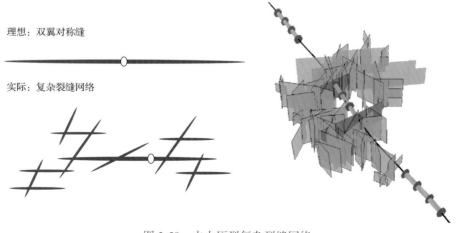

图 3-59　水力压裂复杂裂缝网络

衡模拟水力压裂。裂缝的膨胀体积与岩石弹性参数、应力状态及缝内流体压力密切相关，通过本构方程可对离散裂缝模型按时间步进行求解。

在每个时间步长，泵送到裂缝网络内的压裂液总量为(施工排量×持续时间/步数)×压裂液效率 HF(%)。随后更新水力裂缝宽度，并检查相交的天然裂缝(一级裂缝)是否发生张性破裂，即是否存在缝内流体压力大于法向应力($P_{frac} > \sigma_N$)的情况，若天然裂缝法向应力高于缝内流体压力，则天然裂缝不扩展。接着搜索第二级相连接的天然裂缝，依此类推。假如天然裂缝网络无法完全容纳新泵入的压裂液，则剩余的压裂液将被泵注到主裂缝中用于主水力裂缝的扩展。

根据线弹性断裂力学，可得椭圆形裂缝宽度-压力关系方程如下：

$$e = \frac{2(1-\nu)}{\mu}\left(P_{frac} - \sigma_N\right)d_{max}\sqrt{1 - \left(\frac{d}{d_{max}}\right)^2} \tag{3-1}$$

式中，ν 为泊松比；μ 为剪切模量；d 为裂缝单元与注入点的距离；d_{max} 为最大流动距离，可根据每个时间步长的水力裂缝长度动态调整。

由式(3-1)可以看出，缝宽是弹性模量 E、泊松比 ν、缝内流体压力 P_{frac} 及距离的函数。由于剪切模量和弹性模量的关系式可写为

$$\mu = \frac{E}{2(1+\nu)} \tag{3-2}$$

将式(3-2)代入式(3-1)，则缝宽方程可写为

$$e = \frac{4(1-\nu^2)}{E}\left(P_{frac} - \sigma_N\right)d_{max}\sqrt{1 - \left(\frac{d}{d_{max}}\right)^2} \tag{3-3}$$

裂缝的初始开度不会影响缝宽的最终值，因为每个裂缝开度仅是裂缝内流体压力、法向应力差、裂缝长度，以及弹性模量和泊松比的函数。较高的缝内流体压力降导致较大的裂缝宽度，从而缩短水力裂缝长度。弹性模量则与裂缝宽度成反比，与水力裂缝长度成正比，即坚硬岩体中的水力压裂网络趋向于长而窄，软弱岩体中的水力裂缝则趋向于短而宽。

当某一注入时间步完成之后，利用更新后的流体压力开展天然裂缝的临界应力状态分析，以描述天然裂缝是否发生张剪破坏。常用的天然裂缝破坏准则有 Mohr-Coulomb 和 Barton-Bandis 准则，在三维模型中，当某一单元的应力状态处于临界应力状态，则将其临界应力状态属性设定为 1，反之则为 0。天然裂缝破坏形式与缝内流体压力(P_{frac})、水平最大和水平最小主应力(σ_H 和 σ_h)、天然裂缝走向(θ)及抗剪强度(c、φ、剪胀角 I、结构面粗糙度系数 JRC 和结构面强度 JCS)等参数密切相关，不同临界应力组合条件下，天然裂缝可能处于稳定、剪切、剪胀和张拉等多种状态。

综合考虑压裂液滤失及裂缝壁面流动摩阻，缝内流体压力方程可写为

$$P_{\text{frac}} = \left(P_{\text{pump}} - \sigma_{\text{N}}\right)\left(1 - s\frac{d}{d_{\max}}\right) + \sigma_{\text{N}} \tag{3-4}$$

式中，P_{pump} 为注入压力；s 为压降系数，不同 s 值对应不同的缝内流体压力。基质滤失和沿程摩阻造成的流体压力降，均可通过选择不同的 s 值进行反映。如果取 $s=0$，则忽略缝内流体压降；若 $s=1$，则裂缝尖端的流体压力等于裂缝法向应力。

3.4.4 SHB 5-1X 井压裂模拟研究

1. SHB 5-1X 井基本情况

图 3-60 为 SHB 5-1X 井的位置。图 3-61 为 SHB 5-1X 井周边初始裂缝分布，该地区发育北东向与北西向两组裂缝，走向与断层走向基本一致；裂缝平均长度为 80m，垂直方向延伸平均为 20～30m；考虑到该地区地层埋深大、地应力高，设置裂缝平均开度为 0.1cm，切向刚度为 1MPa/mm，法向刚度为 25MPa/mm。在鹰山组中，SHB 5-1X 井距离断层约 30m，与裂缝没有直接相连，距离最近北东向裂缝约 20m。

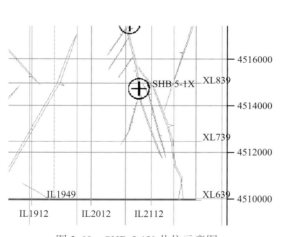
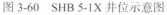

图 3-60　SHB 5-1X 井位示意图

图 3-61　SHB 5-1X 井周边初始裂缝分布图

图 3-62 为根据前面计算出的应力场分布结果获得的水平应力差分布图。由图 3-62 可知，由于挤压型断层对应力场的影响，在断层附近 50m 范围产生高应力区，进而使得 SHB 5-1X 井附近水平应力差约为 50MPa，东侧两条断层之间，有应力差低值区。该地区应力将不利于压裂时裂缝的扩展。

2. 施工参数对裂缝扩展影响

在应力场模拟基础上，进行压裂过程的模拟，射孔层位定为 7700～7750m。模拟时，

首先考虑总施工液量为 1600m³，压裂液黏度为 15cP（1cP=1mPa·s），通过改变施工排量，使其分别为 6m³/min、8m³/min、10m³/min、12m³/min，每 10min 为一个阶段，分析产生的裂缝的形态。图 3-63～图 3-66 为不同排量时的模拟计算结果。根据模拟结果，对产生的压裂缝形态参数进行统计，结果见表 3-8。

由模拟结果可以看出：

（1）由裂缝扩展动态过程图可以看出，在压裂过程中，首先产生一条与水平最大主应力平行的压裂主缝，然后继续延伸，与原有的天然裂缝沟通，使三条天然裂缝重新开启，在此基础上，主裂缝突破天然裂缝，继续延伸扩展。

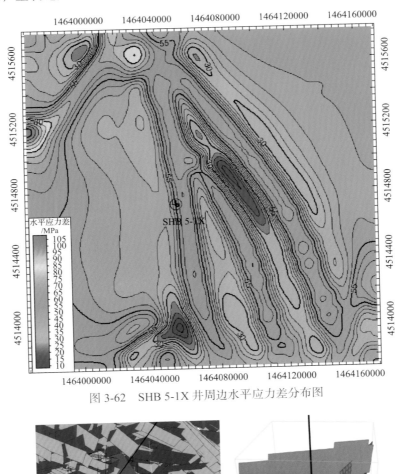

图 3-62　SHB 5-1X 井周边水平应力差分布图

(a) 天然裂缝分布与人工裂缝延伸路径

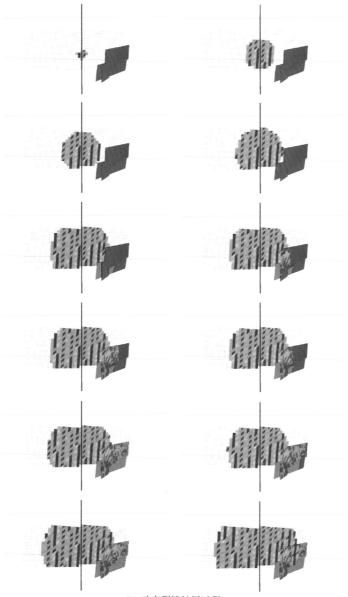

(b) 动态裂缝扩展过程

图 3-63　SHB 5-1X 井排量 6m³/min 压裂模拟产生的裂缝分布特征

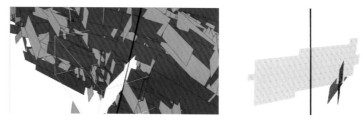

(a) 天然裂缝分布与人工裂缝延伸路径

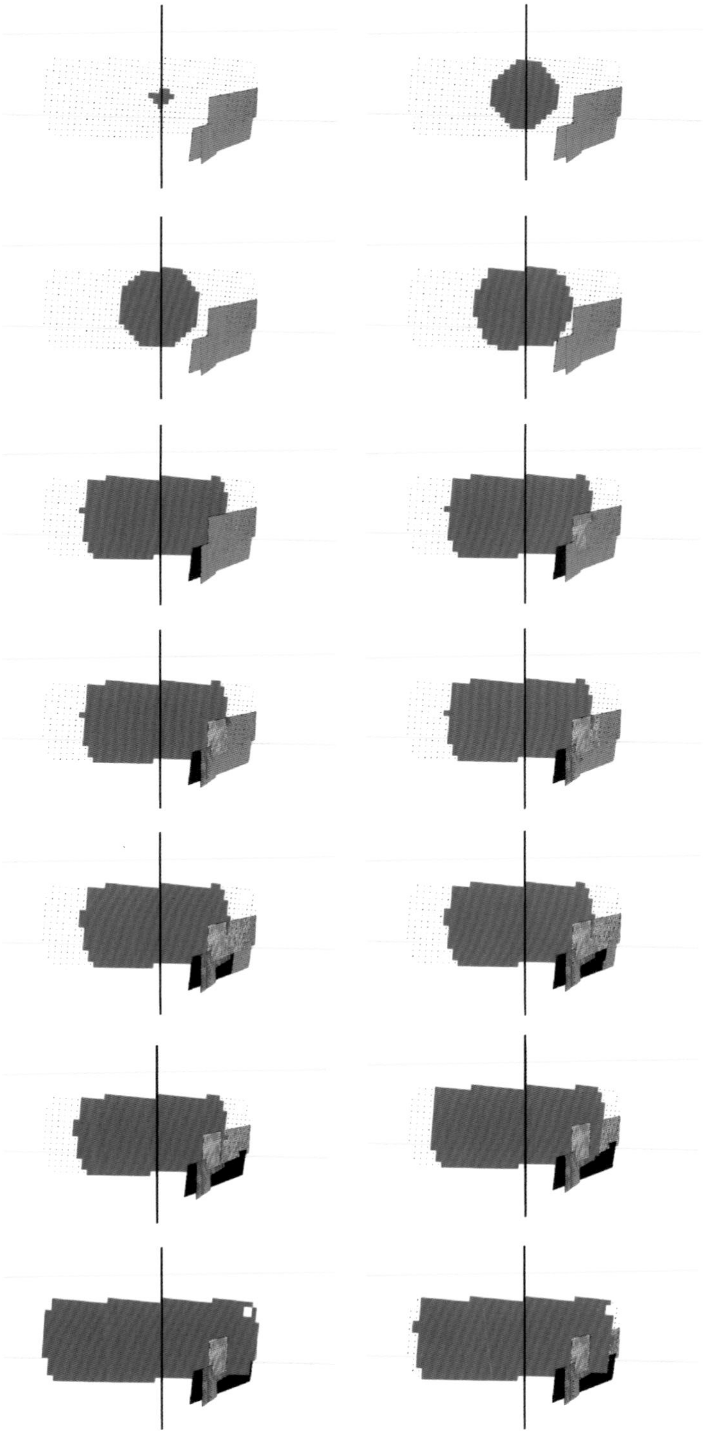

(b) 动态裂缝扩展过程

图 3-64　SHB 5-1X 井排量 8m³/min 压裂模拟产生的裂缝分布特征

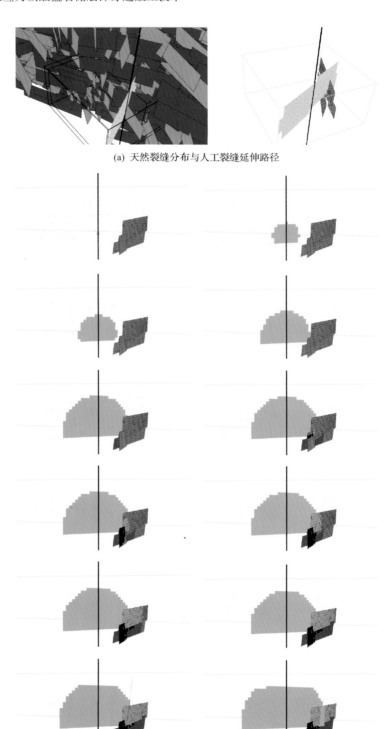

(a) 天然裂缝分布与人工裂缝延伸路径

(b) 动态裂缝扩展过程

图 3-65　SHB 5-1X 井排量 10m³/min 压裂模拟产生的裂缝分布特征

(a) 天然裂缝分布与人工裂缝延伸路径

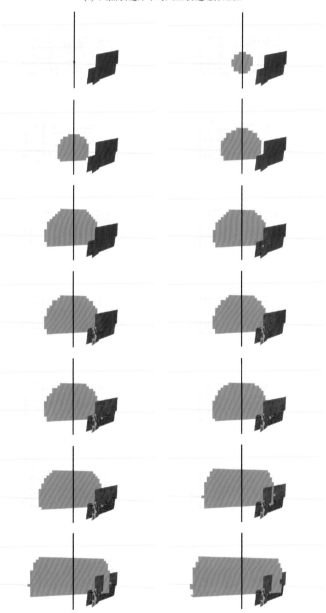

(b) 动态裂缝扩展过程

图 3-66　SHB 5-1X 井排量 12m³/min 压裂模拟产生的裂缝分布特征

表 3-8   SHB 5-1X 井不同施工排量产生裂缝参数与改造体积统计表

施工规模 /(m³/min)	压裂主缝长 /m	压裂主缝高 /m	主缝走向 /(°)	沟通天然裂缝数 /条	天然裂缝长度 /m	天然裂缝走向 /(°)	改造体积 /m³
6	68.34	50.0	59.7	3	162.9	20.5	769927
8	68.98	50.0	59.7	3	167.9	51.7	774969
10	69.55	50.0	59.7	3	140.1	21.1	798599
12	66.42	50.0	59.7	3	163.79	27.2	723830

(2)产生的压裂主缝高度为 50m，延伸后的裂缝半长为 66～70m；压裂主缝与重新开启的天然裂缝构成的改造体积为 723830～798599m³，表明发育天然裂缝时，压裂后涉及范围比较大。

(3)随着施工排量增加，裂缝扩展更快，延伸沟通范围加大。当排量增加时，总施工液量为定值，施工时间减少，导致产生的裂缝缝长减小。

(4)根据天然裂缝分布图可知，在 SHB 5-1X 井附近，发育两组裂缝，在压裂过程中，井右侧 20～50m 为水平应力差高值区再变为应力差低值区，因此在井附近的裂缝不容易开裂，当注液压力超过破裂压力后，压裂主缝穿透该区域，将应力差低值区的天然裂缝开启。

3.4.5   SHB 5-3 井压裂模拟研究

1. SHB 5-3 井基本情况

图 3-67 为 SHB 5-3 井位置图。图 3-68 为 SHB 5-3 井周初始裂缝分布，该地区发育北东与北西向两组裂缝，走向与断层走向基本一致；裂缝平均长度为 80m，单裂缝垂向延伸 20～30m；设置裂缝平均开度为 0.1cm，切向刚度为 1MPa/mm，法向刚度为 25MPa/mm。在鹰山组中，SHB 5-3 井位于拉分断裂带内部，左侧距主断层 300～400m，右侧距羽状断层约 80m，该井与裂缝直接相连。

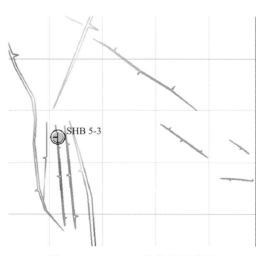

图 3-67   SHB 5-3 井位置示意图

图 3-68   SHB 5-3 井周边裂缝分布发育图

图 3-69 为根据前面计算出的应力场分布结果获得的水平应力差分布图。由图 3-69 可知，由于拉分断层对应力场的影响，在断层附近 50m 范围产生高应力区，SHB 5-3 井位于水平应力差相对小地区，水平应力差约为 35MPa，东西两侧，应力差在 30MPa 左右，因此该地区应力将有利于压裂时裂缝的扩展。

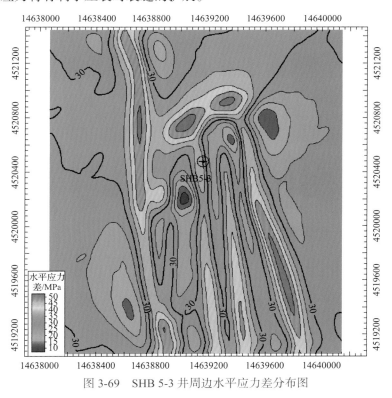

图 3-69　SHB 5-3 井周边水平应力差分布图

2. 施工参数对裂缝扩展影响

在应力场模拟基础上，进行压裂过程的模拟，射孔层位定为 7603～7646m。模拟时，首先考虑总施工液量为 1600m³，压裂液黏度为 15cP，通过改变施工排量，使其分别为 6m³/min、8m³/min、10m³/min、12m³/min，每 10min 为一个阶段，分析产生的裂缝的形态。图 3-70～图 3-73 为不同排量时的模拟计算结果。根据模拟结果，对产生的压裂缝形态参数进行统计，结果见表 3-9。

 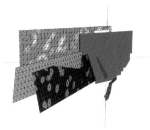

(a) 天然裂缝分布与人工裂缝延伸路径

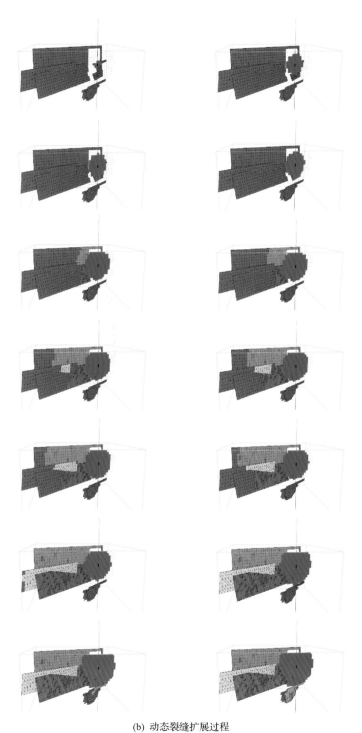

(b) 动态裂缝扩展过程

图 3-70   SHB 5-3 井排量 6m³/min 压裂模拟产生的裂缝分布特征

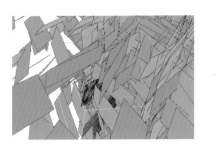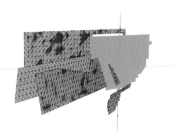

(a) 天然裂缝分布与人工裂缝延伸路径

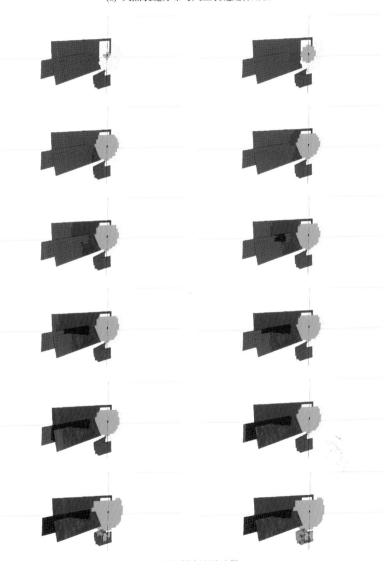

(b) 动态裂缝扩展过程

图 3-71 SHB 5-3 井排量 8m³/min 压裂模拟产生的裂缝分布特征

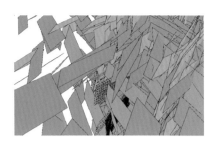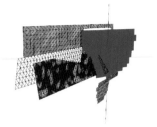

(a) 天然裂缝分布与人工裂缝延伸路径

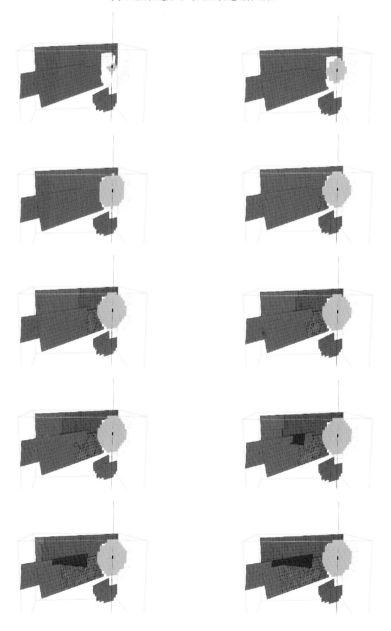

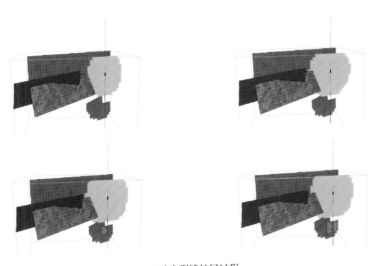

(b) 动态裂缝扩展过程

图 3-72 SHB 5-3 井排量 10m³/min 压裂模拟产生的裂缝分布特征

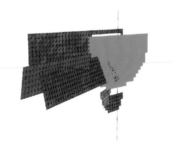

(a) 天然裂缝分布与人工裂缝延伸路径

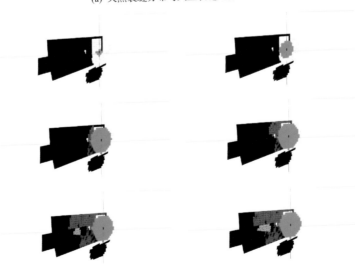

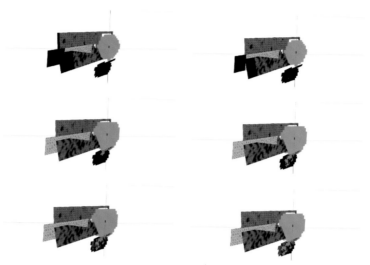

(b) 动态裂缝扩展过程

图 3-73 SHB 5-3 井排量 12m³/min 压裂模拟产生的裂缝分布特征

表 3-9 SHB 5-3 井不同施工排量产生裂缝参数与改造体积统计表

施工规模 /(m³/min)	压裂主缝半长 /m	压裂主缝高 /m	主缝走向 /(°)	沟通天然裂缝数 /条	天然裂缝总长度 /m	天然裂缝走向 /(°)	改造体积 /m³
6	47.07	76.0	57.8	6	271.3	38.5	598362
8	47.24	76.0	57.8	6	175.7	42.3	618029
10	47.75	76.0	57.8	6	175.7	42.3	647348
12	50.07	76.0	57.8	6	175.7	42.3	715550

由模拟结果可以看出，SHB 5-3 井地区断层为拉张型，断层附近应力差相对较小，因此压裂时产生的裂缝与扩展过程有差别，具体表现在：

（1）SHB 5-3 井与天然裂缝相连，在压裂过程中，产生一条较短的与水平最大主应力平行的压裂主缝，然后继续延伸，先与原有的同一层位三条天然裂缝沟通，最后在重力作用下，与其下方的三条天然裂缝沟通连接。

（2）产生的压裂主缝高度为 76m，延伸后的裂缝半长为 47～50m。压裂主缝与重新开启的天然裂缝构成的改造体积为 598362～715550m³，表明天然裂缝充分连通时，压裂后涉及范围有所减小。主裂缝比挤压型断层短。

（3）随着施工排量增加，裂缝扩展更快，延伸沟通范围加大。当排量增加时，总施工液量为定值，施工时间减少，导致产生的裂缝缝长减小。

（4）SHB 5-3 井位于相对应力高值区，左右两侧超过 50m 后为水平应力差低值区，左侧应力差更小，因此在压裂过程中，左侧的天然裂缝首先与压裂主缝沟通，再促使更远的天然裂缝开启达到裂缝端部。当注液量继续增加，注入压力超过破裂压力后，压裂主缝继续向两侧与下方扩展，使下方的裂缝开启。

3.4.6 SHB 5-4H 井压裂模拟研究

1. SHB 5-4H 井基本情况

图 3-74 为 SHB 5-4H 井位相关信息。图 3-75 为 SHB 5-4H 井周初始裂缝分布，发育北东与北西向两组裂缝，裂缝平均长度为 80m，垂直方向延伸平均为 20～30m；断层附近裂缝密集发育，远离断层区域裂缝发育较少；裂缝平均开度为 0.1cm，切向刚度为 1MPa/mm，法向刚度为 25MPa/mm。SHB 5-4H 井距离断层约 150m，与部分北西向裂缝直接相连。

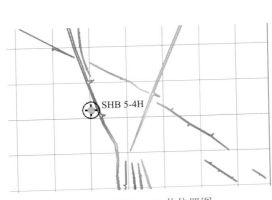

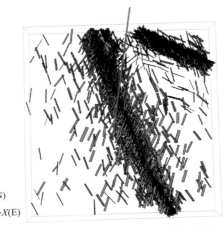

图 3-74 SHB 5-4H 井位置图   图 3-75 SHB 5-4H 井周边裂缝分布发育图

图 3-76 为根据前面计算出的应力场分布结果获得的水平应力差分布图。由图 3-76 可知，由于走滑型断层对应力场的影响，在断层附近 50m 范围产生高应力区，SHB 5-4H 井左侧水平应力差为 30～40MPa，右侧应力差为高值区，最高超过 50MPa，再过渡至低值区，应力差值为 20～30MPa。

2. 施工参数对裂缝扩展影响

在应力场模拟基础上，进行压裂过程的模拟，射孔层位定为 7700～7750m。模拟时，首先考虑总施工液量为 1600m³，压裂液黏度为 15cP，通过改变施工排量，使其分别为 6m³/min、8m³/min、10m³/min、12m³/min，每 10min 为一个阶段，分析产生的裂缝的形态。图 3-77～图 3-80 为不同排量时的模拟计算结果。根据模拟结果，对产生的压裂缝形态参数进行统计，结果见表 3-10。

由模拟结果可以看出：

(1)结合天然裂缝分布图与水平主应力差分布图可知，在压裂过程中，井周首先产生一条与水平最大主应力平行的压裂主缝，左侧天然裂缝较少，直接延伸。右侧主缝延伸 62～65m 后，进入断层发育附近的天然裂缝发育区，因此主缝连接天然裂缝，使 NE15°～NE22° 的裂缝开启，其他方向的裂缝受挤压作用不易开启。断层附近为水平应力差高值区，使得裂缝主缝不易向前延伸。

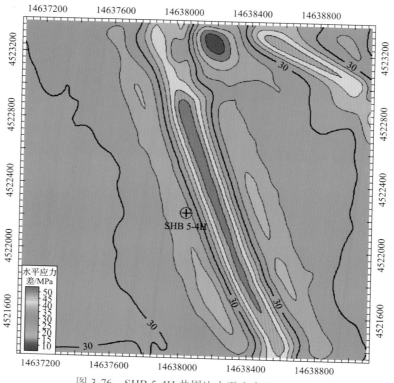

图 3-76　SHB 5-4H 井周边水平应力差分布图

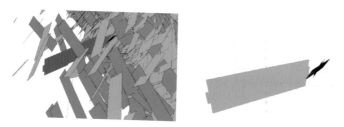

(a) 天然裂缝分布与人工裂缝延伸路径

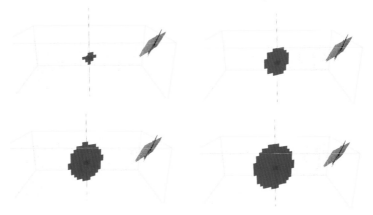

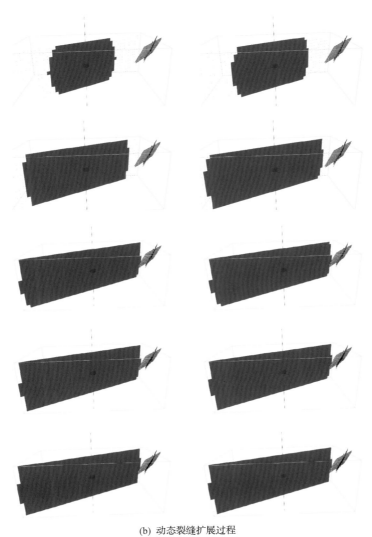

(b) 动态裂缝扩展过程

图 3-77　SHB 5-4H 井排量 $6m^3/min$ 压裂模拟产生的裂缝分布特征

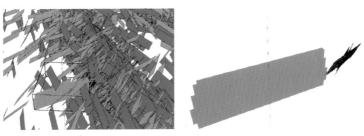

(a) 天然裂缝分布与人工裂缝延伸路径

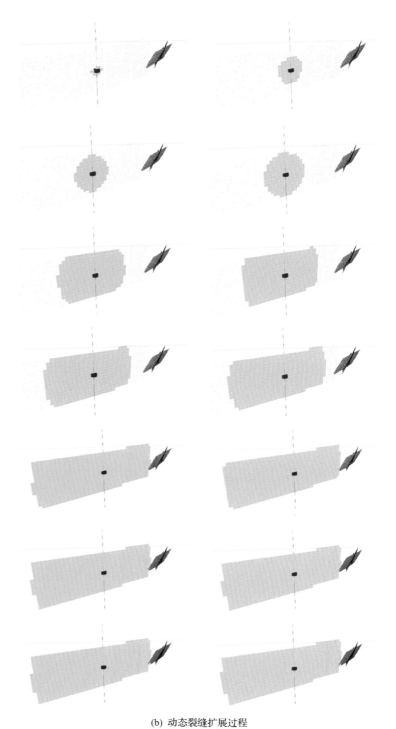

(b) 动态裂缝扩展过程

图 3-78　SHB 5-4H 井排量 8m³/min 压裂模拟产生的裂缝分布特征

(a) 天然裂缝分布与人工裂缝延伸路径

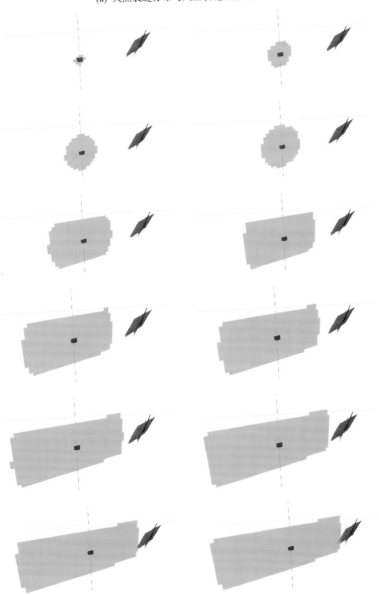

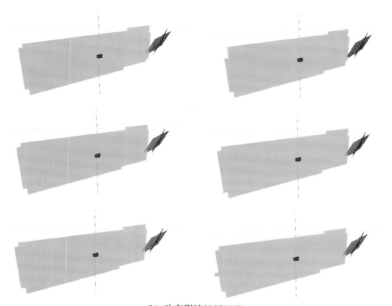

(b) 动态裂缝扩展过程

图 3-79　SHB 5-4H 井排量 $10m^3/min$ 压裂模拟产生的裂缝分布特征

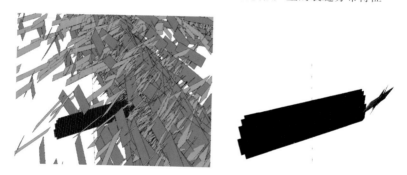

(a) 天然裂缝分布与人工裂缝延伸路径

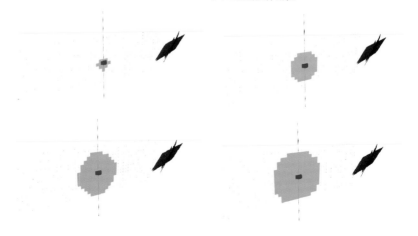

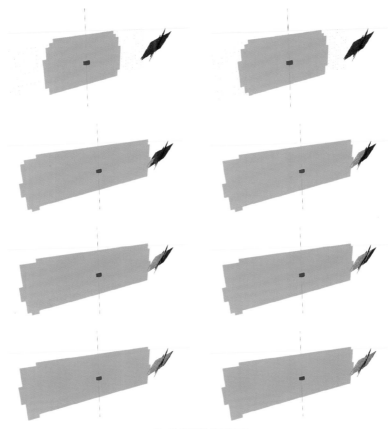

(b) 动态裂缝扩展过程

图 3-80　SHB 5-4H 井排量 12m³/min 压裂模拟产生的裂缝分布特征

表 3-10　SHB 5-4H 井不同施工排量产生裂缝参数与改造体积统计表

施工规模 /(m³/min)	压裂主缝长 /m	压裂主缝高 /m	主缝走向 /(°)	沟通天然裂缝数 /条	天然裂缝长度 /m	天然裂缝走向 /(°)	改造体积 /m³
6	62.56	50	57.6	5	222.9	19.8	435139
8	61.20	50	57.6	5	210.8	19.8	478573
10	64.27	50	57.6	5	208.6	19.8	453397
12	63.9	50	57.6	5	206.3	19.8	505293

（2）产生压裂主缝高度为 50m，延伸后裂缝半长为 61～64m。压裂主缝与重新开启天然裂缝构成的改造体积为 435139～505293m³，表明走滑断层发育时，虽然天然裂缝发育，但水平压力的挤压作用使得压裂后涉及范围减少。

（3）随着施工排量增加，裂缝扩展更快，延伸沟通范围加大。总施工液量为定值，施工时间减少，导致产生的裂缝缝长减小。

3.4.7　小结

通过选择顺北 5 号断裂带北部不同地区断层开展了精细建模、应力场模拟与压裂过程的模拟，通过研究获得如下结论：

（1）研究区水平三个方向的主应力分布与大区类似，不详细分析。对于断层区域，断层中心为低应力区，两侧为高应力区，断层附近应力差值可达30～35MPa。断层附近高值区与低值区相间排列。最大主应力方向为NE52°，断层附近，最大主应力方向与断层走向垂直。在断层两端，应力方向发生偏转，由北东向转为北西向，偏转角度为30°～60°。断层对应力场的影响范围是断层宽度的3倍左右。

（2）相同排量条件下，不同类型的断层产生的裂缝延伸规律不同。对于挤压型断层（SHB 5-1X井附近），压裂过程中，在水平应力差高值区，首先产生一条与水平最大主应力平行的压裂主缝，超过高值区后，延伸后与天然裂缝沟通，使天然裂缝重新开启，当排量足够大时，主裂缝突破天然裂缝继续延伸扩展，压裂后涉及范围比较大。

（3）对于拉分型断层（SHB 5-3井），井筒与天然裂缝相连，压裂时产生一条较短的与水平最大主应力平行的压裂主缝，然后继续延伸，先与原有的同一层位天然裂缝沟通，最后在重力作用下，与下方的天然裂缝沟通连接。

（4）对于走滑型断层（SHB 5-4H井），压裂时井周首先产生一条与水平最大主应力平行的压裂主缝，左侧天然裂缝较少，直接延伸；右侧主缝延伸62～65m后，进入断层发育附近的天然裂缝发育区，因此主缝连接天然裂缝，使NE15°～NE22°的裂缝开启，其他方向的裂缝受挤压作用不易开启。断层附近为水平应力差高值区，使得裂缝主缝不易向前延伸。

（5）随着施工排量增加，裂缝扩展更快，延伸沟通范围加大。当排量增加时，总施工液量为定值，施工时间减少，导致产生的裂缝缝长减小。

参 考 文 献

[1] Verweij J M, Boxem T A P, Nelskamp S. 3D spatial variation in vertical stress in on-and offshore Netherlands; integration of density log measurements and basin modeling results[J]. Marine and Petroleum Geology, 2016, 78: 870-882.

[2] Maleki S, Ramazi H R, Gholami R, et al. Application of seismic attributes in structural study and fracture analysis of DQ oil field, Iran[J]. Egyptian Journal of Petroleum, 2015, 24(2): 119-130.

[3] 陈世达, 汤达祯, 陶树, 等. 煤层气储层地应力场宏观分布规律统计分析[J]. 煤炭科学技术, 2018, 46(6): 57-63.

[4] Mohsen E, Mehran A, Ali R A, et al. Characterization of micro-fractures in carbonate Sarvak reservoir, using petrophysical and geological data, SW Iran[J]. Journal of Petroleum Science and Engineering, 2018, 17: 675-695.

[5] Nasehi M J, Mortazavi A. Effects of in-situ stress regime and intact rock strength parameters on the hydraulic fracturing[J]. Journal of Petroleum Science and Engineering, 2013, 108: 211-221.

[6] 周春梅, 张旭, 王章琼. 宜昌磷矿地压显现规律及数值模拟[J]. 武汉工程大学学报, 2012, 34(10): 1-5, 57.

[7] Ameen, Mohammed S. Fracture modes in the Silurian Qusaiba Shale Play, Northern Saudi Arabia and their geomechanical implications[J]. Marine and Petroleum Geology, 2016, 78: 312-355.

[8] Thorsen K. In situ stress estimation using borehole failures-Even for inclined stress tensor[J]. Journal of Petroleum Science and Engineering, 2011, 79(3-4): 86-100.

[9] 尹帅, 闫玲玲, 宋跃海, 等. 深部膏泥岩盖层动静态岩石力学弹性性质分析[J]. 油气地质与采收率, 2018, 25(2): 37-41.

[10] 许大钊. 顺北地区奥陶系储层成因机制研究[D]. 成都: 西南石油大学, 2018.

[11] 邓尚, 李慧莉, 韩俊, 等. 塔里木盆地顺北5号走滑断裂中段活动特征及其地质意义[J]. 石油与天然气地质, 2019, 40(5): 990-998, 1073.

[12] 邓尚, 李慧莉, 张仲培, 等. 塔里木盆地顺北及邻区主干走滑断裂带差异活动特征及其与油气富集的关系[J]. 石油与天然气地质, 2018, 39(5): 878-888.

[13] 焦方正. 塔里木盆地顺北特深碳酸盐岩断溶体油气藏发现意义与前景[J]. 石油与天然气地质, 2018, 39(2): 207-216.

[14] 焦方正. 塔里木盆地顺托果勒地区北东向走滑断裂带的油气勘探意义[J]. 石油与天然气地质, 2017, 38(5): 831-839.

[15] 黄擎宇, 刘伟, 张艳秋, 等. 塔里木盆地中央隆起区上寒武统—下奥陶统白云岩地球化学特征及白云石化流体演化规律[J]. 古地理学报, 2016, 18(4): 661-676.

[16] 李培军, 陈红汉, 唐大卿, 等. 塔里木盆地顺南地区中-下奥陶统 NE 向走滑断裂及其与深成岩溶作用的耦合关系[J]. 地球科学, 2017, 42(1): 93-104.

[17] 韩俊, 况安鹏, 能源, 等. 顺北 5 号走滑断裂带纵向分层结构及其油气地质意义[J]. 新疆石油地质, 2021, 42(2): 152-160.

[18] 刘军, 李伟, 龚伟, 等. 顺北地区超深断控储集体地震识别与描述[J]. 新疆石油地质, 2021, 42(2): 238-245.

[19] 杨威, 周刚, 李海英, 等. 碳酸盐岩深层走滑断裂成像技术[J]. 新疆石油地质, 2021, 42(2): 246-252.

[20] 汪如军, 王轩, 邓兴梁, 等. 走滑断裂对碳酸盐岩储层和油气藏的控制作用——以塔里木盆地北部坳陷为例[J]. 天然气工业, 2021, 41(3): 10-20.

[21] 李国会, 李世银, 李会元, 等. 塔里木盆地中部走滑断裂系统分布格局及其成因[J]. 天然气工业, 2021, 41(3): 30-37.

[22] 吕海涛, 韩俊, 张继标, 等. 塔里木盆地顺北地区超深碳酸盐岩断溶体发育特征与形成机制[J]. 石油实验地质, 2021, 43(1): 14-22.

第4章 超深高应力碳酸盐岩储层酸蚀裂缝导流能力作用机制

4.1 中深碳酸盐岩储层导流能力作用机制及主控因素

影响酸蚀裂缝导流能力的因素很多，如闭合应力、酸液类型、闭合时间、裂缝的矿物质含量等。采用室内实验直接评价的方法，可有效避免因理论模型假设条件较理想带来的误差，更加真实地反映实际裂缝的导流能力。国内外在最经典的 N-K 数学模型的基础上，根据实际情况对酸压后裂缝的导流能力进行了大量的实验研究，通过实测导流能力或定性分析酸蚀裂缝表面形态来评价不同酸压工艺、酸液用量、注液排量等因素对导流能力的影响，对于岩样表面非均质性、岩样表面粗糙程度等参数如何影响导流能力还缺乏研究，有待进一步加强。

1. 闭合应力对酸蚀导流能力的影响

碳酸盐岩储层酸蚀后形成的裂缝受到闭合应力的作用将会使裂缝发生闭合，闭合时间的长短影响闭合量的大小，这是由裂缝面中岩石所能承受的闭合应力大小、岩石嵌入强度等物理性质来决定的[1,2]。根据岩石流变学理论，岩石的应力-应变会随着闭合应力的时间变化而变化，随着闭合时间的增加，岩石中的骨架颗粒体积会由于闭合应力的作用而导致弹塑性变形，使得裂缝中岩石之间接触紧密，导致裂缝闭合量增大，裂缝导流能力减小。

地层中的裂缝面上含有很多微凸体，裂缝中流体的通道是由于裂缝面上这些微凸体的不完全吻合，对裂缝起一定的支撑作用，使裂缝具有较好的导流能力，在闭合应力的作用下，这些不整合面会随着闭合应力的增加而逐渐闭合，在一定的闭合应力下随着闭合时间的增大，这些凹凸体会被挤压破碎，裂缝中支撑物减少，使裂缝闭合量变大，最终导致导流能力减小。

2. 酸液浓度对酸蚀导流能力的影响

通过酸蚀裂缝导流能力的室内实验，可以得到不同类型酸液在不同浓度下酸蚀后导流能力随着闭合应力变化的关系(图 4-1)，再通过修改已有的导流能力模型，建立不同酸液浓度下随着闭合应力变化的酸蚀后裂缝导流能力预测模型，最终可将该模型代入导流能力与产能关系模型中来预测研究区产能[3-5]。

酸的种类非常多，对于碳酸盐岩地层，由于裂缝存在而导致滤失严重，很多地层高温导致酸岩反应太快。所以常用酸有稠化酸、交联酸、变黏酸、乳化酸、黏弹性表面活性剂自转酸、自生酸等。不同酸液对裂缝的酸蚀效果明显不同，选取浓度为20%的三种酸液，在相同条件下与岩心发生反应(图 4-2)。

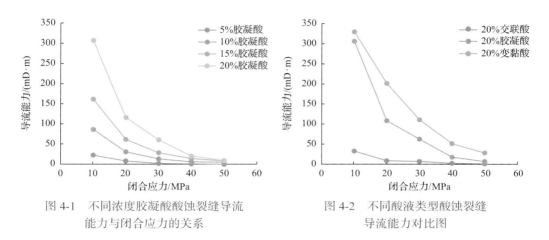

图 4-1 不同浓度胶凝酸酸蚀裂缝导流能力与闭合应力的关系

图 4-2 不同酸液类型酸蚀裂缝导流能力对比图

可以看出不同的酸液酸蚀后的导流能力大小相差比较大，对于塔河油田碳酸盐岩储层，酸蚀效果如下：变黏酸＞胶凝酸＞交联酸。

3. 闭合时间对酸蚀导流能力的影响

酸压过程中，新生的酸蚀裂缝与水力压裂形成的支撑裂缝不同，目前国内外主要采用裂缝导流能力仪、生产历史拟合及压力恢复试井法来研究支撑裂缝导流能力随时间的变化。酸蚀裂缝相当于碳酸盐岩储层中的天然裂缝，因此酸蚀裂缝导流能力随时间变化的计算不能借鉴支撑裂缝长期导流能力计算模型，而应从天然裂缝宽度、渗透率的变化入手展开研究[6-9]。在深部储层高温、高压及复杂的流体化学环境之中，岩石将发生复杂的温度渗流应力化学亲合作用，岩石内部矿物颗粒之间的胶结将被削弱，岩石溶蚀物质被流体带走或被吸附沉淀，从而导致裂缝面发生显著的变化(图 4-3)。

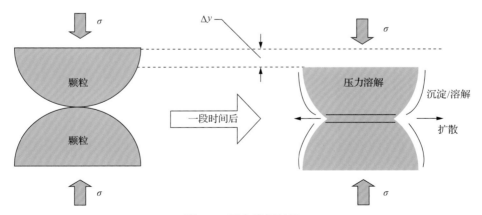

图 4-3 压力溶解过程

Δy 为裂缝面下降高度，mm；σ 为裂缝所承受的压力，MPa

前人针对石英、碳酸盐岩分别建立了岩石颗粒接触时由于应力和溶解作用导致裂缝宽度变化的理论模型，将裂缝理想化为通过四凸支撑体分开的两个粗糙的表面，溶解的矿物沿液膜表面在裂缝粗糙面扩散，运移到孔隙中沉淀后再重新分配，即裂缝宽度的压力溶解和自由面溶解沉淀模型。建立了一个集总参数模型来描述裂缝面上矿物溶解、传输、沉淀等过程，从而研究不同温度条件下，裂缝的宽度、渗透率随压力溶解和自由面溶解的变化模式。

4. 岩石矿物成分对酸蚀导流能力的影响

目前酸压工艺技术中，使用较广泛的酸液体系均以盐酸为主体。储层岩石中可与盐酸发生反应的矿物有方解石、白云石、菱铁矿和绿泥石，其中方解石和白云石为多数储层中的主要反应矿物。

对于复杂岩性地层，岩石矿物成分中方解石和白云石含量（可反应物含量）决定着酸岩反应速率和酸蚀裂缝导流能力。对于碳酸盐岩地层，可反应矿物在早期沉积或后期改造过程中夹杂着有机质或其他矿物等杂质，其杂质含量决定着酸压改造的效果[10,11]。图 4-4 为海相沉积泥晶灰岩酸岩反应前后的对比照片，反应前该岩石颜色较深的灰质含有早期成岩过程中的有机质成分，而颜色较浅的为后期充填进入的方解石。对比反应后照片可以看出，碳酸盐岩中含有机质的灰岩与酸液反应较慢，而后期充填进入的方解石与酸液反应速率较快。

(a) 酸岩反应前   (b) 酸岩反应后

图 4-4　泥晶灰岩酸蚀前后岩石表面照片对比图

在复杂岩性或碳酸盐矿物中，可反应物或溶蚀较快的成分相对于自身岩石矿物成分均可称为易溶蚀物。酸压改造后裂缝闭合面上不易溶蚀的部位起支撑作用，易溶蚀的部位则形成流动通道，因此地层岩石中易溶蚀物含量对酸岩反应速率及酸蚀裂缝导流能力有重要影响，且相同岩性中易溶蚀物的含量越多，其溶蚀速率越快。依据不同溶蚀速率下岩石酸蚀裂缝导流能力室内实验结果，可以分析岩石易溶蚀物的含量对酸蚀裂缝导流能力的影响。

5. 刻蚀形态对酸蚀导流能力的影响

酸蚀裂缝导流能力主要与岩石的组成及刻蚀形态有很大关系[12,13]。同一区块两组岩心在相同刻蚀条件下，呈现不同刻蚀形态的导流能力对比如图 4-5 和图 4-6 所示。

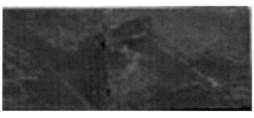

图 4-5　岩板沟槽刻蚀（不存在蚓孔）

图 4-6　岩板沟槽刻蚀（存在蚓孔）

　　由图 4-7 可知，在相同条件下，有蚓孔时的导流能力会高于不存在蚓孔的导流能力。这是因为当有一定的蚓孔产生时，酸液会在裂缝表面产生不均匀刻蚀，形成许多错综复杂的沟槽，这些沟槽纵横交错构成裂隙网，从而使得裂缝在较高的闭合应力下仍具有一定的导流能力。

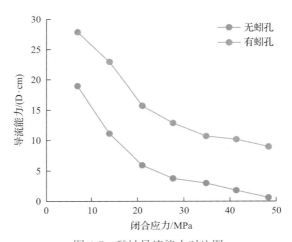

图 4-7　酸蚀导流能力对比图

6. 岩石强度变化对导流能力的影响

　　对于碳酸盐岩储层，岩石与酸液反应后，大量的矿物成分被溶蚀，岩石的力学强度会有不同程度的降低[14]。何春明和郭建春[15]测试了酸处理前后塔河油田储层岩心岩石力学性质的变化（表 4-1）。

表 4-1 酸处理前后岩石力学性质变化表

编号	围压/MPa	孔压/MPa	酸液类型	处理状态时间/h	抗压强度/MPa	弹性模量/MPa	泊松比
TP2(2)	88	72	5%胶凝酸处理前	—	154.2	26585	0.28
TP2(1)	88	72	5%胶凝酸处理后	0.5	139.6	21175.7	0.25
1#(1)	88	71	20%胶凝酸处理前	—	173.5	25143.1	0.385
1#(2)	88	71	20%胶凝酸处理后	1	152.6	14976.2	0.313
2#(1)	87	74	15%胶凝酸处理前	—	154.6	24132.7	0.226
2#(2)	87	74	15%胶凝酸处理后	1	137.4	17322	0.159
4#(1)	86	72	15%变黏酸处理前	—	163.2	25693.1	0.24
4#(2)	86	72	15%变黏酸处理后	1	149.64	20515.9	0.204
8#(1)	89	73	18%变黏酸处理前	—	168.7	26531.2	0.26
8#(2)	89	73	18%变黏酸处理后	1	154.5	20560.3	0.215

从表 4-2 可以看出，全部岩心的岩石力学强度都有不同程度的降低，其中 1#岩心损伤得严重些，其次是 2#、4#和 8#，最后是 TP2。TP2、2#和 1#岩心分别是用 5%、15% 和 20%的胶凝酸处理的，其抗压强度损伤率分别是 9.47%、11.13%、12.05%，随着胶凝酸浓度的升高，抗压强度损伤率也随着升高；其弹性模量损伤率分别是 20.35%、28.22%、40.44%，随着其酸浓度的升高，弹性模量损伤率也随着升高；其泊松比损伤率分别是 10.71%、29.65%、18.70%，随着其酸浓度的升高，泊松比损伤率的趋势也升高，1#岩心的泊松比损伤率低于 2# 岩心的泊松比损伤率，有可能是个体差异，但其基本趋势一致。而 4#和 8#岩心的抗压强度损伤率、弹性模量损伤率和泊松比损伤率均低于 1# 岩心和 2#岩心，说明与酸处理类型有关，4#和 8#岩心是变黏酸处理的，而 1#和 2#是胶凝酸处理的。

表 4-2 酸处理前后岩石力学损伤率 （单位：%）

编号	抗压强度损伤率	弹性模量损伤率	泊松比损伤率
TP2	9.47	20.35	10.71
1#	12.05	40.44	18.70
2#	11.13	28.22	29.65
4#	8.31	20.15	15.00
8#	8.42	22.51	17.31

根据 Cao 等[16]建立的不同分形维数情况下的裂缝导流能力预测模型，计算岩石强度的变化对导流能力的影响：

$$C_{f} = \frac{\pi D_{f}\lambda_{\min 0}^{3+\delta}(1-\sigma_{\text{eff}}/E)^{3+\delta}L_{0}^{1-\delta}}{128\mu(3+\delta-D_{f})(1+\sigma_{\text{eff}}\nu/E)}\left[\left(\frac{\lambda_{\max 0}}{\lambda_{\min 0}}\right)^{3+\delta-D_{f}}-1\right] \tag{4-1}$$

式中，σ_{eff} 为有效应力，MPa；D_{f} 为酸蚀裂缝宽度的分形维数；δ 为毛细管迁曲度分形维数，$1<\delta<2$；$\lambda_{\min 0}$ 为最小裂缝宽度；$\lambda_{\max 0}$ 为最大裂缝宽度；ν 为泊松比；E 为弹性模量；L_{0} 为裂缝长度，cm；μ 为液体黏度，mPa·s。

根据式(4-1)计算可知道，泊松比与导流能力的保持率是负相关的(图 4-8)。泊松比越低，导流能力保持越好。在高闭合应力下，泊松比对导流能力的影响相对较小。弹性模量与导流能力的保持率是正相关的(图 4-9)，弹性模量越高，导流能力保持越好。在高闭合应力下，较高的弹性模量对导流能力保持率的影响越大。

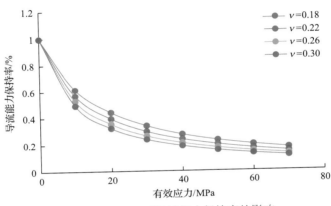

图 4-8　泊松比对导流能力保持率的影响

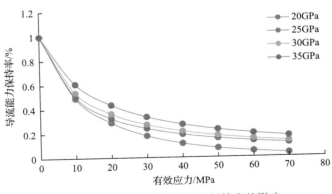

图 4-9　弹性模量对导流能力保持率的影响

4.2　超深碳酸盐岩储层导流能力作用机制及主控因素

与一般的中深碳酸盐岩储层相比，超深碳酸盐岩储层的埋深更深、温度更高、地应力更大。上述地质上的不同特点给裂缝导流能力带来了如下特殊性影响：①由于井深增加，井筒摩阻增大，注入排量受限，造缝能力与裂缝延伸能力降低，裂缝面容比增大，导致酸液消耗快，近井筒裂缝导流能力可能因酸岩过度溶蚀而大幅度降低；②由于温度增高，酸岩反应速度快，同样会令近井筒裂缝因酸岩过度溶蚀而造成导流能力快速降低；③由于地应力增大，对裂缝壁面的压实效应增大，加上上述两个因素导致的裂缝壁面岩石的酸岩过度溶蚀，其孔隙结构更易在高地应力作用下坍塌。

以上主要针对纯碳酸盐岩储层而言，对于含泥岩或同时含有石灰岩和白云岩的碳酸盐岩储层来说，岩性的非均质性利于形成非均匀的酸岩刻蚀效应，反而有利于提高酸蚀裂缝的导流能力。

此外，酸液类型及酸压注入模式及工艺参数等，也给裂缝导流能力带来了不同的影响：①按黏度由低到高排序，酸液类型有普通酸、稠化酸(胶凝酸)及地面交联酸等。就酸岩反应而言，高黏酸的酸岩刻蚀程度相对较弱，相应的裂缝导流能力较低。反之，低黏酸的酸岩刻蚀效应较强，裂缝导流能力较强。应有个合适的酸液黏度，使酸岩刻蚀作用相对较强但又不至于导致岩石骨架结构坍塌。②酸压注入模式包括前置液酸压、多级交替注入闭合酸化及变黏度酸液变排量非均匀刻蚀酸压等。显然，上述三种注入模式下酸蚀裂缝导流能力逐渐增加。另外，上述三种注入模式中还暗含着不同酸液的注入体积比影响，即酸岩接触时间的影响。室内不同酸岩接触时间下的导流能力对比结果表明，无论是哪种酸液，都存在一个最佳的酸岩接触时间，若时间短，酸岩反应刻蚀不充分。反之，若时间长，会导致酸岩过度刻蚀引起的岩石孔隙结构的坍塌效应。③酸压工艺注入参数包括不同类型酸液注入的体积比、黏度比及排量比等，其中黏度比影响最大。所谓非均匀酸岩刻蚀就是利用低黏度酸液驱替高黏度酸液，且二者间的黏度比应在 3～6，甚至 10 以上，才能形成显著的黏滞指进效应及由此带来的非均匀刻蚀效果。

值得指出的是，酸蚀裂缝的支撑模式可能是最重要的。常规酸压形成的酸蚀裂缝是点支撑模式，如果能将上述点支撑模式拓展至面支撑模式，则在高闭合应力作用下，可大幅度提高裂缝的导流能力。

下面对以上因素进行详细分析。

4.2.1 储层地质因素对酸蚀裂缝导流能力的影响

1. 岩性

同样条件下，石灰岩和白云岩获得的裂缝导流能力不同[17]，如图 4-10 所示。由图 4-10 可见，在同等条件下，白云岩因反应速度慢且刻蚀面相对均匀而导致导流能力较低。但在闭合应力超过 6000psi 后，白云岩的导流能力可能又相对更高。

2. 储层温度

在闭合应力的变化范围下，250℉时的导流能力比 200℉时的导流能力大一个数量级(图 4-11)。因此，酸压设计应综合考虑裂缝内温度场及注酸时机及其运移分布规律等复杂因素[18]。

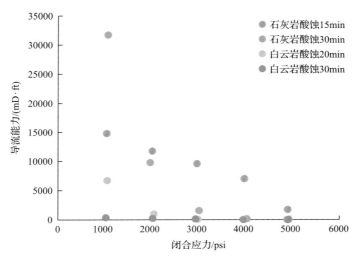

图 4-10 石灰岩和白云岩对酸蚀裂缝导流能力的影响

1ft=0.3048m

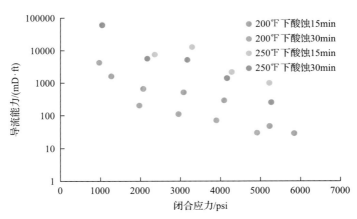

图 4-11 储层温度对酸蚀裂缝导流能力的影响

3. 闭合应力

由图 4-12 可看出，闭合应力大小对酸蚀裂缝导流能力影响很大，随闭合应力增加，除胶凝酸+乳化酸外，导流能力明显下降。国外学者认为闭合应力超过 6000psi 后，酸蚀裂缝导流基本失效。

4. 岩石嵌入强度

当岩石嵌入强度较低时，裂缝支撑点将塌陷，裂缝导流能力会很低；当岩石嵌入强度较高时，裂缝支撑点能承受足够的地层压力，裂缝导流能力要高很多。

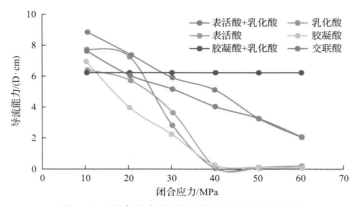

图 4-12　闭合应力对酸蚀裂缝导流能力的影响

4.2.2　酸压工艺参数的影响

1. 酸岩接触时间

由图 4-13 可看出，在酸压过程中存在一个最佳用酸量或酸液接触时间，理想的酸液用量及反应时间应以"溶解岩石量较多，但仍能维持支撑作用"为原则。因此，缝口处如何避免酸与岩石的长期接触至关重要，一般采取过顶替措施配合高黏酸。

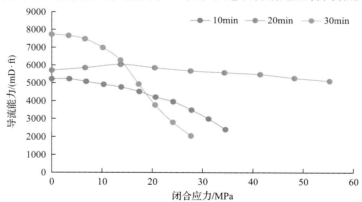

图 4-13　酸岩接触时间对酸蚀裂缝导流能力的影响

此外，低闭合应力下，酸岩反应时间长，导流能力高。高闭合应力条件下，酸岩反应时间长，导流能力低，如图 4-14 所示，主要原因是高压下岩石结构强度降低所致。

2. 酸液滤失

由图 4-15 可见，低闭合应力下，两个实验结果类似，但当闭合应力超过 18MPa 时，有酸液滤失时比无滤失时产生的裂缝导流能力要高得多。因此，闭合后低黏酸处理是提高导流能力的有效方法。

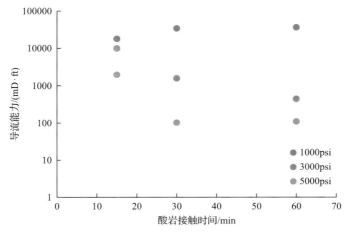

图 4-14 不同闭合应力及酸岩接触时间对酸蚀裂缝导流能力的影响

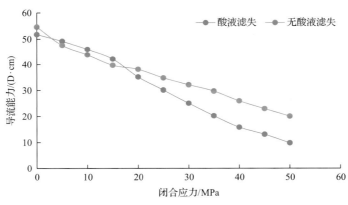

图 4-15 有无酸液滤失对裂缝导流能力的影响

3. 注酸排量

由图 4-16 可见，在闭合应力较低时，随排量增加酸蚀裂缝导流能力增加，在高闭合

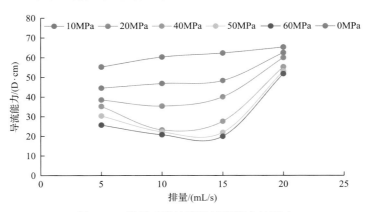

图 4-16 排量对酸蚀裂缝导流能力的影响

应力下，当排量小于 15mL/s 时，随排量增加酸蚀裂缝导流能力略有下降；当排量大于 15mL/s 时，导流能力增加，是酸液对岩石进一步溶蚀的结果，因此适当提高排量有助于增加酸蚀裂缝导流能力。

4. 生产时间

由图 4-17 可见，在高闭合应力下，长期导流能力仅占短期导流的 30%以下甚至更低，一般低于 5D·cm，远不能满足油藏增产的需要（一般要求导流能力达到 30D·cm 以上）。

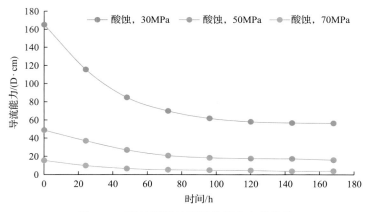

图 4-17　酸蚀裂缝长期导流能力变化趋势

4.3　超深碳酸盐岩储层酸蚀裂缝长期导流能力特性分析

酸蚀裂缝导流能力是酸压中的基础参数，也是影响改造方式选择的主要参数，测试酸蚀裂缝导流能力变化规律有助于产能预测和酸压优化设计[19-23]。本节主要研究酸蚀裂缝导流能力影响因素（酸液类型、酸液用量）和酸蚀裂缝长期导流能力变化规律。酸液类型包括稠化酸和交联酸，酸液用量设计了 2000mL、3000mL 和 4000mL 三个用量，长期导流能力测试了 30MPa 闭合压力下 14 天的酸蚀裂缝导流能力，每天测量一次。酸蚀裂缝导流能力由以下几方面决定：有效闭合应力、裂缝表面形状、岩石抗变形能力（其中有效闭合应力为地层闭合应力与油藏压力之差）；裂缝表面形状由矿物分布、渗透率分布、酸液类型、酸液用量和注入排量决定；岩石抗变形能力由岩石力学参数、酸岩反应对岩石强度的影响决定。对于一个油藏，矿物分布、渗透率分布、岩石力学参数特征已定，剩下的主要因素为酸液类型、酸液用量和闭合应力。由于实验数量限制，本节主要从这三方面进行研究。

4.3.1　酸液类型对导流能力的影响

酸液类型影响酸岩反应速度，酸岩反应速度决定单位裂缝面积上的岩溶蚀量，从而影响酸蚀裂缝导流能力，研究不同类型酸液在不同酸液用量下的导流能力，有助于为不同类型酸液选择注入量（或注入时间）提供依据。相同酸液用量下的稠化酸和交联酸酸蚀裂缝导流能力对比如表 4-3 所示，由于交联酸与岩石反应速度比稠化酸慢，同样的酸液用量下，交联酸对应的导流能力更低。一方面，因为稠化酸的黏度比交联酸的黏度小，反应速率较快；另一方面，从酸压驱替后的岩板表面可以发现，稠化酸更容易产生不均匀刻蚀，岩板表面更加凹凸不平，在闭合压力下更不容易闭合。交联酸黏度高，滤失低，与岩石反应速度慢，有助于增加活酸作用距离，但是若要得到较高导流能力，需要更长的注入时间；稠化酸黏度低，滤失大，酸岩反应速度快，有助于增加导流能力，若要得到较长的活酸作用距离，需要增大排量。为增加酸作用距离，得到较高的导流能力，可通过稠化酸与交联酸交替注入方式来实现。目标储层非均质性较强，酸蚀后的裂缝面较粗糙，如表 4-3 所示目标储层酸蚀导流能力较强，交联酸用量为 2000mL、闭合应力为 30MPa 时也能获 120D·cm 的导流能力。部分岩板 30MPa 闭合应力下破碎(图 4-18～图 4-20)，说明岩石强度不是特别高。

表 4-3　稠化酸和交联酸酸蚀裂缝导流能力数据

酸用量/mL	酸类型	岩溶量/g	不同闭合应力下的导流能力/(D·cm)							
			10MPa	20MPa	30MPa	40MPa	50MPa	60MPa	70MPa	80MPa
2000	稠化酸	30.0	850	490	270	210	135	61	25	9.89
2000	交联酸	20.4	450	200	120	80	50	19	7	2.33
3000	稠化酸	39.6	1500	645	340	225	155	52	17	5.55
3000	交联酸	27.6	600	300	185	130	85	37	14	5.51
4000	稠化酸	49.2	2000	900	490	270	170	54	16	4.58
4000	交联酸	35.3	1000	510	300	200	145	50	19	7.27

(a) 驱替前　　　　　　　　(b) 驱替后　　　　　　　　(c) 加压测试导流能力后

图 4-18　酸压驱替前、后及导流能力实验后的岩板(#1)

(a) 驱替前　　　　　　　　(b) 驱替后　　　　　　　　(c) 加压测试导流能力后

图 4-19　酸压驱替前、后及导流能力实验后的岩板(#2)

(a) 驱替前

(b) 驱替后

(c) 加压测试导流能力后

图 4-20　酸压驱替前、后及导流能力实验后的岩板(#3)

4.3.2　酸液用量对导流能力的影响

稠化酸酸液用量和闭合应力对导流能力的影响如表 4-4 和图 4-21 所示，在半对数坐标中，导流能力与闭合应力近似直线，随闭合应力下降很快。酸液用量从 2000mL 增加到 4000mL 的过程中，导流能力随之增加，岩溶蚀量也随酸液用量增加，但并不成比例增加。30MPa 闭合应力以下，三种用量下的导流能力，差异明显，30MPa 以上，差异较小，说明裂缝表面变形在 30MPa 以上发生了质变，如有岩板破碎等。

表 4-4　稠化酸不同用量下酸蚀裂缝导流能力数据

酸用量/mL	岩溶量/g	不同闭合应力下的导流能力/(D·cm)							
		10MPa	20MPa	30MPa	40MPa	50MPa	60MPa	70MPa	80MPa
2000	30.0	850	270	135	51	20	8.24	3.32	1.34
3000	39.6	52	17	5.55	1.81	0.59	52	17	5.55
4000	49.2	54	16	4.58	1.34	0.39	54	16	4.58

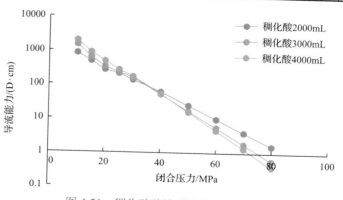

图 4-21　稠化酸酸蚀裂缝导流能力变化

交联酸酸液用量和闭合应力对导流能力的影响如表 4-5 和图 4-22 所示，在半对数坐标中，导流能力与闭合应力的关系曲线接近直线，导流能力随闭合应力下降较快；岩溶量随酸液用量增加而增加，导流能力随酸压用量增加而增加。

表 4-5 交联酸不同用量下酸蚀裂缝导流能力数据

酸用量/mL	岩溶量/g	不同闭合压力下的导流能力/(D·cm)							
		10MPa	20MPa	30MPa	40MPa	50MPa	60MPa	70MPa	80MPa
2000	20.4	450	120	50	19	7	2.33	0.81	0.28
3000	27.6	600	185	85	37	14	5.51	2.13	0.82
4000	35.3	1000	300	145	50	19	7.27	2.78	1.07

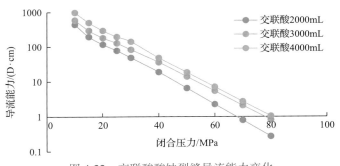

图 4-22 交联酸酸蚀裂缝导流能力变化

4.3.3 长期导流能力测试

1. 酸蚀裂缝长期导流能力测试

酸蚀裂缝表面在闭合应力下会发生蠕变，降低导流能力；支撑剂支撑的裂缝在长期高闭合应力下会逐渐嵌入，导流能力也会降低，因此，无论是酸蚀裂缝还是加支撑剂的裂缝，短期导流能力不能代表生产时的导流能力，有必要测试其长期导流能力[23,24]。从表 4-3 可知，相同的酸液用量下，稠化酸比交联酸酸蚀裂缝导流能力高，所以选择稠化酸酸蚀裂缝进行长期导流能力测试。在闭合应力为 50MPa 条件下，分别对酸用量为 2000mL、3000mL 和 4000mL 的稠化酸酸蚀裂缝进行长期导流能力测试，得到的结果如表 4-6 和图 4-23，导流能力在开始下降非常快，5 天左右下降变缓，在第 7 天和第 8 天趋于稳定，三种酸用量下的稳定值分别为 9.63D·cm、6.44D·cm、5.76D·cm。初期导流能力与长期导流能力差异 1 倍多，产能预测时用长期导流能力更准确。

表 4-6 稠化酸酸蚀裂缝长期导流能力数据

酸用量/mL	岩溶量/g	不同时间下的导流能力/(D·cm)													
		1 天	2 天	3 天	4 天	5 天	6 天	7 天	8 天	9 天	10 天	11 天	12 天	13 天	14 天
2000	30.0	25.50	20.78	17.19	14.17	11.33	9.82	9.63	9.07	9.07	8.88	8.88	8.50	8.69	8.50
3000	39.6	17.20	14.31	11.43	8.99	7.99	7.21	6.44	6.10	5.88	5.77	5.77	5.88	5.77	5.77
4000	49.2	15.80	13.38	11.25	9.20	7.71	6.88	5.76	5.20	5.02	5.02	4.93	4.93	4.93	4.83

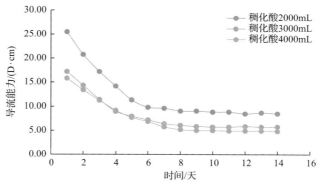

图 4-23　稠化酸酸蚀裂缝长期导流能力变化图

2. 酸蚀加砂裂缝长期导流能力测试

酸携砂酸压综合了酸压和水力加砂压裂的优点，通过具有一定携砂性能的酸液将支撑剂带入地层，将酸压形成的多分支酸蚀裂缝和水力压裂形成的较长且有较高导流能力的支撑裂缝有机结合在一起，从而使携砂酸压具有能够形成与水力压裂相当的较长人工裂缝，更好地沟通储层中的微裂缝，形成具有更高、更长期导流能力的酸蚀-支撑复合裂缝的特点(图 4-24)。因此运用携砂酸压工艺能够更大程度地保持裂缝的导流能力，从而提高增产效果、延长增产有效期。

从图 4-25 和图 4-26 中可以看出，30~50 目陶粒在铺砂浓度为 5kg/m² 条件下，高闭

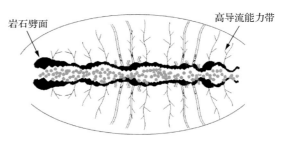

图 4-24　酸蚀裂缝支撑剂分布

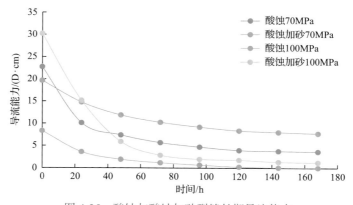

图 4-25　酸蚀与酸蚀加砂裂缝长期导流能力

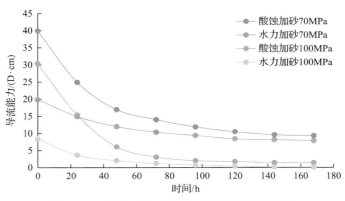

图 4-26 酸蚀加砂与水力加砂裂缝长期导流能力

合应力下加砂复合导流能力高于酸蚀，提高裂缝导流能力优势明显。酸蚀加砂长期导流能力优于酸压，酸蚀加砂长期导流能力和水力加砂相当。

4.4 超深碳酸盐岩储层提高酸蚀裂缝导流能力的工艺措施

基于上述对超深碳酸盐岩储层酸蚀裂缝导流能力影响因素的分析，可以提出相应的工艺控制措施。考虑到地质影响因素是不可控制的，因此，下面主要从可控制的工艺措施进行阐述。

4.4.1 常规点支撑酸压模式下的工艺措施

1. 酸压注入模式

酸压注入模式主要包括常规的前置液酸压技术、压裂液与酸液多级交替注入闭合酸化技术、变黏度酸液多级交替注入非均匀刻蚀技术等。从某种程度上而言，上述三种酸压注入模式形成的酸蚀裂缝都呈点支撑模式。所谓点支撑模式就是酸蚀裂缝闭合后，因两个裂缝面一般都具有不同尺寸的凸凹度，其接触模式通常为点接触，即点支撑模式，如图 4-27 所示。

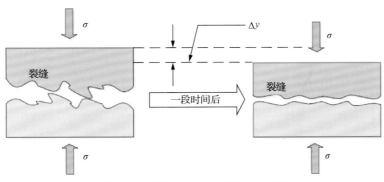

图 4-27 酸蚀裂缝点支撑模式示意图

上述点支撑模式不太稳固，尤其在超深碳酸盐岩储层的超高闭合应力作用下，裂缝壁面会快速发生某种程度上的坍塌，导致总的酸蚀裂缝宽度及导流能力降低。

值得指出的是，上述点支撑模式主要指两个裂缝面相互接触的面积相对较小，并非一定完全是点对点的接触模式。实际上，由于不同酸液黏度间及酸液与压裂液黏度间的较大差异，当低黏液驱替高黏液时，只要有一定的黏度差异，则黏滞指进现象较常见，尤其当形成明显的黏滞指进效应时，高黏酸液流经的裂缝面积相对较大，换言之，由于高黏酸液对裂缝壁面岩石结构的溶蚀作用相对较弱，反而有利于形成一定程度上的面支撑模式。

就上述三种酸压注入模式而言，前置液酸压模式主要形成了点支撑模式，而压裂液与酸液多级交替注入闭合酸化技术及变黏度酸液多级交替注入非均匀刻蚀技术都会形成一定程度上的面支撑模式。

为对比单一酸液及变黏度酸液形成的酸蚀裂缝导流能力的差异，室内进行了酸蚀裂缝导流能力对比实验，结果如图4-28所示。

(a) 裂缝酸蚀后特征

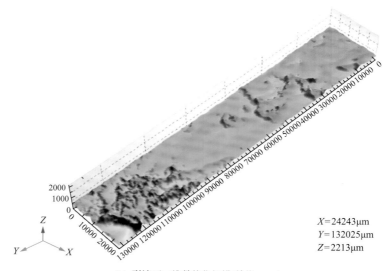

$X=24243\mu m$
$Y=132025\mu m$
$Z=2213\mu m$

(b) 裂缝面三维数值化扫描(单位：μm)

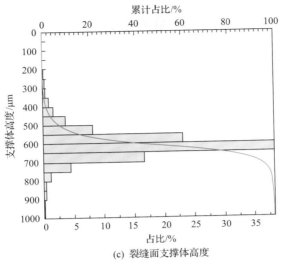

(c) 裂缝面支撑体高度

图 4-28　单一酸液刻蚀岩心形成的酸蚀裂缝形态及扫描图

由图 4-28 可见，单一的酸液类型和注入速度，酸蚀岩板表面较为均匀，不利于导流能力的保持。

而低黏液体驱替高黏液体时，由于黏度差异，会出现黏滞指进现象，如果酸液能在缝内非均匀分布，必将产生非均匀刻蚀，有利于提高酸蚀裂缝导流能力（图 4-29）。

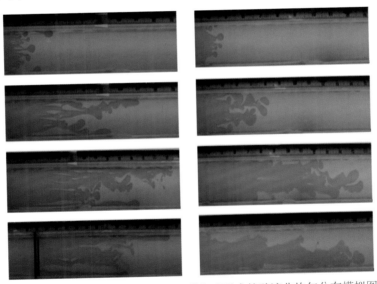

图 4-29　低黏酸液驱替高黏酸液黏滞指进形成的酸液非均匀分布模拟图

为此设计了两组实验，验证黏滞指进对酸蚀裂缝的影响。实验一：交联酸（30min）＋盐酸（30min）；实验二：交联酸（30min）＋胶凝酸（30min）。实验结果分别如图 4-30（a）和图 4-30（b）所示。

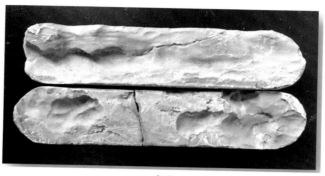

(a) 实验一

(b) 实验二

图 4-30　不同黏度酸液注入时形成的酸蚀裂缝形态

　　应用三维形貌仪对上述酸蚀裂缝表面进行扫描，结果发现，交联酸（30min）与盐酸（30min）交替后形成非常明显的、大的酸蚀沟槽，平均沟槽深度超过 3000μm（单面），见图 4-31。

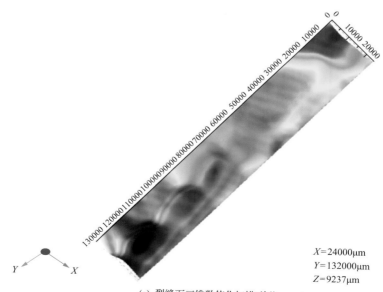

$X = 24000\mu m$
$Y = 132000\mu m$
$Z = 9237\mu m$

(a) 裂缝面三维数值化扫描(单位：μm)

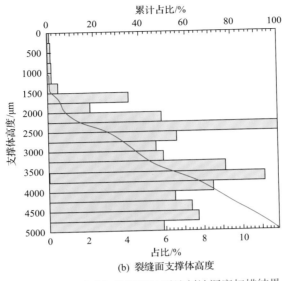

(b) 裂缝面支撑体高度

图 4-31　交联酸与盐酸酸蚀裂缝刻蚀深度扫描结果

而交联酸(30min)与胶凝酸(30min)交替后形成非常明显的、细长的酸蚀沟槽，平均沟槽深度超过 1200μm(单面)，见图 4-32。

根据实验结果，在 50MPa 闭合应力下，交联酸与盐酸交替注入形成的酸蚀裂缝导流能力较单纯的盐酸可提高 180%，而交联酸与胶凝酸交替注入的导流能力仅提高 37%，但当闭合应力继续提高后，上述结论又不成立。实验结果表明，当闭合应力超过 60MPa 后，交联酸与胶凝酸交替注入形成的酸蚀裂缝导流能力更高，见图 4-33。

为简化起见，上述三种注入模式可等效为"高黏压裂液+低黏酸液"和"高黏酸液+低黏酸液"两种模式。

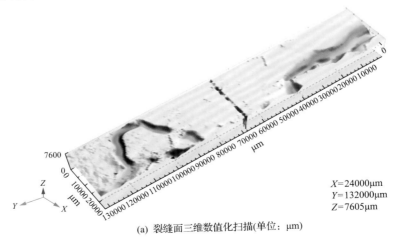

(a) 裂缝面三维数值化扫描(单位：μm)

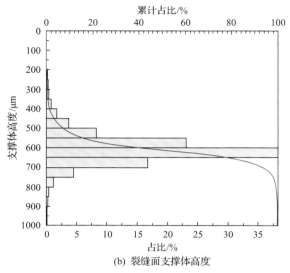

(b) 裂缝面支撑体高度

图 4-32　交联酸与胶凝酸酸蚀裂缝刻蚀深度扫描结果

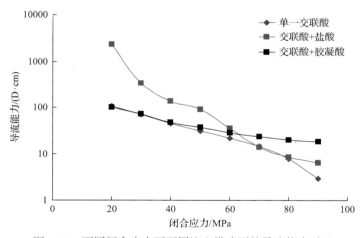

图 4-33　不同闭合应力下不同注入模式下的导流能力对比

图 4-34 为"高黏压裂液+低黏酸液"与"高黏酸液+低黏酸液"二级注入模式下的缝宽和导流能力。图 4-35 为该二级注入模式下的缝长和缝高。

由图 4-34 和图 4-35 可以看出，采用"高黏酸液+低黏酸液"二级注入时缝高、缝宽略大于"高黏压裂液+低黏酸液"二级注入的裂缝参数，导流能力是"高黏压裂液和低黏酸液"二级注入时的 5～6 倍，但缝长要相对小些，为"高黏压裂液和低黏酸液"二级注入时的 70%～80%。分析认为，这是因为酸液用量增加，提高了岩石的溶解量和酸岩反应速度，大幅提高了导流能力。

根据参数的模拟结果，在实际施工时，考虑施工成本和储层特征，可以选择不同的液体注入方式。若需要沟通远处的缝洞体，则考虑"高黏压裂液+低黏酸液"交替注入方式，提高酸蚀裂缝长度；若储层物性较好，则考虑交替注入不同黏度酸液的方式沟通更多天然裂缝，扩大酸液改造范围，提高裂缝导流能力。

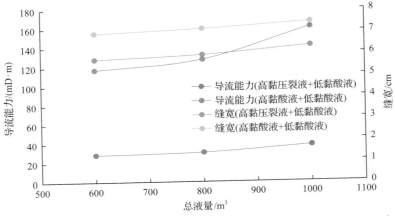

图 4-34 "高黏压裂液+低黏酸液"与"高黏酸液+低黏酸液"二级注入模式下的缝宽和导流能力

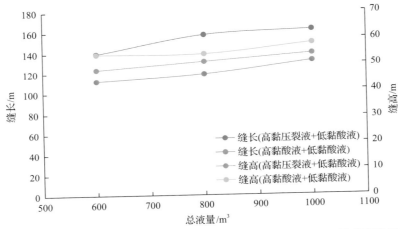

图 4-35 "高黏压裂液+低黏酸液"与"高黏酸液+低黏酸液"二级注入模式下的缝长和缝高

2. 工艺注入参数

根据顺北油气田前期酸压施工实践，施工液体用量一般为 $600\sim900\text{m}^3$，先注入压裂液再注入酸液，施工排量为 $6\sim8\text{m}^3/\text{min}$。采用正交设计方法，利用全三维压裂酸化设计与分析软件 Gohfer 模拟裂缝扩展情况，以排量 $6\text{m}^3/\text{min}$ 注入 200m^3 前置压裂液形成主裂缝，再分别以 $2:1$、$1:1$ 和 $1:2$ 的速度差异分别注入高黏酸液（黏度为 $60\text{mPa}\cdot\text{s}$）和低黏酸液（黏度为 $15\text{mPa}\cdot\text{s}$），高黏酸液和低黏酸液的比例分别为 $1:1$、$1:2$、$1:3$、$2:1$、$3:1$，分析了不同施工方式及施工参数对酸液在裂缝内非均匀分布程度的影响。

1）注入速度优化

结合现场实际酸液体系的特征，选取黏度比为 $4:1$ 的两种酸液，模拟不同注入排量比下酸液的非均匀分布程度，结果如图 4-36 所示，图中的颜色代表酸液的浓度，浓度越高，颜色越深。

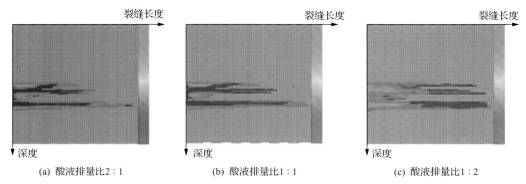

(a) 酸液排量比2∶1   (b) 酸液排量比1∶1   (c) 酸液排量比1∶2

图 4-36　高低黏度酸液排量比对裂缝中酸液分布的影响

从图 4-36 可以看出，当后置低黏度酸液顶替排量大于前置高黏度酸液排量时，酸液在裂缝中的分布更分散，并且酸蚀裂缝的延伸长度也更长一些。这表明，后置低黏度酸液顶替排量越高，低黏酸液的波及范围更广，更容易产生非均匀刻蚀。产生这种现象的原因，可能是后置低黏度酸液的排量差异，加剧了两种酸液的界面效应，促使指进现象提前出现，并且程度更为剧烈。在现场施工中，应控制不同类型酸液之间的注入排量差，尽量将后置顶替酸液的排量提高至施工允许的最大排量。

2) 注入规模优化

当黏度比为 4∶1、高低黏度酸液排量比为 1∶2 时，分别模拟计算前置高黏度酸液量与低黏度酸液顶替液量之比为 1∶2、1∶3、2∶1、3∶1 的酸蚀裂缝特征及酸液分布情况，结果如图 4-37 所示。

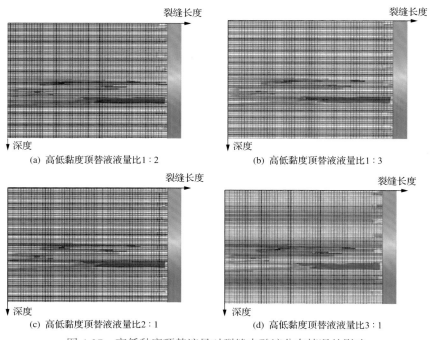

(a) 高低黏度顶替液量比1∶2   (b) 高低黏度顶替液量比1∶3

(c) 高低黏度顶替液量比2∶1   (d) 高低黏度顶替液量比3∶1

图 4-37　高低黏度顶替液量对裂缝中酸液分布情况的影响

从图 4-37 可以看出，每级注入的顶替液液量递减，这种方式有利于酸液在裂缝中非均匀分布。递减幅度越大，酸液的分布越分散，酸蚀裂缝长度越长。在现场施工中，应先以一定排量注入大规模高黏酸液，再将小规模低黏酸液大排量注入，进一步提高酸液的非均匀刻蚀效果。

3) 工作液黏度优化

根据前人的研究成果，不同液体之间的黏度差异对液体驱替的流动形态有较大的影响。因此，利用有限元法分别模拟计算了液体黏度比为 1∶1、2∶1、5∶1 和 10∶1(液体分两级注入)时裂缝内的流动过程，得到了以不同黏度比液体驱替时酸液的分布情况，如图 4-38 所示。

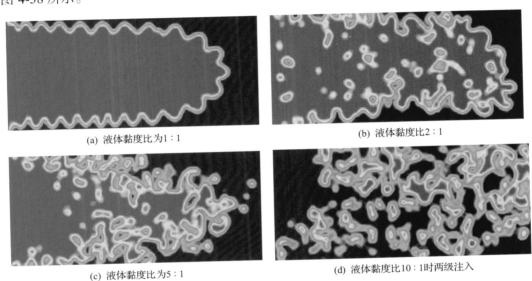

(a) 液体黏度比为1∶1　　　　　　　　　(b) 液体黏度比2∶1

(c) 液体黏度比为5∶1　　　　　　　　　(d) 液体黏度比10∶1时两级注入

图 4-38　以不同黏度比液体驱替时的酸液分布情况

从图 4-38 可以看出，随着两种液体黏度比增大，酸液在裂缝中非均匀分布的特征更明显，这种非均匀分布使酸液对岩石的非均匀刻蚀程度加强，有利于酸蚀后裂缝导流能力的提高及保持。

为了量化表征指进产生的酸液分布的非均匀程度，采用非均匀系数对其进行描述。非均匀系数是指进前缘到达出口时，注入流体未波及面积占通道总面积的比例(即图 4-38 中红色区域与蓝色区域面积的比值)，计算结果如图 4-39 所示。

从图 4-39 可以看出，随着黏度比的增加，酸液分布的非均匀系数提高幅度明显增加。常规胶凝酸在高温下的黏度约为 15mPa·s，压裂液和清洁酸剪切后黏度为 50~60mPa·s，黏度比达到 4 以上，可在超深高温条件下形成有效的非均匀刻蚀。当黏度比为 10∶1 时，若采用分两次注入的方式，则可以进一步提高酸液的非均匀系数，非均匀系数由 28.2% 提高到了 37.6%。

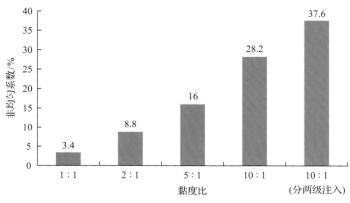

图 4-39　不同黏度比下裂缝中酸液的非均匀系数

4.4.2　面支撑酸压模式下的工艺措施

1. 面支撑模式对酸蚀裂缝导流能力及产量的影响

面支撑模式下的裂缝形态示意图与上述前置液酸压及压裂液与酸液多级交替注入闭合酸化形成的裂缝形态对比如图 4-40 所示。

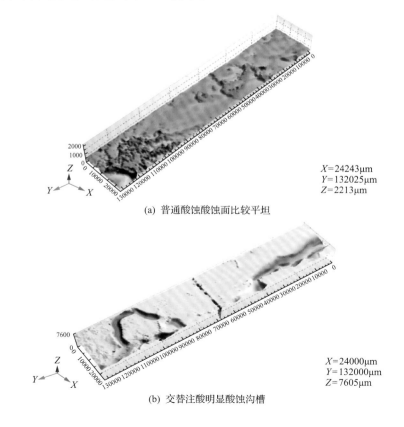

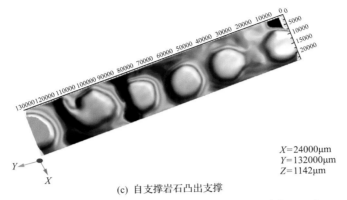

X=24000μm
Y=132000μm
Z=1142μm

(c) 自支撑岩石凸出支撑

图 4-40 不同裂缝支撑模式下的示意图对比(单位:μm)

同时,裂缝导流递减速度和保持水平,对酸压井产量影响十分显著。自支撑模式依靠储层岩石本身做支撑,导流能力能够保持较高水平(图 4-41),相应地,酸压后的产量也明显增加(图 4-42)。

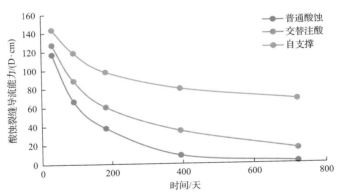

图 4-41 三种支撑模式下的酸蚀裂缝导流能力对比

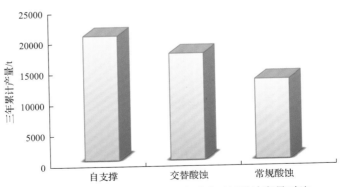

图 4-42 三种支撑模式下的酸压后三年累计产量对比

对于自支撑酸压模式[25],支撑面用于防止裂缝闭合,支撑面周围的刻蚀区域提供流动通道。显而易见,支撑面积的不同(示意见图 4-43,为简化起见,支撑的面积假设为长方形的槽状体。当然,也有其他的简化形状,如圆柱体等),酸蚀裂缝导流能力及酸压后的产量也不同。显然地，支撑面积过少不利于高闭合应力下的导流能力保持，流动通道过少又不利于原油的产出，因此需要精细优化两者的比例。

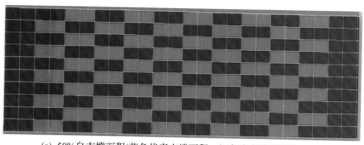

(a) 50%自支撑面积(蓝色代表支撑面积，红色代表酸蚀裂缝通道)

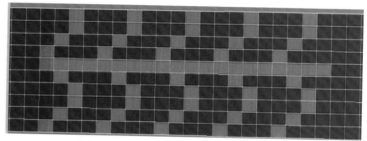

(b) 66%自支撑面积(蓝色代表支撑面积，红色代表酸蚀裂缝通道)

图 4-43　示例的 50%和 66%自支撑面积示意图

从数值模拟结果来看，对于自支撑模式，保留 1/3 岩石作为支撑点，2/3 的裂缝面酸蚀后提供流动通道，增产效果好(图 4-44)。

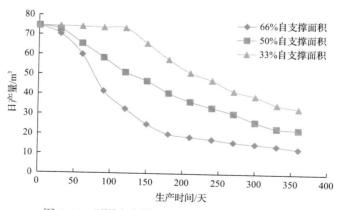

图 4-44　不同自支撑面积下的酸压后日产量对比

另外，在优化最佳的裂缝支撑面积时，还需结合物理模拟结果进行综合优化。室内在模拟既定的油气藏温度及地应力条件下，通过改变不同的支撑面积，测试相应的酸蚀裂缝导流能力及其变化。显然地，支撑面积越大，酸压后两个裂缝面被支撑得越牢固，但导流能力可能因此越来越低；反之，支撑面积越小，酸蚀裂缝导流能力开始时可能逐渐增大，但存在一个临界的最佳支撑面积，小于该面积，裂缝支撑面可能在高闭合应力下被压碎坍塌，相当于又恢复到类似原先的点支撑模式，因此导流能力会大幅度降低。

值得指出的是，酸岩反应后形成自支撑裂缝，在 90MPa 有效闭合应力条件下仍能保持足够的支撑强度（见图 4-45 左图，为简化起见，以圆柱状支撑面积为例），但有效闭合应力超过 90MPa（见图 4-45 右图，加载的有效闭合应力为 100MPa）后，同样自支撑面积的裂缝在自支撑处仍被压碎。因此，在更高闭合应力条件下，上述最佳的临界支撑面积应更大。具体增大的比例，同样要基于上述数学模型和物理模型相结合的方法进行综合权衡确定。

考虑到裂缝导流能力随支撑面积的增大而逐渐降低的事实，因此，闭合应力越高，临界的自支撑面积越大，相应的酸蚀自支撑裂缝的导流能力也会逐渐降低。即便如此，在更高的闭合应力条件下，自支撑裂缝导流能力高的优势仍然非常明显（图 4-46），一直大于常规酸蚀裂缝和加砂裂缝导流。

图 4-45 不同有效闭合应力下的岩石自支撑实验结果对比

左图承压 90MPa 后仍维持原始状态，右图 100MPa 后仍被压碎

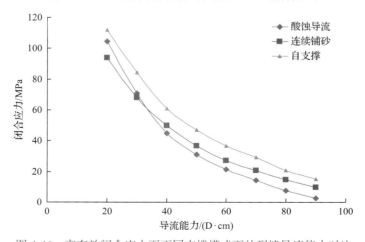

图 4-46 高有效闭合应力下不同支撑模式下的裂缝导流能力对比

2. 面支撑模式下工艺注入参数的优化

1) 油溶性屏蔽材料的物理性能要求

酸压中要形成真正的所谓面支撑裂缝，需要一种特殊的屏蔽材料，其性能应具有以下特征：①不与酸发生化学反应。因此在酸经过该材料时，其屏蔽的面积可以受到相当程度的保护，有利于维持原有的岩石强度。②应是运移可控性好的固体颗粒状。颗粒直径可随裂缝动态宽度量身打造，就像水力加砂压裂中的支撑剂似的，便于在裂缝中对其运移轨迹及分布特性进行控制。如果是液体状，则液体固化难度更大。如果不能固化，其肯定仍具有一定的黏度，则其流动性就难以避免，导致无法实现相对固定的屏蔽面积。③密度相对较低。考虑到技术难度，可设计其密度为 $1.1\sim1.3\mathrm{g/cm^3}$，使得屏蔽材料可在裂缝中基本呈悬浮式，利于纵向上分布形态的控制。如果密度远大于 $1.3\mathrm{g/cm^3}$，则其主要分布在裂缝的中下部，裂缝中上部仍有大量的酸液分布及酸岩刻蚀反应，难以形成预期的均匀分布的面支撑酸蚀模式。④自聚集性。其在裂缝中运移时，可以自动聚集在一起，利于在达到软化点温度时形成具有一定厚度的连片分布的屏蔽涂层，以阻隔其覆盖的碳酸盐岩岩石与酸的反应。如没有自聚集特性，则散落的零星分布的材料中肯定会有酸液的进入。⑤具有特定的软化点温度。在裂缝中，随低温压裂液或酸液的注入，裂缝中的温度是随时变化的。该材料应在某个温度时具有软化特性，否则难以形成密实的可以将酸液与裂缝壁面岩石隔离的屏蔽层。⑥与裂缝壁面岩石的强吸附性。在该材料于裂缝中的某处软化后形成一定厚度的屏蔽层后，还必须保证足够的吸附强度，确保在后续大排量注酸过程中不脱离原先屏蔽的位置。否则，即使形成了所谓的与酸屏蔽的隔离层，酸液仍能接触裂缝中的所有地方，最终也难以形成真正的面支撑酸蚀裂缝。⑦油溶性。在酸压后生产过程中，该材料应在原油流动过程中彻底溶解，并随地下流体一起流出井口，从而对酸压裂缝的导流能力不产生任何伤害作用。

经过大量的比选，一般选取油溶性树脂颗粒。

上述特性参数的测试，目前还没有统一的标准。下面简要分述如下：

(1) 酸溶性测试方法。

①配制质量分数为 15% 的盐酸溶液。

②称取干燥后的树脂 1g (记为 G)，加入到 25mL 盐酸中，在 140℃下，溶解 120min。

③用烘干的干净滤纸 (记为 G_1) 抽滤，烘干过滤后的滤纸和残渣 (记为 G_2)，计算残渣量 $A_1=G_2-G_1$。

④另做空白试验与之比较，即用 25mL 盐酸在烘干后的干净滤纸上 (记为 G_3) 过滤，烘干过滤后的滤纸和残渣 (记为 G_4)，计算空白试验的残渣量 $A_2=G_4-G_3$。

⑤计算树脂在盐酸中的溶解率 $R=[1-(A_1-A_2)/G]\times100\%$。

(2) 自聚性测试方法。

在岩石表面均匀划出 16 个大小一致的方格，把树脂粉末均匀铺于岩石表面，把铺有树脂的岩石置于一定温度下 (该实验为 120~140℃) 加热一定时间 (该实验定为 10min)，取出岩石，观察其表面未熔融自聚的树脂粉末所占面积。树脂完全熔融的方格所占总格数的比例即为其该条件下树脂的自聚率。

(3)软化点测试方法。

根据国家标准《沥青软化点测定法(环球法)》(GB/T 4507—1999)进行测试。

(4)黏附性测试方法。

用耐高温胶带把贴片类电子温度计贴在岩石表面,岩石表面刻画 32 个大小一致的方格,把树脂粉末均匀铺在 32 个方格上。然后把铺有树脂粉末的岩石置于智能控温电热套中从常温开始加热。观察树脂的变化情况,同时记录其对应的温度和时间,从而了解其软化时间温度及软化到黏附需要的时间。当树脂完全熔融附着后,用耐热胶带贴在树脂表面,然后均匀用力撕开取下胶带及其带走的树脂。待其冷却后,用 15%的盐酸测试岩石表面 32 个方格的耐酸情况。有气泡产生者为树脂被剥离。计算未产生气泡的方格占总方格的比例即为该树脂附着性能等级。

(5)油溶性测试。

①称取干燥后的树脂 1g(记为 G),在搅拌下加入到 50mL 煤油中,在 160℃下,溶解 120min。

②用烘干的干净滤纸(记为 G_1)抽滤,烘干过滤后的滤纸和残渣(记为 G_2),计算残渣量 $A_1=G_2-G_1$。

③另做空白试验与之比较,即用 50mL 溶剂在烘干后的干净滤纸上(记为 G_3)过滤,烘干过滤后的滤纸和残渣(记为 G_4),计算空白试验的残渣量:$A_2=G_4-G_3$。

④计算树脂在煤油中的溶解率 $R=[1-(A_1-A_2)/G]\times100\%$。

(6)其他参数的测试方法。

①密度测试方法:取整块的树脂样进行密度测试(树脂为 1cm×1cm×1cm 致密无缺陷的块状物)。测试仪器为"METTLER TOLEDO"的密度测试仪。

②分散性测试方法:该实验以瓜尔胶/增稠剂为悬浮剂,以水为分散介质,以 60 目树脂粉末为分散对象配置携带液。通过配置一定比例的悬浮液并通过观察其稳定时长来确定其分散性。

考查大量的原材料及性能,单一的材料满足不了屏蔽材料的综合性能要求。具体评价结果如图 4-47~图 4-49,表 4-7 所示。

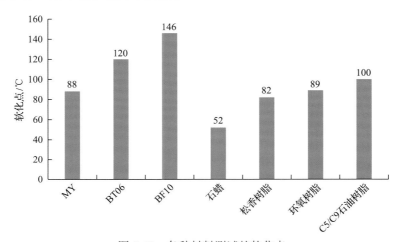

图 4-47 各种材料测试的软化点

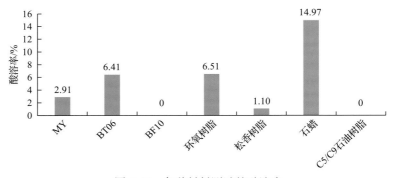

图 4-48 各种材料测试的酸溶率

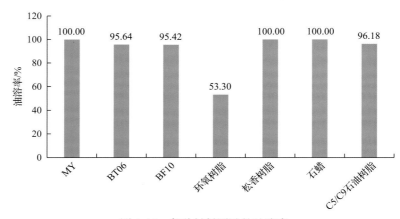

图 4-49 各种材料测试的油溶率

表 4-7 各原材料的性能综述

参数	松香树脂	石蜡	环氧树脂	BT06	BF10	C5/C9 石油树脂	MY
软化点/℃	82	52	89	120	146	100	88
酸溶率/%	1.10	14.97	6.51	6.41	0	0	2.91
油溶率/%	100.00	100.00	53.30	95.64	95.42	96.18	100.00
140℃黏附性	较差且气泡	差	优良	良好但有起泡	差(不熔融)	优良	良好附着

综上所述，对 MY、松香树脂、石蜡、环氧树脂、BT06、BF10 和 C5/C9 石油树脂这几种原材料进行了软化点、酸溶性、油溶性和黏附性的测试，汇总测试结果如表 4-7 所示。从表中可以看到，松香、石蜡、环氧树脂、MY 的软化点小于 100℃，BT06 和 BF10 软化点大于等于 120℃，超出指标范围。尽管 C5/C9 石油树脂的软化点在 100℃左右，但单一组分无法实现软化点在 100～120℃范围内可调的目的。石蜡的耐酸性相对较差，其他树脂均具有较低的酸溶性，基本符合项目指标要求。从油溶率来看，环氧树脂不满足要求，也表明了普通的热固性树脂由于油溶性较差而不能用于该项目。从黏附性来看，环氧树脂、MY 和 C5/C9 石油树脂具有较好的黏附性。综合各性能来看，单一树脂体系均无法满足所有的指标。因此，要想实现所有指标，需要通过共混方式发挥树脂体系各自的优势。最终

推荐的屏蔽材料为三种材料的混合物,其配比及基本性质参数见表 4-8。

表 4-8 推荐配方主要性能测试

配方	配比(MY：BF10：BT06)/%	软化点/℃	160℃,2h 油溶率/%	20%盐酸溶解率/%
配方 1	10：50：40	110	98.2	2.2
配方 2	15：45：40	115	97.5	0.8

2)油溶性屏蔽材料的注入参数

要实现自支撑效果,需要非连续地“屏蔽”一部分裂缝表面岩石不与酸液发生反应,经过广泛对比,推荐采用油溶性树脂颗粒[26]。利用其在一定温度下聚集、变稀,但是又不能流动的特性(软化点性能参数见表 4-9)。选取合适的树脂种类,高浓度段塞式注入,覆盖部分裂缝表面。

表 4-9 作为屏蔽材料的油溶性树脂颗粒的软化点性能

温度/℃	油溶性树脂状态
80	无任何变化
90	无任何变化
110	粉末开始聚结
120	开始变稀
150	完全熔融
180	可以流动

上述屏蔽材料在不同浓度下于裂缝中的运移及分布情况如图 4-50 所示。

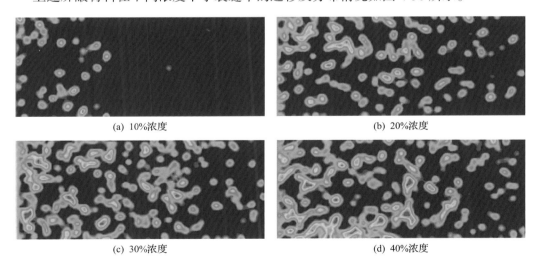

(a) 10%浓度   (b) 20%浓度

(c) 30%浓度   (d) 40%浓度

图 4-50 不同浓度屏蔽材料在裂缝中的运移分布模拟结果

由图 4-50 可见,要达到比较理想的覆盖效果,推荐屏蔽材料(油溶性树脂颗粒,粒径一般为 40～60 目)浓度为 20%～30%。之所以选择 40～60 目的颗粒直径,主要基于超深碳酸盐岩储层的酸蚀裂缝动态宽度的模拟结果，如果粒径太大，可能只在近井筒裂缝地带运移与分布，无法实现中远井地带上述自支撑的高导流能力裂缝。

油溶性树脂颗粒注入后，适当关井 10～15min（具体时间可由裂缝温度场模拟结果获得），等待树脂聚集软化，黏附在裂缝表面。树脂颗粒仅发挥"屏蔽"作用，不是"支撑剂"，因此铺置浓度要求较低，按优化的 20%～30%浓度加入后，可实现其单层铺置，此时相应的铺置浓度达到 0.5kg/m^2 即可。

值得指出的是，上述模拟结果仅以单颗粒覆盖的面积作为岩石自支撑的面积。虽然总的支撑面积足够，但如果单个颗粒的支撑面积不够大，可能仍影响最终的裂缝面的支撑稳固性。鉴于此，可采取段塞式注入模式，并提高油溶性树脂颗粒的加入浓度以提高多个颗粒聚集体的支撑面积，进而达到提高裂缝面支撑稳固性的目的。具体模拟结果如图 4-51 所示。

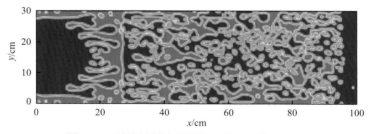

图 4-51　油溶性树脂颗粒段塞式注入模拟结果

在上述可溶性树脂颗粒分布特性模拟的基础上，还要结合其软化点的温度，进行相应的裂缝温度场模拟研究，显然，裂缝内的温度不能太低也不能太高。若太低，油溶性树脂颗粒难以聚集和软化；反之，则其容易流动，难以在某个固定的裂缝面积上起到屏蔽酸的作用，因为一旦流动，难以控制其在裂缝面上的分布，可能造成增大需要屏蔽的面积，但同时因油溶性树脂颗粒的聚集厚度降低，在酸的大排量冲刷下，上述聚集厚度可能进一步降低，甚至降低到 0mm，此时就起不到对酸的屏蔽作用。

当裂缝内温度低于上述软化点温度时，可以适当停泵一段时间等候温度的恢复。具体等候的最短时间，可应用成熟的酸压模拟商业软件进行相应的模拟计算。但如果裂缝内温度高于上述软化点温度，则应重新筛选软化点高的油溶性树脂颗粒。

需要指出的是，要控制好油溶性树脂颗粒从软化到流动的温度界限，并及时通过停泵或注入施工等环节，确保其能充分发挥对酸的屏蔽作用。考虑到裂缝内温度从近井筒到裂缝端部的差异都相对较大，且按从低到高的顺序进行分布，因此，为确保裂缝内所有的油溶性树脂颗粒都能实现对酸的屏蔽效果，其软化点应各不相同，也应按裂缝温度场的分布规律，从近井筒到裂缝端部逐渐升高，升高的幅度与裂缝温度场的分布规律相吻合。但考虑到裂缝内温度分布范围很广，为简化起见，可对裂缝内的温度场进行分段，一般分为 2～3 个温度段，每个温度段可基于具体的温度场分布求取平均温度，则油溶性树脂颗粒的软化点温度也可据此进行相应的设计及筛选。

参 考 文 献

[1] 李宪文, 侯雨庭, 古永红, 等. 白云岩储层酸蚀裂缝导流能力实验研究[J]. 油气地质与采收率, 2021, 28(1): 88-94.

[2] 李力, 王润宇, 曾嵘, 等. 考虑压力溶解的酸压裂缝长期导流能力模拟方法[J]. 石油钻采工艺, 2020, 42(4): 425-431.

[3] 顾亚鹏. 碳酸盐岩储层酸蚀裂缝导流能力变化规律研究[D]. 成都: 成都理工大学, 2016.

[4] 赵立强, 缪尉杰, 罗志锋, 等. 闭合酸蚀裂缝导流能力模拟研究[J]. 油气藏评价与开发, 2019, 9(2): 25-32.

[5] 王明星, 吴亚红, 孙海洋, 等. 酸液对酸蚀裂缝导流能力影响的研究[J]. 特种油气藏, 2019, 26(5): 153-158.

[6] 黄丹. 多因素影响下的导流能力预测模型研究[D]. 成都: 成都理工大学, 2019.

[7] 周少伟, 刘超, 韩巧荣, 等. 碳酸盐岩气藏不同酸液体系对裂缝导流能力影响的实验研究[J]. 科学技术与工程, 2015, 15(13): 58-62.

[8] 林强, 曲占庆, 郭天魁, 等. 基于灰色关联法的酸蚀导流能力影响因素[J]. 科学技术与工程, 2019, 19(19): 106-110.

[9] 邱小龙, 伊向艺, 岳晓军, 等. 闭合时间对裂缝导流能力影响实验研究[J]. 中外能源, 2012, 17(9): 55-57.

[10] 李沁, 伊向艺, 卢渊, 等. 储层岩石矿物成分对酸蚀裂缝导流能力的影响[J]. 西南石油大学学报(自然科学版), 2013, 35(2): 102-108.

[11] 张路锋, 牟建业, 贺雨南, 等. 高温高压碳酸盐岩油藏酸蚀裂缝导流能力实验研究[J]. 西安石油大学学报(自然科学版), 2017, 32(4): 93-97.

[12] 苟波, 李骁, 马辉运, 等. 水力裂缝形貌对酸刻蚀行为及导流能力影响[J]. 西南石油大学学报(自然科学版), 2019, 41(3): 80-90.

[13] 郑昕. 考虑壁面酸蚀形态的酸蚀裂缝导流能力研究[D]. 成都: 西南石油大学, 2019.

[14] 韩旭. 石灰岩酸蚀软化层力学特征及导流能力研究[D]. 成都: 成都理工大学, 2018.

[15] 何春明, 郭建春. 酸液对灰岩力学性质影响的机制研究[J]. 岩石力学与工程学报, 2013, 32(S2): 3016-3021.

[16] Cao H T, Yi X Y, Lu Y, et al. A fractal analysis of fracture conductivity considering the effects of closure stress[J]. Journal of Natural Gas Science & Engineering, 2016, 32: 549-555.

[17] 吴元琴. 高黏度酸液酸岩反应动力学参数影响规律实验研究[D]. 成都: 成都理工大学, 2013.

[18] 曲占庆, 林强, 郭天魁, 等. 顺北油田碳酸盐岩酸蚀裂缝导流能力实验研究[J]. 断块油气田, 2019, 26(4): 533-536.

[19] 朱庆忠, 高跃宾, 郑立军, 等. 杨税务潜山超高温非均质碳酸盐岩气藏储层改造技术[J]. 石油钻采工艺, 2020, 42(5): 637-641, 646.

[20] 郭建春, 苟波, 秦楠, 等. 深层碳酸盐岩储层改造理念的革新——立体酸压技术[J]. 天然气工业, 2020, 40(2): 61-74.

[21] 曾冀, 唐鑫苑, 王茜, 等. 栖霞组超深高温气井深度酸压技术研究及应用[J]. 钻采工艺, 2020, 43(S1): 2, 31-34.

[22] 李松, 叶颉枭, 刘飞, 等. 四川盆地磨溪龙王庙组低渗透储层改造工艺技术研究与试验[J]. 钻采工艺, 2020, 43(S1): 3, 43-47.

[23] 周博成. 碳酸盐岩酸蚀裂缝长期导流能力的应力敏感性研究[D]. 北京: 中国石油大学(北京), 2019.

[24] 姚茂堂, 牟建业, 李栋, 等. 高温高压碳酸盐岩地层酸蚀裂缝长期导流能力实验研究[J]. 科学技术与工程, 2015, 15(2): 193-195.

[25] 周林波. 高导流自支撑酸化压裂室内实验研究[J]. 特种油气藏, 2017, 24(4): 152-155.

[26] 霍维晶, 刘先富, 孟皓锦, 等. 一种耐高温油溶性暂堵剂的制备及性能研究[J]. 现代化工, 2016, 36(12): 74-77.

第5章 超深复杂应力碳酸盐岩储层深穿透裂缝形成机制

要实现超深复杂应力碳酸盐岩储层深穿透的目标，必须在保证足够高导流能力的基础上，大幅度提高酸蚀裂缝的有效长度。常规中深碳酸盐岩储层主要采用高黏度的稠化酸(胶凝酸)、地面交联酸等，注入模式主要是前置液酸压、压裂液与高黏度酸液多级交替注入闭合裂缝酸化等。而对超深复杂应力的碳酸盐岩储层而言，除了需要耐温能力更高的稠化酸(胶凝酸)和地面交联酸外，还需要在酸压工艺及参数优化上进行较大的革新。

5.1 中深碳酸盐岩储层深穿透酸压技术

深穿透主要采用滑溜水携砂+主体酸+过量顶替液工艺，酸压中前置液滑溜水起到造缝和冷却地层作用，滤失前置液进入地层，增加地层压力，还起到降低后续酸液滤失的作用。通过本节研究，明确各种液体体系在实现深穿透目标中所发挥的作用，并提出液体用量和酸压工艺的优化方法。

5.1.1 深穿透酸压前置液优化

深穿透酸压前期通常先向地层中注入大量滑溜水，注入大量滑溜水可以短期内在裂缝里憋起的压力大于裂缝延伸压力[1]，使已有裂缝向前延伸，同时滑溜水滤失到地层内，提高人工裂缝附近地层的压力，这样可以降低后续注入酸液的滤失，提高活酸作用距离。

1. 滑溜水注入对地层压力的影响

滑溜水注入对地层压力的提升速度决定于滑溜水注入量，如滑溜水注入使人工裂缝附近压力上升非常快，则较少的注入量就能达到减少酸液滤失的目的，如压力上升慢，则滑溜水注入量就较大。因此，研究滑溜水注入量与人工裂缝附近压力间的关系，可为优化滑溜水注入量提供依据。

采用 Eclipse 进行油藏数值模拟，由于Ⅲ类地层溶洞不发育，裂缝较发育，模拟中采用双重介质模型。Ⅲ类地层连通性较差，没有外来能量补充，靠地层弹性开采，模拟中采用封闭边界条件。塔河油田油藏深度普遍较深，在 6000m 左右，属正常压力系统，地层压力在 60MPa 左右。对于已进行过酸压的井，有人工裂缝存在，这里取裂缝半长 100m。典型的油藏参数如表 5-1 所示。滑溜水注入速度较大，模拟中采用施工中典型排量 7m³/min。

随滑溜水注入，人工裂缝附近压力上升非常快，而远离人工裂缝附近的地层压力受到影响很小，因为注入速度大，注入时间较短，压力波还未来得及扩散。图 5-1 为注滑溜水 4h 的压力分布图。该图表明，滑溜水注入的影响范围在人工裂缝附近 10 余米。

表 5-1　油藏基本参数

参数	单位	参数值	参数	单位	参数值
基质平均渗透率	$10^{-3}\mu m^2$	0.5	滑溜水黏度	$mPa\cdot s$	12
裂缝系统平均渗透率	$10^{-3}\mu m^2$	30	原油压缩系数	$10^{-4}MPa^{-1}$	10
基质平均孔隙度	%	0.05	地层水压缩系数	$10^{-4}MPa^{-1}$	1
裂缝系统平均孔隙度	%	8	孔隙压缩系数	$10^{-4}MPa^{-1}$	8
地面原油密度	g/cm^3	0.852	原油体积系数 B_o	—	1.24
地面水密度	g/cm^3	1	地层水体积系数 B_w	—	1
地层原油黏度	$mPa\cdot s$	24			

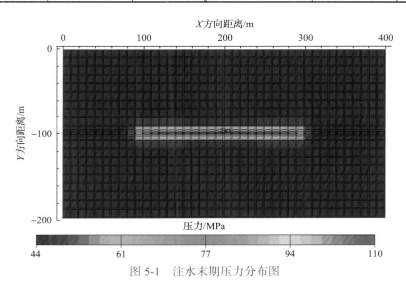

图 5-1　注水末期压力分布图

当井底压力上升到裂缝延伸压力时，裂缝就向前延伸。模拟中设定压力上限为裂缝延伸压力，即到达该压力时停止模拟。油藏初始压力对井底压力变化有影响，图 5-2 显示不同初始地层压力下注入量与井底压力间的关系，图中曲线从下向上分别表示初始地层压力为 30MPa、35MPa、40MPa、45MPa、50MPa、55MPa、60MPa 和 65MPa 时井底压力变化规律，要使井底压力上升到裂缝延伸压力，不同地层压力对滑溜水注入量要求差别较大。

为考虑滑溜水注入过程中裂缝延伸对注入量的影响，用同样的方法模拟了人工裂缝长度为 100m 和 200m，裂缝延伸压力分别为 90MPa、100MPa、110MPa 时，不同地层对注入量的需求。图 5-3 表明，在人工裂缝半长为 100m 时，不同地层压力下，井底压力要达到预设的 90MPa、100MPa、110MPa 时需要的滑溜水注入量。滑溜水注入量与初始地层平均压力呈近似直线关系，且 3 个目标井底压力对应的曲线近似平行，表明初始地层压力越高，达到目标井底压力需要的滑溜水注入量越小，反之则越大。30MPa 地层压力下需要的滑溜水注入量是 60MPa 地层压力下滑溜水注入量的近 2 倍。因此，优化滑溜水注

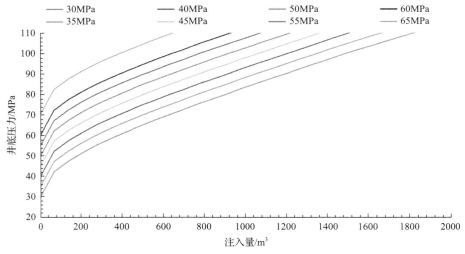

图 5-2 裂缝半长为 100m 时注入量与井底压力的关系

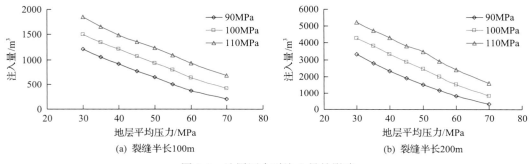

(a) 裂缝半长100m   (b) 裂缝半长200m

图 5-3 地层压力对注入量的影响

入量时，应充分考虑地层压力的影响。基于该曲线，可以通过地层压力，近似估计需要的滑溜水注入量。

图 5-3（b）表示裂缝半长为 200m 时需要的滑溜水注入量，裂缝半长为 200m 比为 100m 需要的滑溜水注入量大许多。裂缝半长 200m 时，如果地层平均压力 30MPa，井底压力升到 110MPa，需要 5000m³ 滑溜水注入量。酸压中裂缝长度动态变化，不同的裂缝壁面滤失时间不一样，后张开的裂缝壁面滤失时间较短。通过同样的滤失时间计算 200m 的裂缝半长，相当于计算的滤失上限，实际需要的注入量应低于计算结果。

滑溜水注入量对地层压力的影响受地层属性、油藏流体属性的影响，塔河各区块属性差异较大，下面利用塔河油田奥陶系油藏各区油藏流体属性模拟滑溜水注入对压力的影响。塔河油田奥陶系油藏各区油藏流体属性如表 5-2 所示。

油藏压力相差不多的情况下，地层原油黏度和压缩系数对井底流压的影响很大。2区和 8 区的地层原油黏度较小，压缩系数较大，井底流压随滑溜水注入上升较慢。这是因为原油黏度小，水驱油阻力小，压力传播快；压缩系数大，即单位压差下介质变形大，随着注入量的增加，压力不断上升，压缩系数大使岩石产生的变形大，压力上升使地层

表 5-2　塔河油田奥陶系油藏 2 区、4 区、6 区、7 区、8 区、12 区和托普台区主要参数

区号	地层原油密度 /(g/cm³)	地层压力 /MPa	地层原油体积系数	地层原油黏度 /(mPa·s)	压缩系数 /10⁻⁴MPa⁻¹	地面原油密度 /(g/cm³)
2 区	0.81	37.64	1.18	5.51	16.84	0.87
4 区	0.87	39.45	1.16	24.26	9.94	0.96
6 区	0.90	40.23	1.13	46.21	9.94	0.97
7 区	0.88	38.65	1.17	46.56	8.10	0.97
8 区	0.81	40.76	1.21	10.27	11.08	0.89
12 区	0.95	68.13	1.11	26.45	5.10	1.03
托普台	0.76	70.80	1.22	1.61	13.82	0.87

让出的空间大，滤失液体能更容易进入地层。4 区、6 区和 7 区的原油黏度大且岩石压缩系数小，水驱油阻力大，岩石不易变形分压，导致裂缝周围迅速憋起压力。12 区的原油黏度和密度较大，而压缩系数较小，使得井底压力上升很快。托普台区虽然初始地层压力较高，但是原油黏度较低，岩石压缩系数较高，因此井底压力上升较缓。综上所述，要达到同样的目标井底压力，各区需要的滑溜水注入量差异较大，这里模拟的裂缝半长为 100m，注入量与井底压力的关系如图 5-4 所示。因此，优化滑溜水注入量时，需要充分考虑油藏特性和前期液体采出量对地层压力的影响。

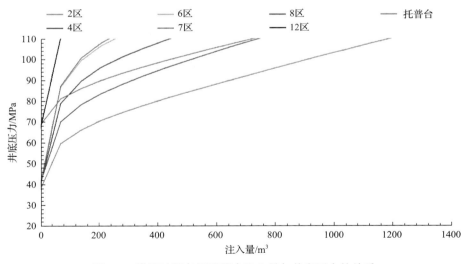

图 5-4　塔河油田各区滑溜水注入量与井底压力的关系

2. 滑溜水注入对酸液滤失量的影响

深穿透酸压中前期注入大量滑溜水，提高了人工裂缝附近的压力，减小裂缝内外压差，当注入酸液时，尽管酸岩反应增加了孔隙度、降低了渗流阻力，但酸液滤失量因人工裂缝缝内外压差降低而减小。滑溜水注入量决定了人工裂缝附近压力增加量，那么滑

溜水注入量与随后的酸液滤失量存在一定关系，通过分析它们之间的关系可为优化滑溜水注入量提供依据。

1）数学模型

酸压中的滤失过程本质是酸液在缝内外压差作用下在油藏中流动的过程，酸压中还存在酸岩反应，酸岩反应改变孔隙结构，反过来影响滤失。为模拟滑溜水注入量对酸液滤失的影响，建立数学模型。

塔河油田属于缝洞型碳酸盐岩油藏，其Ⅲ类储层溶洞不发育。由于天然裂缝存在，滤失酸液选择性地通过较宽天然裂缝，酸液在天然裂缝中流动的同时，与裂缝表面发生反应，扩宽天然裂缝，从而增加通过该天然裂缝的酸液。经过天然裂缝间对酸液的竞争，少数较宽天然裂缝（称之为主天然裂缝）得到大多数酸液，缝宽变得更宽，如图 5-5 中的粗线所示，而微裂缝得到的酸液可以忽略而停止增长，如图中虚线所示。地层中的裂缝分布规律极其复杂，为模拟可行性，假设其分布具有周期性，因而在数值计算中可以选用一个单元，通过施加周期性边界条件实现。

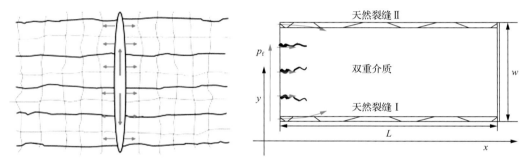

图 5-5　酸压滤失示意图及滤失计算单元

p_f 为裂缝系统压力；w 为缝高；L 为缝长

计算单元分为主天然裂缝和双重介质部分（裂缝系统和基质系统）。数学模型包括以下部分。

（1）裂缝系统。

裂缝系统内流动状态方程为

$$\nabla \cdot \left(\frac{\rho_a k_f k_{ra}}{\mu_a} \nabla p_f \right) + \frac{\sigma \rho_a k_f k_{ra}}{\mu_a} (p_m - p_f) = \frac{\partial}{\partial t} (\phi \rho_a S_a)_f \tag{5-1}$$

$$\nabla \cdot \left(\frac{\rho_o k_f k_{ro}}{\mu_o} \nabla p_f \right) + \frac{\sigma \rho_o k_f k_{ro}}{\mu_o} (p_m - p_f) = \frac{\partial}{\partial t} (\phi \rho_o S_o)_f \tag{5-2}$$

式中，σ 为形状因子；ρ_a 为注入液密度；ρ_o 为油相密度；k_f 为裂缝系统渗透率；k_{ro} 为油相相对渗透率；k_{ra} 为注入相相对渗透率；μ_a 为注入液黏度；μ_o 为油相黏度；S_o 为油相饱和度；S_a 为注入相饱和度；p_f 为裂缝系统压力；p_m 为基质系统压力；ϕ 为孔隙度。

$$p_f \big|_{0,y} = p_F \tag{5-3}$$

$$\left.\frac{\partial p_{\mathrm{f}}}{\partial x}\right|_{L,y}=0 \tag{5-4}$$

式中，p_{F} 为水力裂缝压力。

主裂缝与双重介质部分的边界满足流量相等边界条件：

$$p_{\mathrm{f}}(x,y,t=0)=p_{\mathrm{r}} \tag{5-5}$$

$$S_{\mathrm{fo}}(x,y,t=0)=S_{\mathrm{foi}} \tag{5-6}$$

$$S_{\mathrm{fa}}(x,y,t=0)=S_{\mathrm{fai}} \tag{5-7}$$

式中，S_{fo} 为裂缝系统油相饱和度；S_{foi} 为初始裂缝系统油相饱和度；S_{fai} 为初始裂缝系统酸相饱和度；S_{fa} 为裂缝系统酸相饱和度；p_{r} 为油藏压力。

（2）基质系统。

基质系统内流动状态方程为

$$\frac{\sigma\rho_{\mathrm{o}}k_{\mathrm{f}}k_{\mathrm{ro}}}{\mu_{\mathrm{o}}}(p_{\mathrm{f}}-p_{\mathrm{m}})=\frac{\partial}{\partial t}(\phi\rho_{\mathrm{o}}S_{\mathrm{o}})_{\mathrm{m}} \tag{5-8}$$

$$\frac{\sigma\rho_{\mathrm{a}}k_{\mathrm{f}}k_{\mathrm{ra}}}{\mu_{\mathrm{a}}}(p_{\mathrm{f}}-p_{\mathrm{m}})=\frac{\partial}{\partial t}(\phi\rho_{\mathrm{a}}S_{\mathrm{a}})_{\mathrm{m}} \tag{5-9}$$

$$p_{\mathrm{m}}(x,y,t=0)=p_{\mathrm{r}} \tag{5-10}$$

$$S_{\mathrm{mo}}(x,y,t=0)=S_{\mathrm{moi}} \tag{5-11}$$

$$S_{\mathrm{ma}}(x,y,t=0)=S_{\mathrm{mai}} \tag{5-12}$$

式中，S_{mo} 为基质系统油相饱和度；S_{moi} 为初始基质油相饱和度；S_{ma} 为基质系统酸相饱和度；S_{mai} 为初始基质系统酸相饱和度。

（3）主天然裂缝。

主天然裂缝用 I 和 II 分别表示。连续性方程为

$$\frac{\partial}{\partial x}\left(\frac{\rho_{\mathrm{a}}}{\mu_{\mathrm{a}}}\frac{w_{\mathrm{I}}^{3}}{12}\frac{\partial}{\partial x}p_{\mathrm{I}}\right)-2\rho_{\mathrm{a}}v_{\mathrm{l}}=\frac{\partial}{\partial t}(\rho_{\mathrm{a}}w_{\mathrm{I}}) \tag{5-13}$$

$$\frac{\partial}{\partial x}\left(\frac{\rho_{\mathrm{a}}}{\mu_{\mathrm{a}}}\frac{w_{\mathrm{II}}^{3}}{12}\frac{\partial}{\partial x}p_{\mathrm{II}}\right)-2\rho_{\mathrm{a}}v_{\mathrm{l}}=\frac{\partial}{\partial t}(\rho_{\mathrm{a}}w_{\mathrm{II}}) \tag{5-14}$$

式中，w_{I} 和 w_{II} 分别为裂缝 I 和 II 的宽度；p_{I} 和 p_{II} 分别为裂缝 I 和 II 内的压力；v_{l} 为主天然裂缝在双重介质中的滤失量。

$$\left.p_{\mathrm{I,II}}\right|_{x=0}=p_{\mathrm{F}} \tag{5-15}$$

$$\left.\frac{\partial p_{I,II}}{\partial x}\right|_{x=L} = 0 \tag{5-16}$$

$$p_{I,II}(x, t=0) = p_r \tag{5-17}$$

主天然裂缝中的酸浓度方程：

$$\frac{\partial}{\partial x}\left(\frac{C_{DI} w_I^3}{12\mu}\frac{\partial p_I}{\partial x}\right) - 2C_{DI} v_l - 2C_{DI} K_g = \frac{\partial w_I C_{DI}}{\partial t} \tag{5-18}$$

$$\frac{\partial}{\partial x}\left(\frac{C_{DII} w_{II}^3}{12\mu}\frac{\partial p_{II}}{\partial x}\right) - 2C_{DII} v_l - 2C_{DII} K_g = \frac{\partial w_{II} C_{DII}}{\partial t} \tag{5-19}$$

式中，$C_D = C / C_i$，其中 C_i 为注入酸浓度的质量分数，%；K_g 为传质系数。

$$\left. C_{DI,II}\right|_{x=0} = 1 \tag{5-20}$$

$$\left.\frac{\partial C_{DI,II}}{\partial x}\right|_{x=L} = 0 \tag{5-21}$$

$$C_{DI,II}(x, t=0) = 0 \tag{5-22}$$

主天然裂缝宽度变化方程：

$$\frac{\partial w_I}{\partial t} = \frac{\beta C_i C_{DI}}{\rho_r (1-\phi)}(2\eta v_l + 2K_g) \tag{5-23}$$

$$\frac{\partial w_{II}}{\partial t} = \frac{\beta C_i C_{DII}}{\rho_r (1-\phi)}(2\eta v_l + 2K_g) \tag{5-24}$$

式中，η 为从主裂缝滤失到双重介质中的酸液与裂缝表面发生反应的比例；β 为酸液质量溶解力；ρ_r 为岩石密度。

2) 滑溜水注入量对酸液滤失的影响

根据塔河碳酸盐岩Ⅲ类储层地质特征和物性参数，采用表 5-3 中参数进行模拟（来源于塔河深穿透酸压中典型的施工参数）。模拟中先注入滑溜水，再注入酸液。酸液注入时间为 2h，通过变化滑溜水注入时间来分析滑溜水注入量对酸液滤失量的影响。不同滑溜水注入时间下，地层压力分布不同，后续酸液滤失量也就不同，通过对比不同滑溜水注入时间下的酸液滤失，建立酸液滤失量与滑溜水注入量间的关系，为优化滑溜水注入量提供依据。为考虑不同地层压力对滑溜水注入量的影响，计算了油藏压力分别为 57MPa 和 40MPa 下滑溜水注入流量与酸液滤失量间的关系。酸液滤失包括两部分：一是通过主天然裂缝；二是通过主天然裂缝之外的地方，即微裂缝与基质。

表 5-3　油藏及流体基础数据

参数	参数值	参数	参数值
人工裂缝压力/MPa	100	酸压缩系数/MPa^{-1}	1×10^{-10}
油藏压力/MPa	65	油藏流体压缩系数/MPa^{-1}	10×10^{-10}
裂缝渗透率/μm^2	0.03	基质压缩系数/MPa^{-1}	8×10^{-10}
基质渗透率/μm^2	0.0005	天然裂缝压缩系数/MPa^{-1}	8×10^{-10}
裂缝孔隙度/%	3	酸黏度/(mPa·s)	47
基质孔隙度/%	0.5	油藏流体黏度/(mPa·s)	5
裂缝 I 宽度/μm	50	酸浓度/%	20
裂缝 II 宽度/μm	50	裂缝 I 与裂缝 II 之间的距离/m	2

图 5-6 和图 5-7 分别表示滑溜水注入时间为 0h、2h 及 4h、7h 的滤失量随时间变化，该滤失量为滑溜水滤失量和酸液滤失量的总和，图形上拐弯的地方为酸液滤失开始时间。滑溜水注入阶段，没有酸岩反应，滤失规律为非反应性液体滤失规律。酸液滤失阶段，酸岩反应减少了渗流阻力，滤失量突然增大，在滤失曲线上出现明显拐点。酸液滤失时间为 2h，总的注入时间随滑溜水注入时间而变化。当不注入滑溜水时，滤失曲线只反映

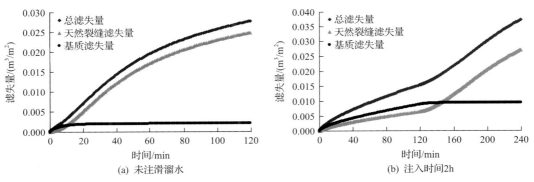

(a) 未注滑溜水　　　　　　(b) 注入时间2h

图 5-6　注入时间为 0h 和 2h 时滤失量随时间变化

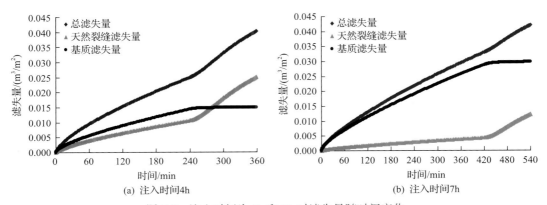

(a) 注入时间4h　　　　　　(b) 注入时间7h

图 5-7　注入时间为 4h 和 7h 时滤失量随时间变化

酸液滤失规律，如图 5-6 所示，一开始滤失增加很快，后来增长速度放缓，因为到后期油藏压缩性影响占主导地位。图 5-6 和图 5-7 还表明，主天然裂缝主导滤失，通过微裂缝与基质部分滤失的酸液比例很小。当注入滑溜水+酸液时，滑溜水注入阶段，滤失量增长较慢；当注入酸液时，滤失量陡然增加。滑溜水注入时间越长，注入酸液阶段酸液滤失量增长越缓慢，因为滑溜水注入时间越长，地层压力上升越高，降低了酸液滤失压差，也就降低了酸液滤失量和酸溶作用对滤失的促进作用。

图 5-8 表明，酸液滤失量随滑溜水注入时间的变化。当滑溜水注入时间较短时，酸液滤失量随滑溜水注入时间增加而降低很快，注入一定时间后，降低幅度明显减缓。该图表明，油藏压力为 65MPa 时，曲线拐点在 150min 左右，说明滑溜水注入时间应该在 150min，此后，增加滑溜水注入量对酸液滤失降低贡献不明显。当油藏压力 50MPa 时，240min 左右时酸液滤失出现拐点。模拟中人工裂缝里的压力采用典型的施工压力，地层压力和其他地层参数使用塔河油田的参数，相当于模拟中使用 $7m^3/min$ 的排量。按照该排量计算，65MPa 地层压力对应的优化滑溜水注入量为 $1000m^3$ 左右，50MPa 地层压力对应的滑溜水优化为注入量 $1700m^3$ 左右。

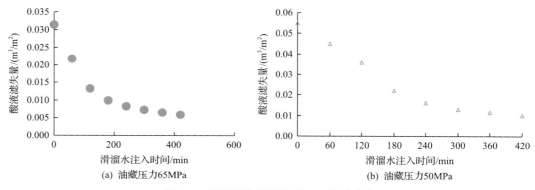

图 5-8　酸液滤失量随滑溜水时间的变化

3. 前置液黏度与缝长、缝高关系

前置液用于造缝、冷却裂缝和降低后续酸液滤失，前置液属性影响裂缝几何尺寸和酸液作用距离。增加前置液黏度，虽然降低液体滤失，但黏度增加井底施工压力，导致难以控制裂缝高度增长。因此，有必要研究前置液黏度与缝长和缝高的关系，为选择前置液提供依据。

1) 裂缝扩展模型

通常水力压裂裂缝在长度、高度和宽度三个方向上同时延伸，裂缝高度既随施工时间的增加而增加，又沿着裂缝长度逐渐减小，因此，需要用三维模型模拟裂缝延伸过程(图 5-9)。在裂缝三维延伸模型中做了如下假设：①油层岩石为理想线弹性断裂体；②压裂液为不可压缩幂律型液体；③裂缝两翼以井筒为轴心对称分布；④压裂液在裂缝中沿缝长方向作一维流动。裂缝三维延伸模型包括以下四个数学方程：

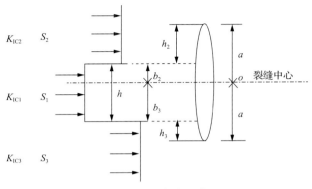

图 5-9 裂缝高度示意图

h_2 为向上穿层厚度，m；S_2 为上隔层层应力，MPa；K_{IC2} 为隔层断裂韧性，MPa·m$^{1/2}$；h 为储层厚度，m；
S_1 为储层应力，MPa；K_{IC1} 为储层断裂韧性，MPa·m$^{1/2}$；h_3 为向下穿层厚度，m；S_3 为下隔层应力，MPa；
K_{IC3} 为断裂韧性，MPa·m$^{1/2}$；a 为裂缝半缝高，m；b_2 为储层中上缝高，m；b_3 为储层中下缝高，m

（1）缝中流体流动连续性方程。

假设压裂液不可压缩，那么注入到裂缝中的压裂液一部分用于充填裂缝，另一部分滤失于地层。根据质量守恒原理，有如下关系：裂缝总体积+滤失总体积=注入压裂液体积。

沿裂缝长度方向取一单元体，在 x 处体积流量为 $q(x,t)$，设 v_1 为单元长度上的体积滤失速度，则根据体积平衡原理有

$$-\frac{\partial q(x,t)}{\partial x} = \frac{2h(x,t)c_t}{\sqrt{t-\tau(x)}} + \frac{\partial A(x,t)}{\partial t} \tag{5-25}$$

式中，$q(x,t)$ 为 t 时刻缝内 x 处的流体流量，m^3/s；$A(x,t)$ 为 t 时刻缝内 x 处的横截面面积，$A(x,t)=\int_{-a}^{a} w(x,z,t)\mathrm{d}x$，m^2，$w(x,z,t)$ 为 t 时刻缝内 x 处横截面上的 z 处宽度分布，m；$h(x,t)$ 为 t 时刻缝内 x 处的缝高，m；t 为施工时间，s；c_t 为压裂液综合滤失系数，m/s$^{1/2}$；$\tau(x)$ 为 t 时刻压裂液到达 x 处所需时间，s。

（2）缝中流体流动的压降方程。

压裂裂缝的横截面既不是矩形也不是椭圆，而是与椭圆很接近的一种形状。根据 Nolte[2] 对平行板缝中流体流动的压降方程，引入管道形状因子 $\Phi(n)$，裂缝中某一位置处的压力梯度表为

$$\frac{\partial p(x,t)}{\partial x} = -2^{n+1}\left[\frac{(2n+1)q(x,t)}{n\Phi(n)h(x,t)}\right]^n \frac{k}{w(x,0,t)^{2n+1}} \tag{5-26}$$

式中，n 为幂律型压裂液的流态指数，无因次；k 为幂律型压裂液的稠度系数，Pa·s^n；$\Phi(n)$ 为形状因子，其表达式为

$$\Phi(n) = \int_{-0.5}^{0.5} \left[\frac{w(x,z,t)}{w(x,0,t)} \right]^m \mathrm{d}\left(\frac{z}{h(x,t)} \right), \qquad m = \frac{2n+1}{n} \tag{5-27}$$

(3)裂缝宽度方程。

当用垂直横剖面把裂缝沿长度分成若干段时,每一垂直横剖面可看成是平面应变问题中的一条线裂纹,这些线裂纹彼此独立不受邻近剖面的影响。

裂缝内净压力分布为

$$p(z) = f(z) + g(z) \tag{5-28}$$

式中,$f(z)$ 为裂缝壁面受到的偶分布应力函数;$g(z)$ 为裂缝壁面受到的奇分布应力函数。

根据相关研究[3],在裂缝内净压力作用下弹性体中二维狭长裂缝任一坐标 z 处的宽度为

$$w(x,z,t) = -16 \frac{1 - \nu(z)^2}{E(z)} \int_{|z|}^{l} \frac{F(\tau) + zG(\tau)}{\sqrt{\tau^2 - z^2}} \mathrm{d}\tau \tag{5-29}$$

式中,l 为裂缝长度;$\nu(z)$ 为不同位置上的泊松比;$F(\tau)$ 和 $G(\tau)$ 的表达式如下:

$$F(\tau) = -\frac{\tau}{2\pi} \int_0^\tau \frac{f(z)}{\sqrt{\tau^2 - z^2}} \mathrm{d}z$$

$$G(\tau) = -\frac{1}{2\pi\tau} \int_0^\tau \frac{zg(z)}{\sqrt{\tau^2 - z^2}} \mathrm{d}z$$

设产层有效厚度 H_p,裂缝上扩和下延高度分别为 $h_u(x,t)$、$h_l(x,t)$,裂缝横截面中心距盖层和底层界面的距离分别为 z_a、z_b,则裂缝高度:

$$h(x,t) = h_u(x,t) + h_l(x,t) \tag{5-30}$$

$$z_a = \frac{H_p + h_l(x,t) - h_u(x,t)}{2} \tag{5-31}$$

$$z_b = \frac{-H_p - h_l(x,t) + h_u(x,t)}{2} \tag{5-32}$$

当裂缝上下都穿层(模型 I)时,裂缝内净压(即流压–最小水平地应力)分布为

$$p(z) = \begin{cases} p_f(x,t) - S_2, & z_a < z \leqslant l \\ p_f(x,t) - S_1, & z_b < z \leqslant z_a \\ p_f(x,t) - S_3, & -l \leqslant z \leqslant z_b \end{cases} \tag{5-33}$$

式中,$l = \dfrac{h(x,t)}{2}$;S_1 为储层应力,MPa;S_2 为上隔层层应力,MPa;S_3 为下隔层层应力,MPa。

当裂缝上下都不穿层（模型 II）时：

$$p(z) = p_f(x,t) - S_1 \tag{5-34}$$

$$w(x,z,t) = \frac{4(1 - v_1^2)}{E_1}(p_f - S_1)\sqrt{l^2 - z^2} \tag{5-35}$$

式中，v_1 为储层泊松比；E_1 为储层弹性模量。

（4）裂缝高度方程。

依据断裂力学中裂纹延伸准则建立裂缝单元的高度控制方程。

裂缝上下穿层（模型 I）时，缝内的净压分布同式（5-33）。

由线弹性断裂力学的理论，裂缝横截面上的上下两端的应力强度因子可由式（5-36）和式（5-37）计算：

$$K_{I2} = \frac{1}{\sqrt{\pi l}} \int_{-l}^{l} p(z)\sqrt{\frac{l+z}{l-z}}\mathrm{d}z \tag{5-36}$$

$$K_{I3} = -\frac{1}{\sqrt{\pi l}} \int_{l}^{-l} p(z)\sqrt{\frac{l-z}{l+z}}\mathrm{d}z \tag{5-37}$$

结合裂缝延伸准则，令 $K_{I2} = K_{IC2}$，$K_{I3} = K_{IC3}$

$$\sqrt{\pi l}K_{IC2} = (S_3 - S_1)\left(\sqrt{l^2 - z_b^2} - l\sin^{-1}\frac{z_b}{l}\right) \\ - (S_2 - S_1)\left(\sqrt{l^2 - z_a^2} - l\sin^{-1}\frac{z_a}{l}\right) + \pi l\left(p_f - \frac{S_2 + S_3}{2}\right) \tag{5-38}$$

$$-\sqrt{\pi l}K_{IC3} = (S_3 - S_1)\left(\sqrt{l^2 - z_b^2} + l\sin^{-1}\frac{z_b}{l}\right) \\ - (S_2 - S_1)\left(\sqrt{l^2 - z_a^2} + l\sin^{-1}\frac{z_a}{l}\right) - \pi l\left(p_f - \frac{S_2 + S_3}{2}\right) \tag{5-39}$$

当裂缝上下都不穿层（模型 II）时，缝内的净压分布如式（5-34）所示。

结合裂缝延伸准则，$K_{I1} = K_{IC1}$，得

$$K_{IC1} = \frac{1}{\sqrt{\pi l}} \int_{-l}^{l} (p_f - S_1)\sqrt{\frac{l+z}{l-z}}\mathrm{d}z = (p_f - S)\sqrt{\pi l} \tag{5-40}$$

式中，S 为裂缝位置的应力。

2）前置液黏度对缝长、缝高的影响

影响水力压裂裂缝三维延伸的因素较多，大致可以分为地层因素、压裂液性能和施工参数三大类。对于裂缝高度，各因素影响由强到弱的顺序为：地层应力差、施工排量、

岩石弹性模量、压裂液流态指数、断裂韧性、压裂液滤失系数、压裂液稠度系数、施工规模。由于地层参数对压裂而言是不可控制参数，而压裂液性能和施工参数为可控制参数。目前国内外学者的研究结果几乎一致认为，储层和隔层的水平地应力差是影响裂缝垂向延伸的主要因素。

从塔河油田测井数据解释解结果可以看出，塔河油田储层水平最小主应力分布具有如下特点：

（1）储集层上下隔层基本没有应力差，例如 S76 井 5615m 井段上下长井段隔层。

（2）储集层上下隔层主应力差很小，例如 S86 井 5710m 井段上下长井段隔层应力差小于 0.5MPa。

（3）储集层上下隔层主应力差很大，例如 S112 井 6340m 层上下长井段隔层应力差大于 12MPa。该类储层裂缝高度可以得到有效控制。

塔河油田碳酸盐岩储/隔层应力差一般小于 2MPa，酸压裂缝高度必然很高，测试结果也证实了这一点。压裂液性能对缝高的影响较大，尤其是高黏度的压裂液将使缝高增加。下面模拟了不同前置液黏度下的裂缝长度和裂缝高度（模拟基本参数见表 5-4）。这里模拟了 12mPa·s、100mPa·s 和 200mPa·s 下不同前置液注入量下的缝长和缝高（表 5-5）。增加前置液黏度，增加了前置液效率，裂缝长度增加。要实现相同缝长，高黏前置液需要注入的量少，但高黏前置液使缝高增加，因此，选取前置液黏度应从控缝高、注入量、需要实现的裂缝长度和经济方面综合考虑。

表 5-4　油藏及流体基础数据

参数	参数值	参数	参数值
弹性模量 E/GPa	40	渗透率/$10^{-3}\mu m^2$	15
地层温度/℃	130	泊松比	0.23
储层厚度/m	50	油藏压力/MPa	57
断裂韧性/(MPa·m$^{1/2}$)	0.6	油藏流体黏度/(mPa·s)	24
注入排量/(m^3/min)	7	裂缝闭合压力/MPa	112
隔层应力差/MPa	1.5		

表 5-5　前置液黏度与裂缝尺寸、注入量关系

前置液黏度/(mPa·s)	缝长及缝高	注入量				
		300m^3	500m^3	1000m^3	1500m^3	2000m^3
12	缝长/m	76.2	99.6	134.8	157.7	175.5
	缝高/m	50.0	50.4	54.2	61.3	66.5
100	缝长/m	88.9	114.1	147.7	173.2	194.5
	缝高/m	50.2	51.8	62	72.1	81.2
200	缝长/m	98.9	123.8	161.2	189.8	213
	缝高/m	50.5	54.8	67.2	78.2	89.4

5.1.2　深穿透酸压主体酸优化

1. 酸蚀裂缝导流能力实验

酸压导流能力由酸蚀裂缝表面形状、岩石抗变形能力和闭合应力决定，酸蚀裂缝表面形状则由裂缝表面岩性和渗透率分布、酸液类型、过酸量和流速决定，岩石抗变形能力主要由弹性模量和岩石嵌入强度决定，酸岩反应会影响岩石的这些物理性质，闭合应力为最小主应力与裂缝里液体压力之差[4]。这里用实验方法研究塔河油田酸压中酸蚀裂缝表面形状、裂缝导流能力随闭合应力的变化规律，为数值模拟中计算导流能力提供依据。实验中采油塔河油田地面露头岩心和深穿透酸压中的酸液体系，测试酸液用量、排量、酸类型和闭合应力对酸蚀裂缝导流能力的影响。

实验材料和过程如下：

胶凝酸配方：20%HCl+0.8%胶凝剂+2.0%高温缓蚀剂+1.0%助排剂+1.0%铁离子稳定剂+1.0%破乳剂。

滑溜水配方：0.45%瓜尔胶 + 0.1%杀菌剂+清水。

实验参数如表 5-6 所示。

岩板较致密，实验压差下在垂直于岩板方向几乎没有滤失。岩板较均质，过酸后较平。酸用量对酸蚀量影响较大，300mL、600mL 和 900mL 胶凝酸溶蚀岩石较少，得到的导流能力很低。当酸用量增加到 2000mL 时，酸溶作用稍明显一些，但其对应的导流能力仍很低。胶凝酸反应速度较慢，实验中没有明显的滤失，岩溶量较少，且岩板较均质，这些都不利于沟槽的形成。用 20%的普通盐酸 2000mL 时，酸蚀较明显，裂缝表面凹凸不平。用 4000mL 胶凝酸时，腐蚀表面沟槽较明显，如图 5-10 所示，其导流能力较强，如图 5-11 所示。

表 5-6　酸蚀裂缝导流能力实验参数

序号	酸液类型	酸液用量/时间	岩板号	长/mm	宽/mm	厚/mm	总厚/mm 酸前	总厚/mm 酸后
1	胶凝酸		1#	174.71	36.01	23.76	47.84	46.933
			2#	174.68	36.88	24.08		
2	胶凝酸	900mL/60min	3#	173.82	37.44	22.91	46.82	45.659
			4#	174.01	37.25	23.91		
3	胶凝酸		7#	173.97	37.49	23.73	47.23	45.013
			8#	174.05	37.17	23.5		
4	胶凝酸		9#	174.16	36.98	23.95	47.83	46.182
			10#	174.11	36.8	23.88		
5	胶凝酸	600mL/40min	15#	174.63	37.02	24.01	47.85	46.689
			16#	174.65	37.06	23.84		
6	胶凝酸		17#	174.42	37.4	23.14	45.93	45.473
			18#	174.4	37.54	22.79		

续表

序号	酸液类型	酸液用量/时间	岩板号	长/mm	宽/mm	厚/mm	总厚/mm	
							酸前	酸后
7	胶凝酸		5#	174.35	37.2	23.12	46.11	45.185
			6#	174.32	37.43	22.99		
8	胶凝酸	300mL/20min	11#	174.66	36.94	23.92	47.87	46.874
			12#	174.58	36.27	23.95		
9	高温胶凝酸		13#	174.29	37.51	23.89	47.89	46.29
			14#	174.18	36.79	24		
10	胶凝酸	2000mL/80min	19#	174.23	37.42	23.61	47.39	45.79
			20#	174.38	37.12	23.78		
11	胶凝酸+滑溜水 三级交替注入	900mL+900mL /72min	21#	174.54	37.16	23.37	46.58	45.976
			22#	174.68	37.19	23.21		
12	20%HCl	2000mL/80min	23#	174.53	37.65	23.22	47.46	43.82
			24#	174.42	37.23	24.24		
13	胶凝酸	4000mL/160min	25#	174.13	37.34	24	48.56	45.08
			26#	174.28	37.25	24.56		
14	胶凝酸+滑溜水 3级交替注入	4000mL+4000mL /320min	27#	174.31	37.19	23.62	47.58	44.478
			28#	174.36	37.15	23.96		
15	胶凝酸+滑溜水 7级交替注入	4000mL+4000mL /320min	29#	174.69	37.33	23.52	46.65	45.058
			30#	174.72	37.12	23.13		

注：酸液用量数据中，前一个数据是胶凝酸用量，后一个数据是滑溜水用量。

为研究多级交替注入对酸蚀导流能力的影响，采用 3 级和 7 级交替注入方式，注酸量为 4000mL，3 级和 7 级注入时均得到较粗糙的裂缝表面，如图 5-12 和图 5-13 所示，其对应导流能力也较高，如图 5-11 所示。多级交替注入对酸蚀孔洞较明显的岩板影响较大，因为前置液注入填充酸蚀孔洞，影响滤失，从而影响导流能力。在该实验中，岩心较致密，几乎没有滤失，因此，多级交替注入对导流能力影响较小。

导流能力随闭合压力下降较快，当闭合应力大于 45MPa 时，导流能力下降较慢。个别岩心在闭合应力增加到 60MPa 后破裂，但岩板表面没有压碎痕迹(图 5-12)，说明酸岩反应对岩石强度破坏较小。岩石非均质性对导流能力影响较大，粗糙表面是形成导流能力的基础。在滤失较小的情况下，仅靠岩性反应速度上的差异形成粗糙裂缝表面。灰岩与盐酸的反应受传质速度控制，在没有紊流影响下，各点反应速度差异较小，难以形成粗糙表面，一部分岩溶量为无效岩溶，得到的导流能力远远小于预计的导流能力。

图 5-10　25#、26#岩板腐蚀表面(4000mL 胶凝酸/160min，单级注入)

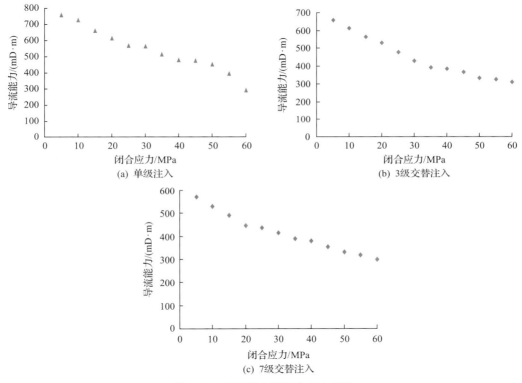

(a) 单级注入

(b) 3级交替注入

(c) 7级交替注入

图 5-11　导流能力随闭合压力变化

图 5-12　27#、28#岩板腐蚀表面(4000mL 脱凝酸+4000mL 滑溜水/320min，3 级注入)

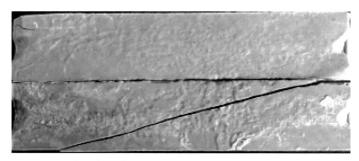

图 5-13　29#、30#岩板腐蚀表面(4000mL 酸+4000mL 滑溜水/320min，7 级注入)

2. 酸液黏度对有效缝长的影响

酸液通过酸岩反应速度和滤失量影响酸蚀缝长，酸岩反应速度由表面反应速度、酸液传质系数和温度决定[5]。塔河油田酸压中用的酸液体系已测定反应速度和传质系数，所以这里仅研究酸液黏度的影响。酸液黏度反应酸液滤失渗流阻力，增加黏度，有利于降低滤失量。用前面的酸液流动反应模型，模拟不同酸液黏度对滤失量的影响。先模拟出酸液滤失降低曲线出现拐点时对应的滑溜水注入时间，即优化注入时间，优化结果为滑溜水注入 3.5h，后面注入酸液 2h。图 5-14 为不同酸液黏度下的酸液滤失量。20mPa·s、50mPa·s、80mPa·s、150mPa·s、300mPa·s 黏度的酸液滤失量在滑溜水滤失的基础上(即3.5h 后)增加了 0.024m³/m²、0.016m³/m²、0.014m³/m²、0.01m³/m² 和 0.05m³/m²。黏度为80mPa·s 比 20mPa·s 时滤失量减少近 1 半。因此，保持酸液在地层中的高黏度对降低滤失量非常重要。

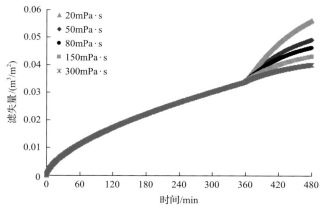

图 5-14　酸液黏度对滤失量的影响

模型分析酸液黏度对酸蚀缝长的影响(模拟参数见表 5-7)。图 5-15 模拟结果显示，增加酸液黏度能增加有效酸蚀缝长。黏度较低时，增加黏度，缝长增加显著，酸液黏度较高时，缝长增加变缓或趋平。该曲线表明，酸液黏度低于 50mPa·s 时，增加酸液黏度使缝长增加潜力较大。酸液黏度高于 50mPa·s 后，一是在高温条件下难以再提高黏度，二是增加黏度对酸蚀缝长的贡献降低。

表 5-7 模拟中用的基本参数

参数	参数值	参数	参数值
前置液稠度系数	0.0192	前置液流态指数(80℃)	0.9
稠化酸稠度系数	0.52	稠化酸流态指数	0.58
稠化酸反应级数	0.5937	稠化酸反应速度常数	3.67×10^{-4}
反应活化能/(J/mol)	12625	排量/(m³/min)	7
酸液类型	塔河胶凝酸	稠化酸注入量/m³	700
前置液注入量/m³	1500	顶替液量/m³	300
弹性模量 E/GPa	40	渗透率/$10^{-3}\mu m^2$	15
地层温度/℃	130	泊松比	0.23
储层厚度/m	50	油藏压力/MPa	57
断裂韧性/(MPa·m$^{1/2}$)	0.6	油藏流体黏度/(mPa·s)	24
隔层应力差/MPa	1.5	裂缝闭合压力/MPa	112

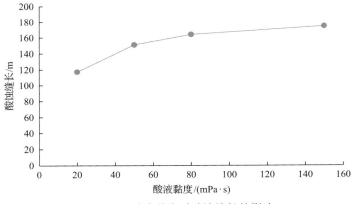

图 5-15 酸液黏度对酸蚀缝长的影响

3. 酸液用量及施工参数影响

1) 酸液用量影响

酸液是酸压导流能力形成的有效成分,只有通过酸岩反应得到粗糙的裂缝表面才能形成导流能力,导流能力大小与岩石溶解量有关,岩溶量与酸注入量有关[6]。有效酸蚀缝长与酸注入量有关,注入量越大,酸作用距离越远。由于酸岩反应和滤失作用,酸蚀缝长不会随注酸量无限制增加,酸蚀缝长增长会随注酸量逐渐减缓,因此酸液规模存在一合理值或范围。下面模拟酸蚀裂缝导流能力和有效酸蚀缝长随注酸量变化规律,注酸量分别为 300m³、500m³、700m³、900m³、1100m³ 和 1400m³ 时的酸蚀缝长如图 5-16 所示。增加注酸量,导流能力和有效酸蚀缝长都增加,因为岩溶量和活酸作用距离增加,刚开始增加幅度较大,注酸量大于 700m³ 后,酸蚀缝长增长变缓,注 700m³ 酸后,增加一倍酸液用量,酸蚀缝长仅增加 10m 左右。在模拟使用条件下,700m³ 左右酸量较合适。

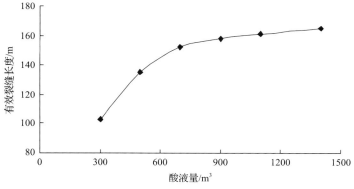

图 5-16 有效酸蚀缝长随酸液量变化

2）施工参数影响

酸岩反应是发生在矿物表面的复相反应，降低面容比有利于降低总体反应速度，排量决定酸液在裂缝里的流速，增加排量相当于减小面容比，从而降低总体反应速度，增加活酸作用距离。图 5-17 显示有效酸蚀缝长随排量的变化规律，排量较低时，大部分酸液消耗在井底附近，酸蚀裂缝较短，近井地带裂缝导流能力较强，类似于短宽缝。增加排量，有效酸蚀缝长增加，近井裂缝导流能力较低，裂缝根部到端部的导流能力差异相对较小，即变为长窄缝。当排量大于 $7m^3/min$ 后，酸蚀缝长增加相对减缓。在排量为 $11m^3/min$ 时，近井带裂缝导流过低，而在远端裂缝导流能力略微上翘，说明高排量下没来得及反应的酸被顶替液顶入裂缝远端，增加了远端导流能力。排量过高，对施工设备、井口以及管柱管线要求过高。现场推荐排量为 $7\sim9m^3/min$。

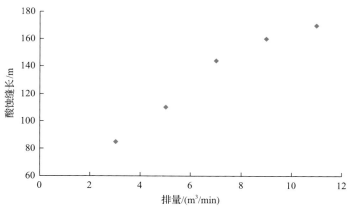

图 5-17 有效酸蚀缝长随排量变化

5.1.3 深穿透酸压过顶替研究

酸压后若立即停泵，近井地带裂缝里酸液浓度较高，停泵后，酸液继续滤失，同时通过扩散和对流方式运移到裂缝表面反应，使近井裂缝里导流能力较强，而远离井底裂缝的导流能力迅速降低，限制了有效酸蚀距离。深穿透酸压中，使用过量顶替液，不仅将井筒里的酸液顶入地层，还将近井地带的酸液顶入裂缝远端，增加活酸作用距离。顶替酸液时，酸液在裂缝里向前流动，同时继续滤失和与裂缝表面反应。随顶替过程进行，酸液浓度逐渐降低，当酸浓度为 3%～5%时，酸液将失去活性，不能再增加酸蚀缝长，因此需要优化顶替液量，使活酸距离最大化。

为研究顶替液量对酸蚀缝长的影响，在保持其他所有参数不变的情况下，改变顶替液量，模拟相应的酸蚀缝长(模拟参数见表 5-8)。

图 5-18 显示酸蚀缝长随顶替液量变化关系。无顶替液表示仅注入前置液和酸液，其对应的酸蚀缝长 142m。随顶替液量增加，有效酸蚀缝长增加，刚开始酸蚀缝长增加较快，随后增加放缓慢，顶替液量达到 300m³ 时，酸蚀缝长基本不增加。随顶替液量增加，因为滤失量和反应消耗的酸液量增加，裂缝中酸浓度逐渐降低，且裂缝中高浓度酸液区域逐渐远离井底。当顶替液量大于 300m³ 时，所有酸液失去活性。模拟结果表明，顶替液量增加有效酸蚀缝长有限，增加酸蚀缝长 10m 左右。过量顶替另一个作用是能避免近井裂缝过度溶蚀。随着顶替液用量的增加，动态缝长、缝高及缝口导流能力变化不大，有效酸蚀裂缝长度明显增长，顶替液量达到 300～400m³ 以后酸蚀裂缝增加效果不明显，因此最佳顶替液用量为 300～400m³。

表 5-8　油藏及顶替液注入参数

参数	参数值	参数	参数值
地层温度/℃	130	泊松比	0.23
弹性模量 E/GPa	40	渗透率/$10^{-3}\mu m^2$	15
储层厚度/m	50	油藏压力/MPa	57
断裂韧性/(MPa·m$^{1/2}$)	0.6	油藏流体黏度/(mPa·s)	24
注入排量/(m³/min)	7	裂缝闭合压力/MPa	112
隔层应力差/MPa	1.5	前置液量(滑溜水)/m³	1500
排量/(m³/min)	7	酸液量/m³	700
酸液类型	胶凝酸	顶替液量(滑溜水)/m³	0～400

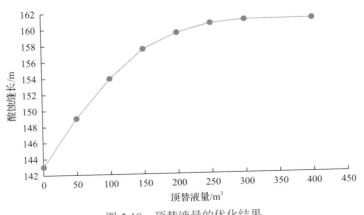

图 5-18　顶替液量的优化结果

5.1.4 深穿透酸压交替注入优化

在塔河油田深穿透酸压中没采取多级交替注入方式，而是前期注入大量滑溜水，后期一次性注入酸液。大量滑溜水对降低滤失量的作用已在前面述及，这里研究滑溜水与酸液交替注入对酸液滤失量和有效酸蚀缝长的影响。

酸液滤失的本质是酸液在油藏里的流动和反应，用前面开发的模型模拟多级交替注入，对比滤失量随注入级数的变化，分析交替注入级数对降低酸液滤失的作用[7-9]。模拟中前置液注入量恒定为 2100m³，酸液注入时间固定为 2h，通过对比酸液滤失量，分析多级交替注入对滤失量的影响（具体参数见表 5-9）。多级注入时，前置液注入时按注入量平均分配，酸液注入按时间平均分配，单级注入时，先注入滑溜水，再注入酸液。

表 5-9 油藏、地层滤失及酸液注入参数

参数	参数值	参数	参数值
裂缝净压力/MPa	100	酸压缩系数/MPa⁻¹	1×10^{-4}
油藏压力/MPa	57	油藏流体压缩系数/MPa⁻¹	10×10^{-4}
裂缝渗透率/μm²	0.03	基质压缩系数/MPa⁻¹	8×10^{-4}
基质渗透率/μm²	0.0005	天然裂缝压缩系数/MPa⁻¹	8×10^{-4}
裂缝孔隙度/%	8	胶凝酸黏度/(mPa·s)	50
基质孔隙度/%	0.05	油藏流体黏度/(mPa·s)	24
裂缝 I 宽度/μm	50	酸浓度/%	20
裂缝 II 宽度/μm	50	裂缝 I 与裂缝 II 之间的距离/m	2
滑溜水量/m³	2100	酸液注入时间/h	2

图 5-19 为不同注入级数下的酸液滤失量，多级注入时的滤失量比单级注入滤失量大，该模拟条件下 3 级注入滤失量最大。多级注入时，相当于提前注入一些酸液，酸溶作用增加孔隙度，使滤失液体能容易进入油层深部，从而增加酸液滤失量。

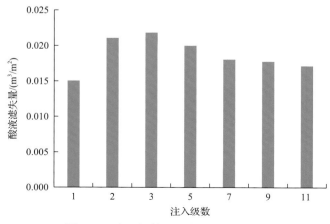

图 5-19 注入级数对酸液滤失量的影响

模拟多级交替注入对酸蚀缝长的影响时，多级交替注入时，前置液和酸液在每级中平均分配，顶替液最后一次性注入。图 5-20 显示多级注入对酸蚀缝长的影响，多级注入没有增加酸蚀缝长，反而使酸蚀缝长有所降低。多级注入不能降低酸液滤失量，另外，滑溜水黏度比酸液黏度低，多级注入不能形成指进，因此，在滑溜水与胶凝酸注入工艺中，推荐使用单级注入。

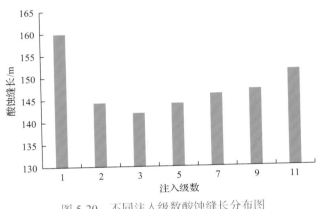

图 5-20　不同注入级数酸蚀缝长分布图

5.2　超深碳酸盐岩储层深穿透影响机制及主控因素

对不同深度的碳酸盐岩储层酸压而言，要实现深穿透的目标，必须在降滤失、控缝高、延缓酸岩反应速度(包括前置压裂液降温、高黏酸液体系)及增加酸液注入体积等方面综合优化方能实现。另外，所谓的深穿透是指在超深碳酸盐岩储层的超高闭合应力作用下仍具有一定导流能力的有效酸蚀缝长更大，而不是指简单的造缝长度更大。显然地，造缝长度与有效酸蚀缝长息息相关。如果没有充足的造缝长度为基础，也不可能提高有效酸蚀缝长。但造缝长度达到预期要求后，有效酸蚀缝长也并不一定随之呈比例增长，而是必须有合适的酸压工作液体系及工艺注入参数间的协同配合。

5.2.1　降滤失机制及主控因素

影响超深碳酸盐岩储层的滤失因素主要有综合滤失(包括基质的滤失、天然裂缝的滤失等)、压裂液与酸液的黏度，以及酸压的工艺注入模式等[10-12]。

就综合滤失系数的影响而言，综合滤失系数越小，用于造缝及延伸的酸液体积就越大，造缝长度也会越大；反之，造缝长度就会越小。而在其他参数不变的前提下，有效酸蚀缝长也会随着造缝长度的增加而增加。不同酸压施工注入时间下，不同综合滤失系数下的造缝长度及有效酸蚀缝长的动态变化结果如图 5-21 所示。

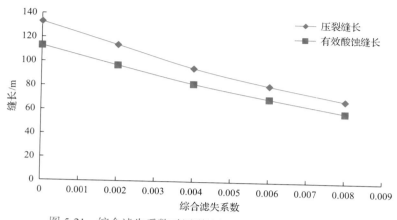

图 5-21　综合滤失系数对压裂缝长及有效酸蚀缝长的影响

　　就压裂液与酸液黏度的影响而言，在既定的油气藏温度条件及其他参数不变的前提下，压裂液与酸液的黏度越高，相应的综合滤失系数也越小，酸岩反应速度也越小，因此造缝长度及有效酸蚀缝长会越大；反之，造缝长度及有效酸蚀缝长就越小。具体模拟结果如图 5-22 和图 5-23 所示。

　　由以上模拟结果可见，相对而言，压裂液黏度对造缝长度的影响更大，而酸液黏度对有效酸蚀缝长的影响更大。就酸压工艺注入模式而言，主要包括前置液酸压、压裂液与酸液多级交替注入及闭合裂缝酸化，以及前置液与变黏度酸液交替注入等。为确保模拟结果的可靠性，在上述三种工艺注入模式下，压裂液黏度及总的体积不变、酸液总的体积不变、排量不变。具体模拟结果分别如图 5-24～图 5-26 所示。

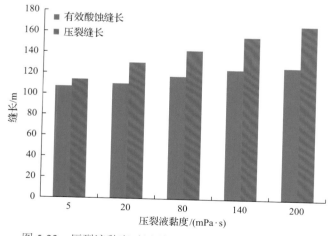

图 5-22　压裂液黏度对压裂缝长及有效酸蚀缝长的影响

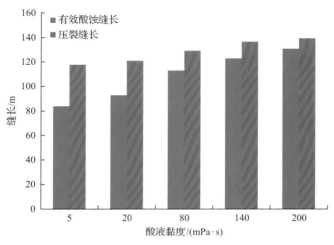

图 5-23　酸液黏度对压裂缝长及有效酸蚀缝长的影响

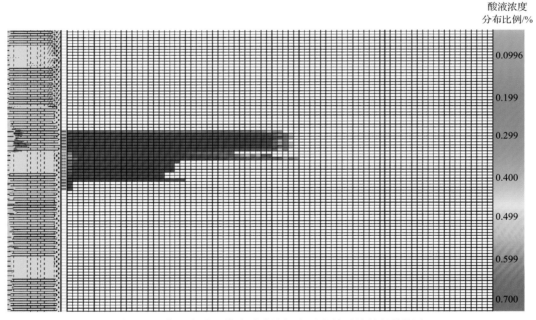

图 5-24　前置液酸压模式对造缝长度及有效酸蚀缝长的影响

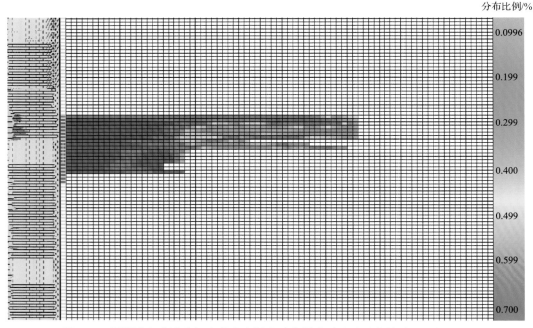

图 5-25　压裂液与酸液多级交替注入闭合酸化模式对造缝及有效酸蚀缝长的影响

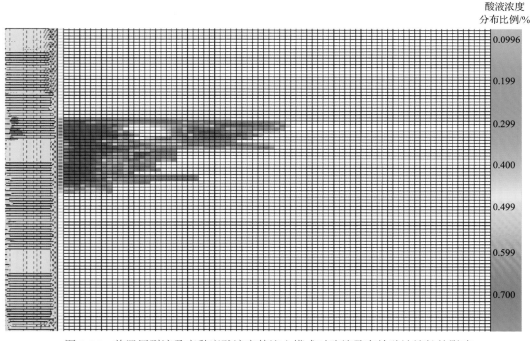

图 5-26　前置压裂液及变黏度酸液交替注入模式对造缝及有效酸蚀缝长的影响

5.2.2 控缝高机制及主控因素

对超深碳酸盐岩储层而言，高角度天然裂缝的存在，会加剧缝高的延伸程度，导致造缝长度及有效酸蚀缝长的大幅度降低。即使没有高角度天然裂缝的存在，由于碳酸盐岩储层一般为块状沉积成因，在同等施工条件下，垂向上的缝高延伸也更容易失控[13-16]。

根据体积平衡原理，在缝高不受控制地增长的前提下，造缝长度及有效酸蚀缝长都会有较大幅度的降低。不同缝高下的具体模拟结果如图 5-27 所示。

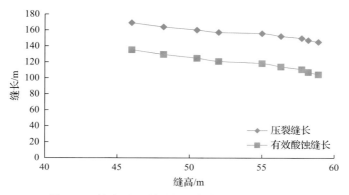

图 5-27　缝高对压裂缝长及有效酸蚀缝长的影响

缝高的影响因素主要有压裂液与酸液的黏度、体积及排量，以及人工应力隔层等[17-19]。由于碳酸盐岩一般为裸眼完井，射孔方式及参数对缝高的影响可以忽略，压裂液与酸液黏度、注入体积及注入排量等对缝高的影响结果，如图 5-28～图 5-33 所示。

对人工应力隔层而言，主要通过在造缝施工的全程注入低密度的上浮剂和高密度的下沉剂，以分别实现对上缝高及下缝高的全程控制。而以往采用上浮剂及下沉剂主要在施工的早期加入，因此对远井裂缝的缝高控制机制几乎不存在。但考虑到越往裂缝端部的缝高延伸越小，为降低上浮剂及下沉剂的用量及成本，可在施工的前半程加入上浮剂及下沉剂。

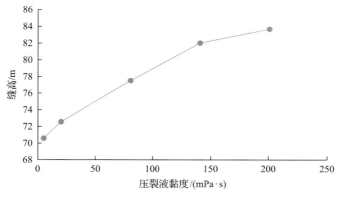

图 5-28　压裂液黏度对缝高的影响

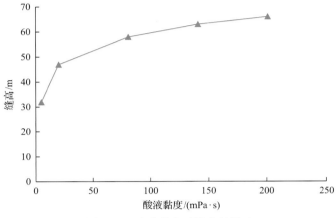

图 5-29　酸液黏度对缝高的影响

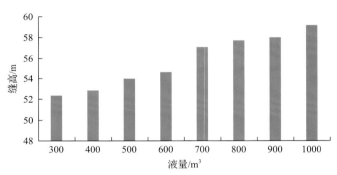

图 5-30　压裂液注入体积对缝高的影响

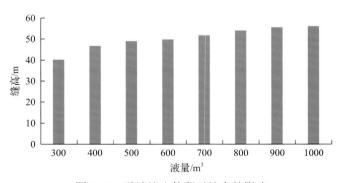

图 5-31　酸液注入体积对缝高的影响

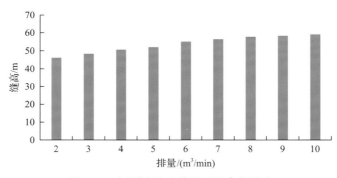

图 5-32 压裂液注入排量对缝高的影响

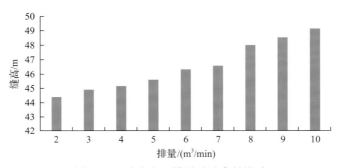

图 5-33 酸液注入排量对缝高的影响

施工前半程及全程加入上浮剂及下沉剂的对比结果如图 5-34 所示。

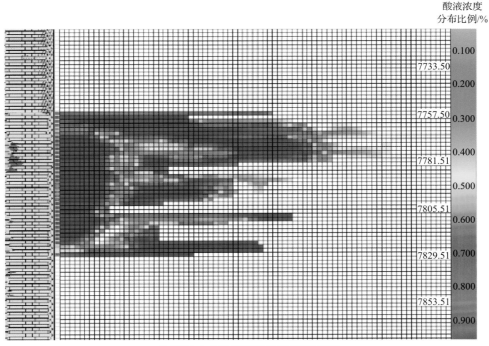

(a) 前半程加入上浮剂及下沉剂后的裂缝形态

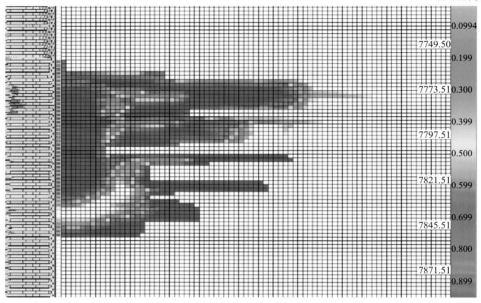

(b) 施工全程加入上浮剂及下沉剂后的裂缝形态

图 5-34　施工前半程及全程加入上浮剂及下沉剂对缝高的影响对比

　　值得指出的是，对于类似塔里木盆地顺北油藏而言，纵向上的储层厚度可能高达400m以上，因此，在酸压时不但不要求控缝高，反而要求大幅度促进缝高的延伸。由于超深碳酸盐岩储层的注入排量相对有限，很难在纵向上实现这么高的穿层要求。在该前提下要实现水平方向的深穿透目标，更是难上加难。虽然可以通过大幅度增加压裂液与酸液的体积来同时增加水平及垂向上的穿透距离(分别对应有效酸蚀缝长及有效酸蚀缝高)，但体积增加尤其是酸液的体积增加后，可能造成的后果之一就是近井筒附近酸岩过度反应刻蚀引起的基质孔隙坍塌效应(因酸压施工中所有的酸液都要经过近井筒裂缝缝口处)，进而导致缝口处裂缝导流能力的快速丧失(相当于水力压裂中的"包饺子"效应)，因此，即使有效的酸蚀缝长再长，也难以给酸压后的供油气能力提供助力作用。

　　为避免上述缝口处因酸岩过度反应引起的孔隙坍塌效应对导流能力的不利影响，可采用延缓酸岩反应速度的缓速酸体系，如高黏的地面交联酸及地下自生酸体系等。

5.2.3　延缓酸岩反应速度机制及主控因素

　　延缓酸岩反应速度的机制主要包括采用缓速酸(如有机弱酸、高黏的稠化酸或胶凝酸、多重乳化酸、地面交联酸、地下自生酸等)、前置压裂液降温、高排量注入等。不同类型的缓速酸因酸岩反应级数及反应速度常数不同，在同等施工参数的前提下，导致的有效酸蚀缝长也不同。具体模拟结果如表 5-10 所示。

表 5-10　170℃下酸蚀有效作用距离对比图

酸液浓度/%	排量/(m³/min)	有效作用距离/m		
		转向酸	交联酸	胶凝酸
10	2	25.8	11.6	12.08
	4	34.58	17	17.25
	6	42.375	21.12	21.25
15	2	44.4	16.5	17.58
	4	53.25	24.3	25.16
	6	62.1	30.3	31
20	2	59.29	20.58	22.41
	4	77.1	30.41	32.16
	6	85.8	38.12	39.6
25	2	69.12	23.25	26.41
	4	102	34.5	38
	6	114	43.25	46.87
30	2	76.08	26.5	30.5
	4	118	39.5	44
	6	144	49.62	54.3

　　碳酸盐岩储层一般天然裂缝和溶洞发育，且非均质性严重，采用非反应性的压裂液作为前置液，可以获得较好的造缝效果，尤其是低黏度压裂液还能起到探缝和有效沟通天然裂缝的作用，从而提高造缝体积。另外，前置压裂液能降低裂缝温度，减缓酸岩反应速度，并在裂缝壁面形成滤饼，从而降低后续注入酸液的滤失量，增加酸蚀裂缝有效作用距离。

　　超深碳酸盐岩储层的高温条件，使得酸液在储层中反应速率过快，例如胶凝酸在高温条件下的酸蚀有效作用距离不超过 30m。目前主要利用压裂液前期降温，酸液后期刻蚀的方式，实现储层的有效降温，减缓酸岩反应速率，提高酸液有效作用距离。根据实际情况设置压裂液的地面初始温度为 25℃，假设注入量为 200m³ 的情况下，模拟不同排量对垂直井筒温度场的影响。如图 5-35 所示，随着排量的增加，井底温度逐渐降低，但相对于地面的初始温度，压裂液到达井底的温度有所升高。

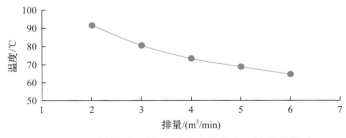

图 5-35　不同排量下的压裂液对井底降温效果的影响

根据实际情况设置压裂液的地面初始温度为 25℃，注入排量为 6m³/min，模拟不同注入量对垂直井筒温度场的影响。如图 5-36 所示，随着液量的增加，井底温度是逐渐降低的，注入液量超过 300m³ 后温度下降幅度减缓，最优注入液量为 300m³。

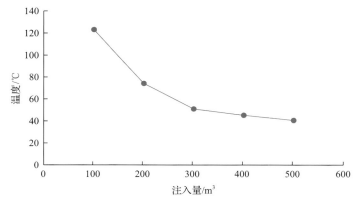

图 5-36　不同注入量下的压裂液对井底降温效果的影响

显然地，通过前置液降温后，同样的缓速酸，其酸岩反应级数及反应速度常数也不同，因此导致的有效酸蚀缝长也不同。具体模拟结果如图 5-37 所示。

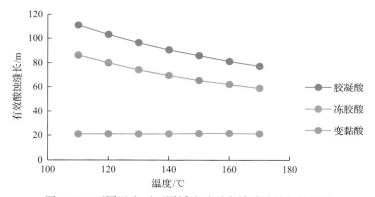

图 5-37　不同温度下不同缓速酸对有效酸蚀缝长的影响

而提高排量注入使得酸液中的氢离子释放较少的比例或还未来得及释放就被运移到裂缝深部：①降低近井裂缝地带的酸岩过度刻蚀效应(会引起岩石骨架的坍塌效应及导流能力的快速降低)；②增加远井裂缝地带的刻蚀效应及有效酸蚀缝长；③高排量还有利于提高酸液的造缝效率及酸蚀裂缝的动态缝宽，进而有利于降低面容比，这对降低酸岩反应速度具有积极的促进作用。

不同酸液注入排量下的有效酸蚀缝长模拟结果如图 5-38 所示。

综上所述，延缓酸岩反应速度的机制是多方面协同作用，需要多参数协同优化才能取得最佳的缓速效果。

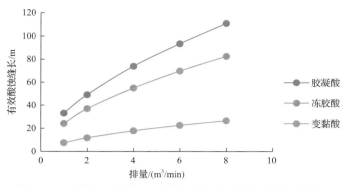

图 5-38　不同注入排量下不同缓速酸对有效酸蚀缝长的影响

5.2.4　增加酸压规模的机制及主控因素

一般而言，酸压规模越大，有效酸蚀缝长越长。但当酸液规模达到某个临界值后，随着酸岩接触时间的延长，酸岩过度反应引起的基质孔隙坍塌效应增强，尤其在近井筒裂缝附近更为明显。则在酸压后会导致近井筒裂缝的"包饺子"现象，严重时所有的酸蚀缝长都是无效的或大部分是无效的。现场也有这方面的严重教训，如新疆有些井采用 6000m³ 以上超大规模酸压后，酸压效果并不比其他中小规模的酸压效果好。

由于不同酸液类型及黏度下的酸岩反应速度不同，上述临界的酸液规模应是各不相同的。具体的酸液规模的界限可简单地由目标井层的岩心在不同时间下的导流能力对比数据确定，也可由酸压设计常用的商业模拟软件如 STIMPLAN 等进行数值模拟计算确定。不同酸液规模下的有效酸蚀缝长及导流能力模拟结果见图 5-39。

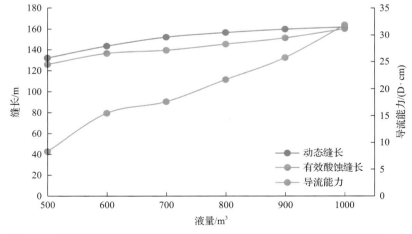

图 5-39　不同酸液规模下不同缓速酸对有效酸蚀缝长和导流能力的影响

5.3　酸蚀裂缝参数等对产量的影响

根据超深层碳酸盐岩油藏地质特征，建立相应的油藏数值模型，进行裂缝参数优化，对裂缝的条数、长度及裂缝导流能力等裂缝参数进行详细的优化设计，为深穿透酸压优化设计提供依据[20,21]。

5.3.1 裂缝长度

人工裂缝在平面上延伸的长度称为裂缝长度，通常用裂缝半长来表示。它是影响压裂水平井生产动态的一个重要因素。在施工过程中，受沿水平井井筒地应力的分布、酸压工艺技术的限制以及油藏本身连通天然裂缝密集带的需要等，压开的裂缝的长度可能不同。在水力压裂过程中，设计酸压裂缝的长度是压裂过程中要考虑的重要参数，也是导致最终生产开发效果的重要指标，因此，本次通过数值模拟在其他条件不变的情况下，设计了裂缝长度分别为60m、90m、120m、150m、180m、210m、240m情况下水平井的生产效果。

从图5-40和图5-41中可以看出，酸蚀裂缝半长对产能的影响非常大。随着裂缝长度的增加，产量明显大幅度增加，酸压井的产能近似线性增加，但是当裂缝长度超过150m后，增加的幅度明显减小，这是因为缝长度增加到一定程度时，受到泄油面积及井间干扰的影响，增幅不断减小。

对于具体油藏来说，在井间距、裂缝条数、储层渗透率及裂缝导流能力等参数一定时，存在最优的缝长比。若加上邻井生产、经济及技术因素，裂缝长度实际上比这个要相对短一些，因此建议酸压裂缝长度设为120～160m时生产开发效果最好。

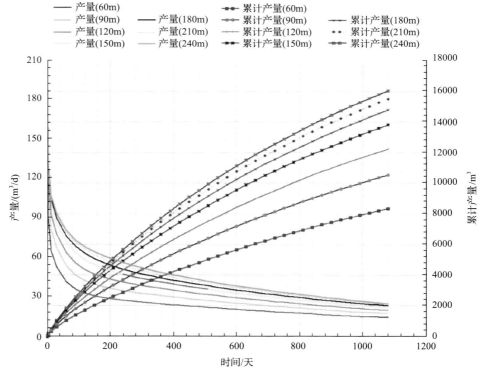

图 5-40　不同裂缝长度下的产量和累计产量曲线

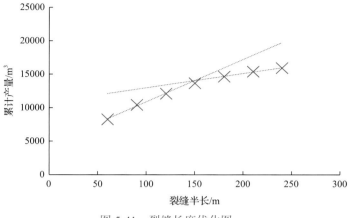

图 5-41   裂缝长度优化图

5.3.2   压裂段数

本节通过大量的模拟计算后发现，裂缝条数增加到一定程度，干扰就会加大，增幅就会变缓，如果考虑到最佳投入产出比，则存在一个相对最优的裂缝条数。下面分析水平井的产量随裂缝条数的变化规律，分别计算裂缝条数为 5～11 时压裂水平井的产能变化，裂缝等间距的分布在水平段上。由图 5-42 和图 5-43 可以看出，压裂水平井的产量随着裂缝条数的增加而增加，但增加的幅度仅稍有变缓。

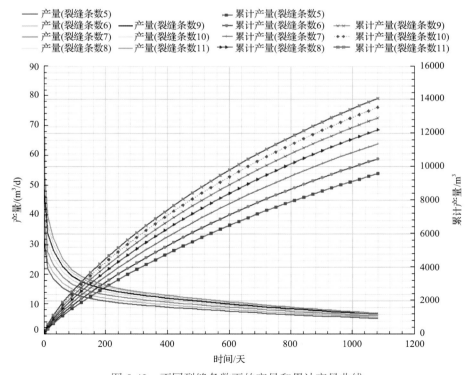

图 5-42   不同裂缝条数下的产量和累计产量曲线

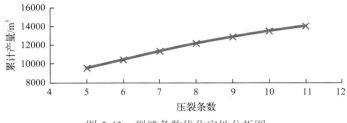

图 5-43　裂缝条数优化定性分析图

虽然裂缝条数较多能加快油藏的开发速度，但盲目增大裂缝条数会导致成本大幅度增长。所以对一个具体油藏，应存在一个最佳的裂缝条数值。从经济成本上分析，得到高性价比的裂缝条数。

5.3.3　裂缝导流能力

裂缝导流能力是衡量压裂效果的重要参数，受支撑剂嵌入和人工裂缝闭合等因素影响，人工裂缝渗流形态多为有限裂缝导流模型，因此，本次模拟在只考虑主缝导流能力的情况下，设计了 10D·cm、15D·cm、20D·cm、25D·cm、30D·cm、35D·cm、40D·cm 时主裂缝导流能力情况下水平井的生产状况。

从图 5-44 中可以看出，不同裂缝初始导流能力下的产量不同，随着初始导流能力的增大，产量逐渐增加。但裂缝初始导流能力对产量的影响主要表现在投产初始阶段，此时，近井地带的油藏压力较高，而且裂缝处于最大导流能力阶段，随着地层压力的降低，

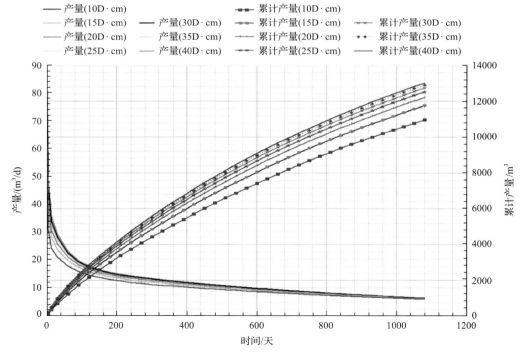

图 5-44　不同导流能力下的产量和累计产量曲线图

产量曲线趋于相近。这是由于尽管裂缝导流能力很大，但是地层渗透率很低，地层向裂缝的供给能力有限，导致压裂水平井的产能不能进一步提高。

从图 5-45 我们可以看出，导流能力在 20D·cm 时存在拐点，大于 25D·cm 时产量增加幅度很小，均小于 2%。因此导流能力的增加对增产的贡献不是无限的，当导流能力增加到一定程度时，产量上升幅度很小。考虑到储层地质特征和施工限制，建议该区块主裂缝导流能力为 20D·cm 左右。

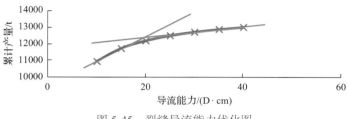

图 5-45 裂缝导流能力优化图

在分别单独分析了主缝导流能力和次缝导流能力的情况下，本次研究分析了同时具有主缝+次缝的情况以及无主缝+次缝情况下的水平井生产情况。图 5-46 为不同情况下水平井模拟设置图，图 5-47 为三种情况下期末压力变化图。

通过模拟三种情况水平井连续生产 3 年的生产开发情况，由上述分析图 5-48 可知，当主缝 30D·cm+次缝 3D·cm 导流能力下的水平井生产开发效果最好。由于超深层天然裂缝在酸压激活后容易闭合，难以保持较高的导流能力，而且实际情况下要求的分支缝网导流能力越低，酸压措施更易实现。因此可采用有主缝的中小型缝网系统对超深层进行开发。

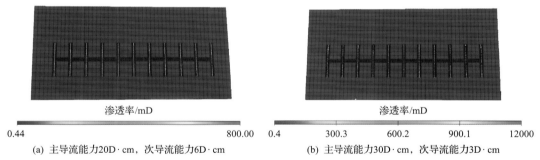

(a) 主导流能力20D·cm，次导流能力6D·cm (b) 主导流能力30D·cm，次导流能力3D·cm

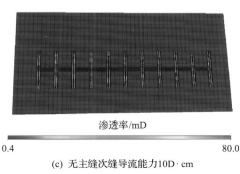

(c) 无主缝次缝导流能力10D·cm

图 5-46 不同情况下水平井模拟图

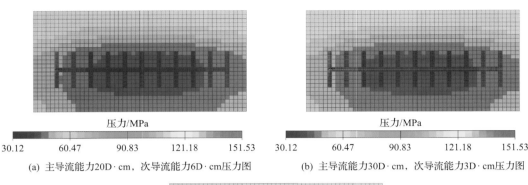

(a) 主导流能力20D·cm，次导流能力6D·cm压力图   (b) 主导流能力30D·cm，次导流能力3D·cm压力图

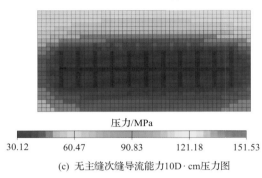

(c) 无主缝次缝导流能力10D·cm压力图

图 5-47　三种情况下期末压力变化图

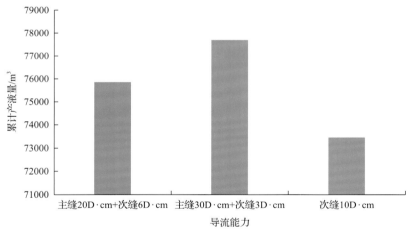

图 5-48　三种不同情况下期末累计产油量变化图

5.3.4　裂缝复杂程度

对超深层油藏而言，仅靠主裂缝的酸压井，压后产量的递减也相当快，必须利用复杂裂缝的概念，并将与主裂缝连通的支缝及微缝系统都实现类似的高导流通道，才能真正实现超深层油气藏的稳产效果。

为研究裂缝复杂程度对压后产能的影响，设计了如表 5-11 所示的方案，在主裂缝条数相同的情况下，分别建立以下三种模型：分支缝间距 15%（1 条主缝、14 条次缝）、分支缝间距 25%（1 条主缝、8 条次缝）、分支缝间距 35%（1 条主缝、6 条次缝），并对每一种模型分别模拟 5 种分支缝长度对产量的影响（图 5-49）。

表 5-11 复杂裂缝酸压设计方案

分支缝间距 （相对半缝长）	分支缝间距 15% （1 条主缝、14 条次缝）	分支缝间距 25% （1 条主缝、8 条次缝）	分支缝间距 35% （1 条主缝、6 条次缝）
分支缝长度 （段间距 110m）	10m、20m、50m、80m、110m	10m、20m、50m、80m、110m	10m、20m、50m、80m、110m

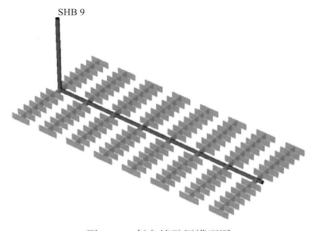

图 5-49 复杂缝酸压模型图

对比复杂裂缝酸压和常规酸压后的产量，从图 5-50 中可以看出复杂裂缝的累计产量明显高于常规酸压产量。

1. 分支缝间距 15%（1 条主缝、14 条次缝）

模拟分支缝间距 15% 即两条裂缝之间的距离是半缝长的 15%，因此一条主缝上共有 14 条次裂缝，次缝越多，裂缝在地层中交错分布，像四通八达的高速公路，所有的油气会顺利到达井底。由图 5-51 可见，复杂裂缝酸压技术可有效提高产量，次缝越长增产效果越明显。累计产量相比常规酸压最高增产 71.5%，最低增产 25%。从压力波传导图中也可以看出（图 5-52），波及面积明显大于常规酸压的面积。

2. 分支缝间距 25%（1 条主缝、8 条次缝）

由图 5-53 可见，复杂裂缝酸压技术可有效提高产量，次缝越长增产效果越明显。累计产量相比常规酸压最高增产 63.9%，最低增产 23.8%。从饱和度分布图中也可以看出，含气饱和度减小的面积随次缝长的增加而越来越大。

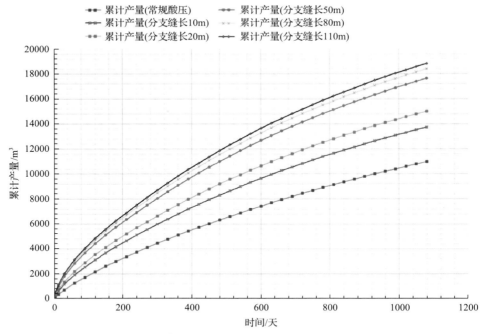

图 5-50 复杂裂缝酸压与常规酸压的产量对比图

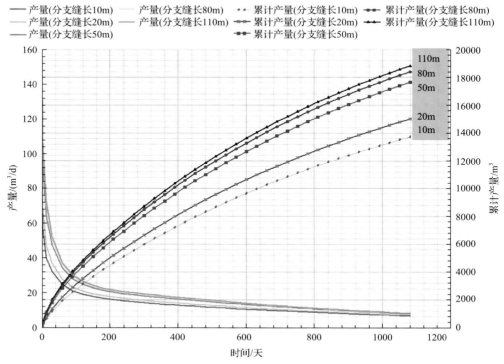

图 5-51 分支缝间距 15%时产油量对比图

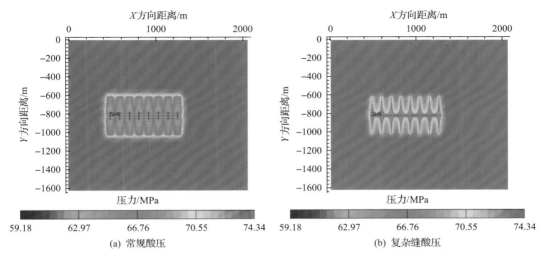

图 5-52 分支缝间距 15%时复杂裂缝酸压与常规酸压的压力波传导比较图

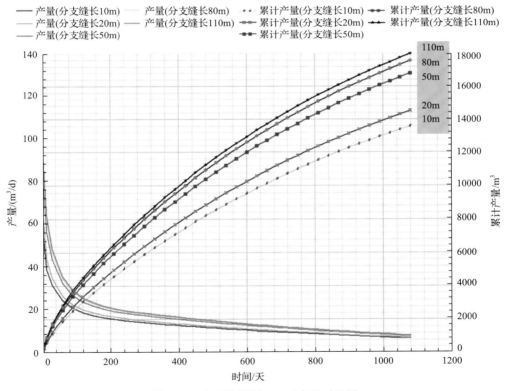

图 5-53 分支缝间距 25%时产量对比图

3. 分支缝间距 35%(1 条主缝、6 条次缝)

分支缝间距 35%时，1 条主缝上共有 6 条次缝，复杂缝酸压技术能够在裂缝中形成无数的油气渗流通道，实现无限导流，所有的油气会顺利到达井底。累计产量相比常规酸压最高增产 58.3%，最低增产 23.4%（图 5-54）。

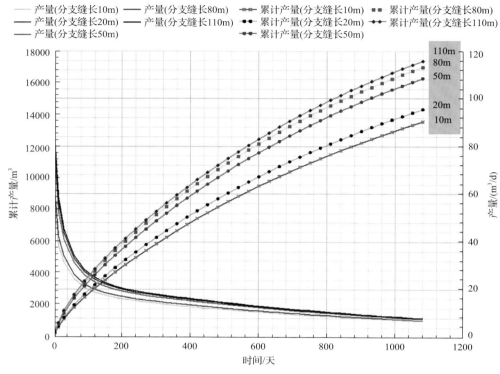

图 5-54　分支缝间距 35%时产量对比图

由此可见，复杂缝酸压技术主要目标是在人工裂缝内部造出稳定而敞开的油气流动网络通道，显著提高人工裂缝的导流能力，消除由于残渣堵塞、液体伤害等引起的导流能力损失，从而减小井筒附近的压降漏斗效应，有效提高酸压改造效果（表 5-12）。

表 5-12　复杂缝酸压计算结果

分支缝间距 （相对半缝长）	分支缝间距 15% （1 条主缝、14 条次缝）	分支缝间距 25% （1 条主缝、8 条次缝）	分支缝间距 35% （1 条主缝、6 条次缝）
最高增产/%	71.5	63.9	58.3
最低增产/%	25	23.8	23.4

5.4　超深碳酸盐岩储层深穿透工艺措施

上面简要阐述了超深碳酸盐岩深穿透的主控因素，包括降低综合滤失系数、控缝高、应用缓速酸、增加酸液规模及排量等。对应的深穿透工艺技术是综合应用上述某个或某几个因素协同作用的结果，具体可归结为前置液酸压技术、压裂液与酸液多级交替注入闭合裂缝酸化技术以及新的技术组合模式（近井筒地带由酸液屏蔽材料形成的高导流能力的面支撑裂缝+中井地带由地面交联酸刻蚀形成的较高导流能力的点支撑裂缝+远井地带由多重乳化酸与地面交联酸用的交联剂混合注入并运移到裂缝端部区域后，双双破损释放就地形成超级交联酸，并且刻蚀形成具有一定导流能力的点支撑裂缝）及其他配套技术等。

5.4.1　前置液酸压技术

与常规酸压技术相比，前置液酸压技术利用高黏压裂液的低滤失性进行高效造缝，同时可大幅度降低裂缝内的温度，由此降低对酸液稠化剂浓度的需求，也利于酸液在裂缝中运移更远的距离[22-24]。在其他参数相同的前提下，前置液酸压与常规酸压技术的有效酸蚀缝长对比结果如图 5-55 所示。

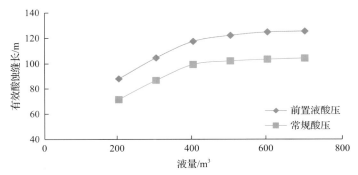

图 5-55　前置液酸压与常规酸压形成的有效酸蚀缝长对比

5.4.2　压裂液与酸液多级交替注入闭合裂缝酸化技术

压裂液与酸液多级交替注入技术，对天然裂缝发育的超深碳酸盐岩储层而言，更具针对性，高黏压裂液可以降滤及降温，低黏酸液由于黏滞指进效应，也同时具有降滤和深穿透的效果。在其他参数相同的前提下，压裂液与酸液多级交替注入技术与常规酸压技术形成的有效酸蚀缝长结果对比如图 5-56 所示。

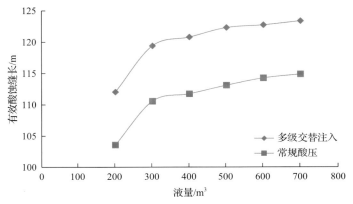

图 5-56　压裂液与酸液多级交替注入与常规酸压形成的有效酸蚀缝长对比

5.4.3 三段式组合的新技术模式

三段式技术模式可使有效酸蚀缝长大幅度增加，虽然裂缝导流能力剖面从近井筒到裂缝端部是逐渐降低的，但在对应的高闭合应力条件下仍可提供足够的油气渗流能力。

具体到实现方式，在近井筒裂缝区域，最先注入的酸液屏蔽材料只是覆盖免于酸岩反应的区域，而要形成高导流能力裂缝，还主要依赖在施工后期注入的常规盐酸或低黏度胶凝酸。此时，裂缝内的温度场相比早期及中期注入阶段已大幅度降低，即使常规的盐酸也无需担心酸岩过度反应，且近井筒裂缝的 60～80m 范围内基本可以实现盐酸的全覆盖；在中井裂缝区域，一般认为在 80～120m 缝长范围内，主要通过上述盐酸注入的前一个阶段注入地面交联酸，因为其本身黏度就相对较高，加上此时裂缝内的温度也相对较低，因此，可确保地面交联酸运移到 80～120m 甚至更远的裂缝区域。另外，该区域原先由上一阶段注入的多重乳化酸及地面交联酸用的交联剂覆盖，多重乳化酸虽然未释放多少，但不可避免地与当地的岩石发生一定程度的酸岩刻蚀反应，进而形成一些导流能力；而裂缝的端部区域一般认为是 120～150m 或更远的裂缝区域，其导流能力的形成机制是上述注入的多重乳化酸和地面交联酸的交联剂，经过长距离的运移后，在裂缝壁面凸凹体不停磨损和裂缝端部的储层原始高温(超深储层的温度会相对较高，甚至可达180℃以上)双重作用下，就地充分释放，与地面交联酸的交联剂发生再次交联反应，形成所谓的超级交联酸或地下交联酸。上述三段式技术模式的示意图见图 5-57。

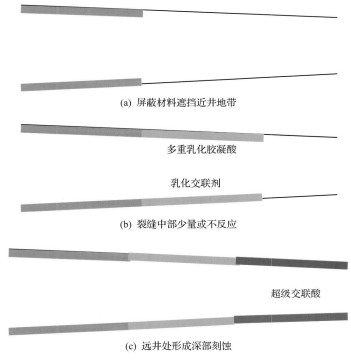

(a) 屏蔽材料遮挡近井地带

多重乳化胶凝酸

乳化交联剂

(b) 裂缝中部少量或不反应

超级交联酸

(c) 远井处形成深部刻蚀

图 5-57 三段式形成深穿透酸压裂缝模式示意图

　　上述三段式的数值模拟计算，可应用已有的酸压优化设计商业模拟软件，如STIMPLAN 等进行。为了实现更深的穿透目标，依然需要高黏压裂液作为前置液造缝，必要时也得采用降滤失和控缝高等综合配套技术，且牵涉到酸液屏蔽材料、多重乳化酸、地面交联酸及盐酸或胶凝酸(稠化酸)等多种液性注入，还牵涉到远井地带多重乳化酸及交联酸用交联剂的就地交联反应等过程，因此，如想精确模拟该反应过程是极端困难的。为此，可把模拟过程分为几个阶段，每个阶段基于温度场模拟结果，单独设定相应的液体体系的流变参数及酸岩反应动力学参数等。

　　以塔里木盆地顺北超深碳酸盐岩油气藏为例，具体模拟结果与常规酸压技术形成的有效酸蚀缝长对比结果分别阐述如下：

　　多重乳化胶凝酸黏度为 20mPa·s 左右，外相为滑溜水，摩阻低于压裂液，在 8～12m³/min 条件下，交联酸的"基液"酸蚀前缘可达182～207m，见图 5-58；随着地层温度的逐渐升高，逐渐释放出乳化"基液"及"交联剂"，形成地下交联酸，此时交联酸的酸蚀有效作用距离可达 205～238m，见图 5-59。

　　前置压裂液先用滑溜水，黏度为 3～6mPa·s，体积优化为 450m³，以最高排量的50%—70%—100%进行 2～3 次的变排量施工，模拟结果见图 5-60。而同样的前置液体积，用高黏度的压裂液，黏度取 80～100mPa·s，则模拟结果见图 5-61。

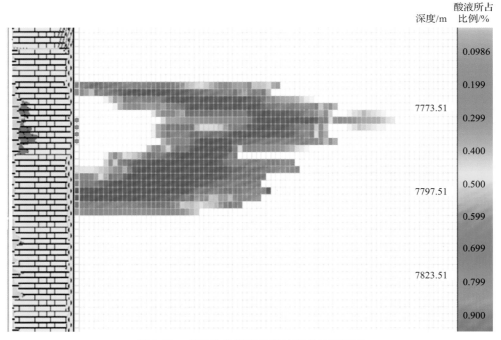

图 5-58　多重乳化酸有效酸蚀缝长计算结果

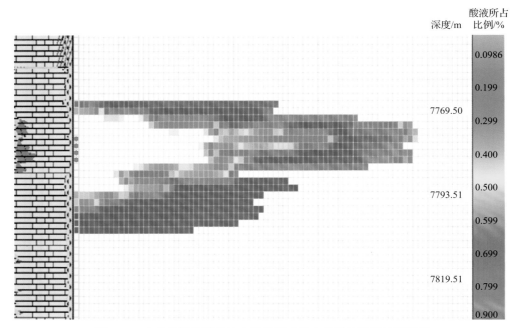

图 5-59　由多重乳化酸就地交联后形成的有效酸蚀缝长计算结果

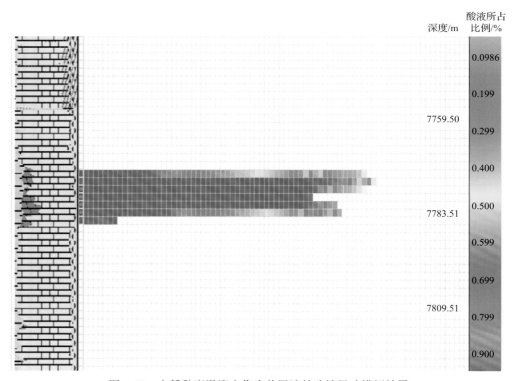

图 5-60　由低黏度滑溜水作为前置液的造缝尺寸模拟结果

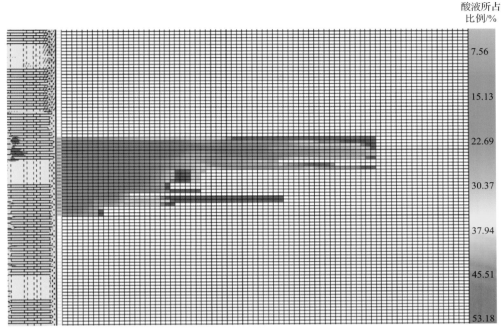

图 5-61　由高黏度压裂液作为前置液的造缝尺寸模拟结果

由上述模拟结果可见，低黏度滑溜水虽然滤失系数相对较大，但因造缝高度得到有效控制，随着后继注入压裂液和酸液可以起到降低滤失的作用，实际的造缝长度等参数不一定比高黏度压裂液的对应参数低。

值得指出的是，上述几种技术中，有的既具有提高酸蚀裂缝导流能力的作用机制，又同时具有深穿透的作用机制。如压裂液与酸液多级交替注入闭合裂缝酸化技术，在降低滤失的同时，还利用酸液在压裂液中的黏滞指进形成非均匀酸岩刻蚀效应，进而大幅度提高裂缝的导流能力。即深穿透和提高导流能力的技术措施是相互关联、相互促进的。没有一定导流能力的深穿透裂缝和没有一定穿透深度的导流能力裂缝都是没有多少价值的，对酸压后的效果也没有多少实际助力。

5.4.4　提高深穿透能力的其他配套技术

如降低酸压施工压力的大直径管柱技术及加重压裂液和酸液技术(都可降低井口泵压进而可由此提高注入排量[25]，增加有效穿透缝长，具体的模拟结果分别见表 5-13、表 5-14 及图 5-62。从图中可以看出，采用 4 1/2″油管，油管浅下，滑溜水施工排量可满足 10m³/min，压裂液施工可达 8m³/min，若同时采用 140MPa 井口，压裂液施工可达 12m³/min，滑溜水施工可达 14m³/min。从表 5-13 中可以看出，当压裂液体系密度从 1.01g/cm³ 增加到 1.4g/cm³ 时，对于 8000m 井深，施工压力可降低约 32MPa。

表 5-13 某超深碳酸盐岩井加重压裂液密度下的井口压力降低及排量增加模拟结果

液体	排量/(m³/min)	油管摩阻系数/(MPa/m)		管柱摩阻/MPa		计算井口压力/MPa	
		3 1/2″	2 7/8″	3 1/2″	2 7/8″	常规	常规密度 1.01g/cm³ 增加到 1.4g/cm³
压裂液	3.5	0.0043	0.005	30.1	0.7	82.15	50.79
	4.0	0.005	0.006	35	0.84	87.19	55.83
	4.5	0.006	0.008	42	1.12	94.47	63.11
	5.0	0.007	0.01	49	1.4	101.75	70.39
	5.5	0.008	0.011	56	1.54	108.89	77.53
	6.0	0.009	0.012	63	1.68	116.03	84.67

表 5-14 示例的某超深碳酸盐岩井不同排量下裂缝长度模拟结果

方案	液体类型	排量/(m³/min)	液量/m³	裂缝长度/m	裂缝高度/m
1	滑溜水	10	400	214	22
2	滑溜水	14	400	257	25
3	压裂液	8	400	168	54
4	压裂液	12	400	193	61

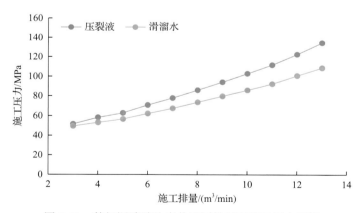

图 5-62 某超深碳酸盐岩井不同排量下施工压力预测

　　水力喷射切割形成具有一定深度的引导裂缝[17]，裸眼水平井的裂缝起裂与延伸位置不确定，且一般在封隔器座封的位置起裂或在高角度天然裂缝处或应力低的层段起裂，不利于裂缝的定点起裂与延伸控制。引导裂缝的示意图及其穿深对破裂压力的影响结果见图 5-63。显然破裂压力降低后，可有效降低裂缝的高度，由此相应地提高裂缝穿透距离。

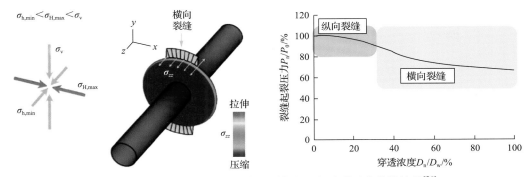

图 5-63　引导裂缝示意图及其不同穿深下的破裂压力模拟结果[26]

P_0、P_n 分别为常规状态下和不同穿透深度的裂缝起裂压力；P_0/P_n 为穿透深度比；D_w 为最大穿透深度；D_n 为实际穿透深度

参 考 文 献

[1] 段贵府, 何春明, 才博, 等. 滑溜水在裂缝性碳酸盐岩体积酸压中的研究与应用[J]. 钻井液与完井液, 2019, 36(4): 512-516.

[2] Nolte K G. Principle for fracture design based on pressure analysis[J]. SPE, 1988, 4: 22-30.

[3] Palmer I D, et al. Numerical model of massive hydraulic fracture finial report[R]. DOE, 1985.

[4] 伍飞. 顺南地区白云岩储层酸压实验及工艺研究[D]. 北京: 中国石油大学(北京), 2018.

[5] 邵俊杰. 塔河油田多级交替注入酸压工艺研究[D]. 北京: 中国石油大学(北京), 2017.

[6] 艾昆. 碳酸盐岩储层复合酸压裂缝几何参数和施工参数优化研究[D]. 武汉: 中国地质大学, 2019.

[7] 罗志锋, 余洋, 赵立强, 等. 多因素下多级交替注入酸液进退实验研究[J]. 油气藏评价与开发, 2018, 8(4): 36-41.

[8] 叶颉枭, 李力, 韩慧芬, 等. 多级交替注入酸压工艺优化研究——以磨溪龙女寺构造龙王庙组储层改造为例[J]. 油气藏评价与开发, 2018, 8(3): 46-50.

[9] 郭凌峣. 多级交替注入酸压酸蚀裂缝导流能力研究[D]. 成都: 西南石油大学, 2018.

[10] 鄢宇杰, 汪淑敏, 李永寿, 等. 裂缝型碳酸盐岩纤维降滤失实验研究及应用[J]. 断块油气田, 2017, 24(4): 574-577.

[11] 牟建业, 邵俊杰, 陆赟芸, 等. 缝洞型储层酸压暂堵剂封堵性能研究[J]. 中国科技论文, 2016, 11(3): 258-262.

[12] 郝志伟, 王宇宾, 宋有胜, 等. 高温深井碳酸盐岩储层降滤失酸体系研究与应用[J]. 钻井液与完井液, 2012, 29(4): 69-71.

[13] 李新勇, 纪成, 王涛, 等. 顺北油田上浮剂封堵及泵注参数实验研究[J]. 断块油气田, 2021, 28(1): 139-144.

[14] 宋志峰, 张照阳, 毛金成. 塔河油田胶束软隔挡控缝高酸压方法研究[J]. 石油钻采工艺, 2019, 41(3): 382-386.

[15] 米强波. 碳酸盐岩低应力差储层控缝高机理及工艺研究[D]. 成都: 成都理工大学, 2017.

[16] 鄢宇杰, 汪淑敏, 罗攀登, 等. 塔河油田碳酸盐岩油藏控缝高酸压选井原则[J]. 大庆石油地质与开发, 2016, 35(6): 89-92.

[17] 向林. 塔河油田控缝高酸压研究[D]. 成都: 西南石油大学, 2015.

[18] 王泽东. 控制水力裂缝高度延伸技术研究[D]. 成都: 西南石油大学, 2014.

[19] 彭瑀. 酸压控缝高新工艺及模型研究[D]. 成都: 西南石油大学, 2014.

[20] 徐天源, 冉田诗璐, 赵梓寒. 多层碳酸盐岩气藏酸压裂缝参数优化[J]. 新疆石油天然气, 2017, 13(1): 63-67.

[21] 王辽. 碳酸盐岩水平井分段酸压产能预测[D]. 成都: 西南石油大学, 2014.

[22] 党录瑞, 周长林, 黄媚, 等. 考虑多重滤失效应的前置液酸压有效缝长模拟[J]. 天然气工业, 2018, 38(7): 65-72.

[23] 薛衡, 黄祖熹, 赵立强, 等. 考虑岩矿非均质性的前置液酸压模拟研究[J]. 天然气工业, 2018, 38(2): 59-66.

[24] 罗志锋, 张楠林, 赵立强, 等. 前置液酸压缝内酸液进退数值模拟[J]. 油气藏评价与开发, 2017, 7(5): 26-31.

[25] 李升芳, 殷玉平, 王进涛, 等. 降低压裂施工摩阻技术研究[J]. 石油化工应用, 2014, 33(12): 77-78.

[26] Kayumov R, Urbina R A, Bander K, et al. Efficient large volume acid fracturing in openhole horizontal well with pre-created circular notches[C]//SPE Middle East Oil and Gas Show and Conference, Manama, 2019.

第6章 超高温压裂酸化工作液研发

6.1 超高温压裂液的研发及性能评价

随着勘探技术的发展，油气勘探向纵深发展，而越往深井发展地层温度越高，国内外对高温油藏的开发愈加重视。水基压裂液施工方便、价格低廉及性能优异等优点，一直是应用最为普遍的压裂液。但早期压裂液的耐温性能较差，无法满足高温油藏的压裂施工需求。因此，开发可用于耐高温油气藏的水基压裂液具有重要的研究价值和实际应用价值。

在全世界范围内一直都在开展耐高温压裂液体系的研发，早至20世纪80年代后期，国外就研制了可以满足 100～150℃地层温度需要的压裂液体系。90 年代初，美国研制了有机硼交联剂，以羟丙基瓜尔胶为稠化剂，所研制的压裂液体系可在 150℃以下的地层使用。2003 年，国内有文献报道了高温压裂液在 166℃高温井压裂中的应用[1]。2009 年，张应安等[2,3]报道了一种新型超高温压裂液在松辽盆地火山岩气井中的大规模应用，结果表明该体系满足火山岩气井中的大规模应用，并满足地层温度为 188℃的压裂施工要求。可见国内外很早就开始重视高温油气藏压裂液体系的研发，但是现场应用较少，技术有待进一步完善。

一般将耐温 120～180℃的压裂液体系称为高温压裂液体系，大于 180℃为超高温压裂液体系。目前，压裂液耐温性能研究进展最快的是合成聚合物压裂液体系，通过分子设计合成高温稠化剂、研制匹配的高温交联剂和优化高温稳定剂的方法，该体系耐温最高已经超过 240℃[4]。

深层高温储层具有地层温度高、埋深大、破裂压力高的特点，实施酸化压裂时井口施工压力高，几乎超过设备施工限压[5,6]。如塔里木油田乌参 1 井，井深超过 6000m，常规压裂液施工时井口压力将达到 103MPa，超过现有压裂设备的工作上限。降低井口施工压力的主要方式有：降低地层破裂压力，减小压裂液摩阻和增加压裂液静液柱压力。对于这类储层，前两种方法的效果已经十分有限，通过在压裂液中加入加重材料增加压裂液的密度可以提高压裂液静液柱压力，从而在施工全过程都能大幅降低井口施工压力[7-9]。例如，压裂液密度每提高 0.2g/m³，6000m 深井井口压力将降低 12MPa。

由于加重材料和应用条件的特殊性，与常规压裂液相比，加重压裂液技术难题更多，盐类的存在将影响稠化剂的溶解和交联，从而影响压裂液稳定性，加重压裂液的破胶更加困难，加之加重剂可能带来的残渣，可能导致对储层和支撑裂缝的伤害更大。

6.1.1 高温压裂液研究

1. 高温稠化剂设计合成

设计一种含有羧基和疏水缔合单体的两性耐高分子，由 AM、AMPS 和阳离子疏水缔合单体溶液聚合，利用后水解工艺合成了一种具有双重交联剂基团的耐盐耐高温疏水缔合聚合物，设计合成稠化剂分子结构如图 6-1 所示。

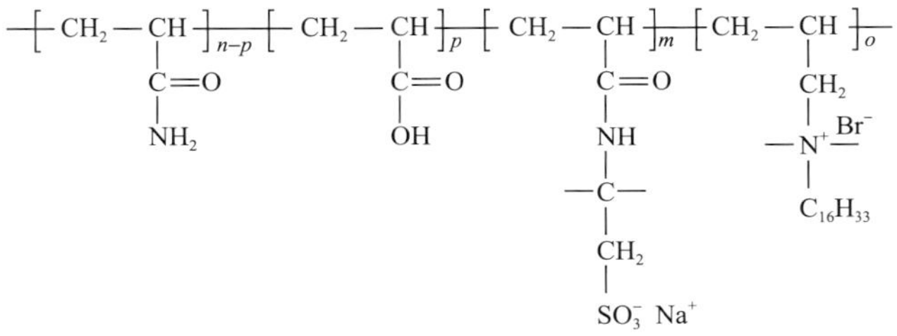

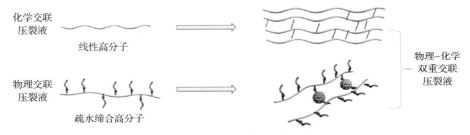

图 6-1 稠化剂分子结构

水解制备的羧基与有机锆交联，疏水单体与物理交联剂交联，通过双重作用提高压裂液耐温耐剪切性能，如图 6-2 所示。

化学交联
压裂液

线性高分子

物理交联
压裂液

疏水缔合高分子

物理–化学
双重交联
压裂液

图 6-2 双重交联作用示意图

影响聚合反应的主要因素包括单体比例、总单体质量浓度、引发剂加量、疏水单体加量、溶液温度、聚合反应时间等。本节以产物黏度及溶解时间作为优选标准，优选出最佳工艺路线。

1）AM 与 AMPS 单体配比

固定总单体质量浓度为 30%，疏水单体 C_{16}MMAAB 加量的质量分数为 0.6%，调节 AM 与 AMPS 的摩尔配比分别为 1:1、2:1、2.5:1、3:1，分别配制 500mL 溶液，将溶液 pH 调至 7，将烧杯放入恒温制冷水浴中 30min，将溶液温度降至 8℃，倒入保温瓶中。

加入质量分数为 5×10^{-4}% 的 V_{50}，通 N_2，15min 后再加入质量分数为 5×10^{-4}% 的 $(NH_4)_2S_2O_8$-NaHSO$_3$，引发反应，密封绝热反应 8h 后，取出产品，造粒、烘干、粉碎成粉末状样品。

将 4 个聚合物分别配制成 4 个 400mL 0.6%（质量分数）的水溶液，其性能如图 6-3 所示。随着 AM 比例的增大，酸溶时间和酸液表观黏度先增大，达到一个最大值后又开始减小，这是因为 AM 的反应活性比较高，AM 比例越大所形成的聚合物分子量越高，从而导致溶解时间越长，但是聚合物分子链过长，疏水基团所占比例相对下降，疏水缔合作用减弱，黏度反而下降。因此选择 AM 与 AMPS 摩尔比 2.5:1 作为后续实验单体比例。

2）总单体质量浓度

控制单体比例为 2.5:1，调节总单体质量浓度分别为 20%、30%、40%、50%，按照实验步骤合成 4 个聚合物样品，同样将 4 个聚合物分别配制成 4 个 400mL 质量分数为 0.6%的水溶液，其性能如图 6-4 所示。

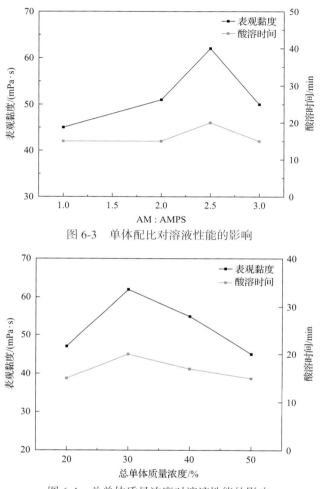

图 6-3　单体配比对溶液性能的影响

图 6-4　总单体质量浓度对溶液性能的影响

图 6-4 中，溶液表观黏度随着总单体质量浓度的增加，呈现出先增加后减小的趋势。根据自由基反应机理，单体浓度越大，聚合反应越快，聚合物分子量也越大，溶液表观黏度也应越大。实验中出现单体质量浓度越大溶液表观黏度反而下降的现象，可能的原因是当溶液中单体浓度过大时，聚合过快，溶液黏度的迅速增大抑制了自由基的扩散，引发效率降低，并且过快的反应放出大量热，温度迅速升高，链转移的概率也会增大，分子量下降，所以聚合物溶液表观黏度下降。此外，总单体质量浓度越高，聚合产生的胶块越硬，过硬的胶块造粒困难，对实验室和现场施工都造成困难。

综上所述，选择 30%作为后续实验的总单体质量浓度值。

3）疏水单体含量

固定总单体质量浓度为 30%，控制 AM 与 AMPS 比例为 2.5∶1，加入不同质量分数的 C$_{16}$MMAAB，按照实验步骤合成一系列聚合物样品，同样将所得聚合物样品分别配制成 400mL、质量分数为 0.6%的水溶液，其性能如图 6-5 所示。

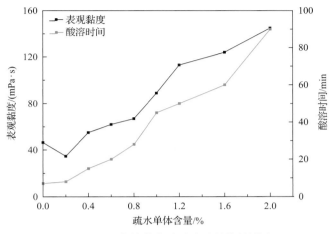

图 6-5　疏水单体含量对溶液性能的影响

加入疏水单体 C$_{16}$MMAAB 对聚合物存在两方面的影响：一是其活性相对较低，位阻大，可能会降低聚合物的分子量；二是疏水链引入到聚合物分子链上，会在聚合物溶液中形成疏水缔合效应，增大黏度。如图 6-5 所示，随着 C$_{16}$MMAAB 含量的增加，酸液表观黏度逐渐增大，这是因为随着疏水单体含量的增加，疏水基团在分子链中所占比例增加，疏水缔合效应增强，结构黏度增加，从而酸液表观黏度升高，酸溶时间增长。从图 6-5 中也可以发现，当疏水单体含量较低（0.2%）时，酸液黏度反而比不加疏水单体时（0.0%）低，这是因为当疏水单体含量过低时，主要以分子内缔合为主，分子链蜷曲，所以表观黏度较低。

为了方便现场施工，期望酸液黏度不超过 70mPa·s，溶解时间不超过 30min，综合以上原因，选择 0.8%作为后续 C$_{16}$MMAAB 加量的质量分数。

4）引发剂加量

固定总单体质量浓度为 30%，控制 AM 与 AMPS 比例为 2.5∶1，加入质量分数为 0.8%的 C$_{16}$MMAAB，调节引发剂用量，得到一系列聚合物样品，其性能如图 6-6 所示。

添加微量引发剂，即可引起反应的强烈变化。随着引发剂加量的增加，引发时间不断增快，聚合物酸液表观黏度先增大，当引发剂加量质量分数超过 $5×10^{-4}$% 后，表观黏度又开始减小。根据自由基反应机理，当引发剂用量较少时，产生的活性自由基数量有限，碰撞概率较小，并且单体不能充分反应，影响聚合效率，导致引发时间较长，聚合物分子量较低，溶液黏度较低。随着引发剂加量的增加，可产生自由基数目越多，引发反应时间变短，单体得到充分共聚，聚合物分子量增大，溶液黏度增大。当引发剂过量时，短时间内即释放出大量自由基，聚合反应迅速发生，溶液放出大量热，同时副反应也加快，过多的自由基碰撞使链终止反应的概率也增大，最终导致聚合物分子量降低，酸液黏度下降。

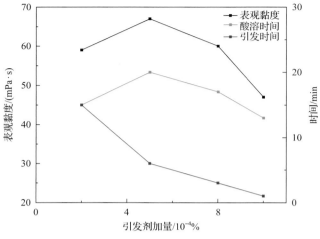

图 6-6　引发剂加量对溶液性能的影响

综上，选择质量分数 $5×10^{-4}$% 作为后续实验的引发剂加量。

5）引发温度

固定总单体质量浓度为 30%，控制 AM 与 AMPS 比例为 2.5∶1，加入 0.8% 质量分数的 C_{16}MMAAB，控制引发剂加量质量分数为 $5×10^{-4}$%，将配制的溶液温度分别调至 8℃、25℃、50℃，合成聚合物样品。

如图 6-7 所示，在引发温度为 8℃时，合成聚合物表观黏度最高，随着引发温度的升高，聚合物溶液表观黏度逐渐降低。这是因为该实验所选用的引发体系为复合引发体系，在引发温度较低时，实验前期氧化还原引发体系发生作用，而且较低的温度能够控制自由基的数目，防止爆聚，实验后期温度升高，V_{50} 开始主导聚合反应，这样在整个反应过程中，自由基数目一直保持适量，使得聚合反应效果较好，聚合物分子量较高，酸液表观黏度大。但是当引发温度较高时，实验前期引发自由基较多，共聚反应迅速，温度剧

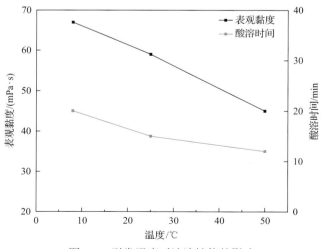

图 6-7　引发温度对溶液性能的影响

增，V_{50} 也迅速发挥作用，自由基碰撞频率增加，增加了链终止发生的概率，使得聚合物分子量降低，聚合物溶液黏度下降。

综上所述，确定聚合反应引发温度为 8℃。

6) 聚合反应时间

固定总单体质量浓度为 30%，控制 AM 与 AMPS 比例为 2.5∶1，加入质量分数为 0.8%的 C_{16}MMAAB，控制引发剂加量质量分数为 5×10^{-4}%，引发温度为 8℃，控制不同的反应时间，合成聚合物样品。

如图 6-8 所示，当反应时间大于 6h 时，聚合物溶液表观黏度不再变化，说明此时聚合反应才得以进行完全，实验要保证聚合反应时间大于 6h。

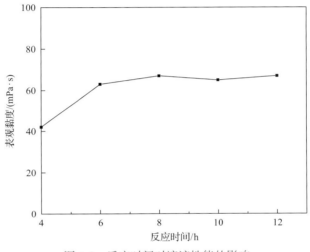

图 6-8　反应时间对溶液性能的影响

根据以上实验探究，确定最佳的合成步骤如下：

(1) 在烧杯中加入适量蒸馏水，控制总单体质量浓度为 30%，将 AM 与 AMPS 按摩尔比 2.5∶1 溶入蒸馏水中，加入质量分数为 0.8%的 C_{16}MMAAB，配制 500mL 溶液。用 NaOH 将溶液的 pH 调至中性，加入质量分数为 0.1%的尿素，再加入几滴消泡剂防止疏水单体在搅拌过程中起泡。将配置好的溶液放在磁力搅拌器上搅拌 30min，使之完全混合均匀。

(2) 将溶液放入恒温制冷水浴中冷却 30min，将溶液温度冷却至 8℃，倒入容量为 1L 的保温瓶中，密封保温。

(3) 向溶液中加入质量分数为 5×10^{-4}%的偶氮类引发剂 V_{50}，并立即通入 N_2 除氧，15min 后，再加入质量分数为 5×10^{-4}%氧化还原引发体系：$(NH_4)_2S_2O_8$-$NaHSO_3$(2∶1)，期间一直通 N_2 除氧，直至溶液变黏稠状，聚合反应被引发，停止通 N_2，密封绝热进行反应。

(4) 待反应 8h 后，在保温瓶中取出象牙白色黏弹性胶块，用剪刀剪成条状，用绞肉机进行造粒，加入一定量强碱，80℃下水解。

（5）用绞肉机进行造粒，之后移入 80℃的烘箱中烘干至恒重，用粉碎机将块状样品搅碎成粉末状聚合物样品。

2. 交联剂合成

将去离子水加热至 90℃，加入一定量的氧氯化锆和四氯化钛，充分溶解后加入一定比例乙二醇和乳酸，用以 30～50r/min 的速度搅拌 30min，用 20%氢氧化钠调节 pH 到 5，恒温反应 4h，得到交联剂化学交联剂。在 70℃条件下，将十二烷基硫酸钠溶解到水中形成透明溶液，得到物理交联剂。

3. 高温加重压裂液体系

通过研究稠化剂、交联剂、破乳助排剂和高温稳定剂的种类和用量形成了耐温 180℃高温压裂液配方，并研究了不同加重剂对压裂液性能影响，形成不同密度加重压裂液体系。

耐高温压裂液配方：0.6%稠化剂+0.3%物理交联剂+0.3%有机锆钛+0.1%破乳助排剂+0.3%高温稳定剂。

根据资料调研情况，选择 KCl、NaCl、NaBr、NaNO$_3$ 几种常用盐作用备选加重剂，开展了不同加重剂对压裂液性能影响的实验，具体实验结果如表 6-1 所示。可以看出，NaBr 对压裂液密度提高的幅度较大，当其含量为 40%时，加入 NaBr 后密度可以提高到 1.41g/cm^3，若此时井深为 7000m，施工压力可降低 28.7MPa，但是成本高。综合考虑 NaNO$_3$ 的性价比最好。

表 6-1　加重剂综合性能

名称	自身密度/(g/cm³)	加重密度/(g/cm³)(加重比例)	溶解度
KCl	1.984	1.17(26%)	0℃时为 28g，30℃时为 37.2g
NaCl	2.165	1.19(26%)	0℃时为 35.7g
NaNO₃	2.257	1.32(40%)	0℃时为 73g，30℃时为 95g
NaBr	3.203	1.41(40%)	100℃时溶解度为 121g/100mL

NaNO$_3$ 对压裂液基液黏度有一定影响，随着浓度增大，基液黏度逐渐降低，如图 6-9 所示，但是对体系的交联性能影响不大，因此可以用于该体系加重。

6.1.2　高温压裂液性能评价

1. 耐温耐剪切性能

双重交联高温压裂液在 160℃下剪切 2h，黏度大于 80mPa·s（图 6-10），180℃下剪切 2h，黏度大于 50mPa·s（图 6-11），基液黏度小于 70mPa·s，延迟交联时间可调（3～6min），交联液挑挂性能良好，满足 160～180℃地层应用。

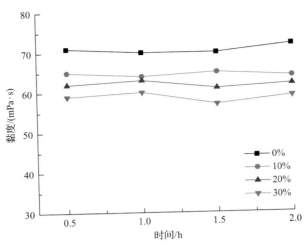

图 6-9 NaNO₃ 浓度对基液黏度影响

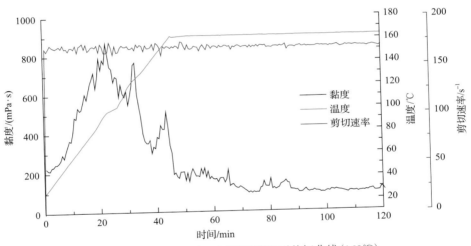

图 6-10 双重交联高温压裂液耐温耐剪切曲线(160℃)

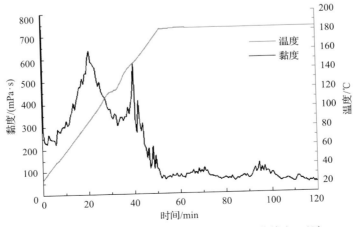

图 6-11 双重交联高温压裂液耐温耐剪切曲线(180℃)

2. 滤失性能

依据行业标准《水基压裂液性能评价方法》(SY/T 5107—2005),采用高温高压静态滤失仪,在测试筒中加入 400mL 的高温聚合物压裂液,放置两片圆形滤纸,装好滤筒开始实验,实验压力为 3.5MPa,滤液开始流出,同时记录时间,测定时间为 36min。

由表 6-2 可知,高温聚合物压裂液初滤失量为 $0.534\times10^{-2}\mathrm{m}^3/\mathrm{m}^2$,滤失系数为 $0.7\times10^{-4}\mathrm{m/min}^{0.5}$,滤失速率为 $0.46\times10^{-4}\mathrm{m/min}$,表明该压裂液能够具有非常好的降低滤失性能。

表 6-2 高温聚合物压裂液静态滤失实验

压裂液类型	初滤失量/(m³/m²)	滤失系数/(m/min^0.5)	滤失速率/(m/min)
高温压裂液	0.534×10^{-2}	0.7×10^{-4}	0.46×10^{-4}
《压裂液通用技术条件》(SY/T 6376—2008)	$\leqslant5\times10^{-2}$	$\leqslant9\times10^{-3}$	$\leqslant1.5\times10^{-3}$

3. 破胶性能、破胶液表面张力及残渣

由表 6-3 可知,对于高温聚合物压裂液体系,在 120℃温度条件下,当过硫酸铵加入量为 0.01%时,破胶时间为 1h,破胶液的表观黏度为 3.64mPa·s。

表 6-3 压裂液破胶性能

破胶时间	不同过硫酸铵加入量条件下破胶液表观黏度/(mPa·s)				
	0.01%	0.02%	0.03%	0.04%	0.05%
1h	3.64	1.8	1.41	1.12	1.35

由图 6-12 可知,破胶液的平均表面张力为 26.5mN/m,符合行业标准《压裂液通用技术条件》(SY/T 6376—2008)的要求。破胶液的表面张力较低,有利于克服水锁及贾敏效应,降低毛细管阻力,增加破胶液的返排能力。

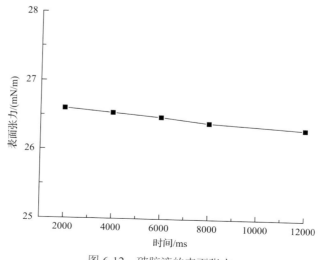

图 6-12 破胶液的表面张力

将破胶液过滤，烘干后称量离心管上的残渣含量，用万分之一天平称量离心后固体质量，固相含量约等于 0，表明该体系基本无残渣。

6.2　超高温酸液的研发及性能评价

随着勘探开发逐渐转向深井、超深井地层，如塔里木盆地塔河和轮古油田等大部分井温平均在 160～180℃[10-12]。酸化压裂技术是碳酸盐岩油气藏增产的关键技术[13-15]，其中在酸液方面已经形成了多种适用于高温储层的缓速酸液体系，如高温胶凝酸、乳化酸、交联酸和转向酸[16-20]等。但是对于超深高温井，现有的一些乳化酸和转向酸体系的耐温性无法提高到 140℃以上，胶凝酸及交联酸体系的缓蚀性能不能满足施工要求[21-27]。

为满足顺北深井、超深井有效酸压，需开发一种新型高温缓速酸体系。非均匀刻蚀自支撑高导流技术是目前高温碳酸盐岩酸压常用技术，需要不同黏度和反应速率的酸液体系，进行非均匀布酸和非均匀刻蚀，现场主要利用胶凝酸和交联酸实现。胶凝酸和交联酸为两种不同的酸液体系，需要不同的稠化剂、缓蚀剂等添加剂，研究形成胶凝酸和交联酸的一体酸液[28-30]，基液用作胶凝酸，加入交联剂用作交联酸，有利于现场配液、施工及避免不同酸液之间配伍性差的问题。

为满足超深碳酸盐岩储层酸化压裂增产改造，合成了新型酸用稠化剂和交联剂，优选了缓蚀剂、铁离子稳定剂，形成了配伍性好、基液稳定、耐温 160℃的一体化缓速酸，解决了酸液耐温差、配伍性差等问题，便于现场施工。

6.2.1　高温交联酸研发

1. 酸用稠化剂设计合成

1）结构设计

优良的酸液稠化剂应该增稠效率高、耐温、耐酸、耐剪切、易于乏酸返排。这就要求稠化剂聚合物分子的主链结构应为高碳链、刚性链结构，同时侧基尽量是大或刚性侧基。AMPS 单体带有 C═C 和大的磺酸基团，其双键能够进行自由基聚合，而其磺酸基团体积比较大，具有水合分子多、热稳定性好、与金属离子配位能力强、对岩壁吸附性能好等特点，具有显著的增稠效应，耐盐、耐酸、水化能力强。因此，稠化剂分子主链设计为聚丙烯酰胺类（PAMPS）。增稠效果好的另一个条件是稠化剂分子量要足够大。从这一方面来讲，2-丙烯酰胺-2-甲基丙磺酸（AMPS）有缺陷，即自由基聚合不易得到高分子量聚合物。为提高 PAMPS 的分子量，同时也向分子链中引入能与常用稠化酸交联剂具有交联反应能力的基团，设计 AM 与 AMPS 共聚。AM 与 AMPS 一样属于易聚合单体，水溶性好，不带电荷，单体之间斥力小，容易得到高分子量聚合物；AM 链节的酰胺基能够被常用的金属有机交联剂交联，如有机锆。不过，AM 链节引入稠化剂分子链中除具有上述优势之外，还会造成性能方面的一些缺陷，主要是 AM 链节耐酸性不好，侧基体积小，降低了 PAMPS 分子链的刚性。如果引入过多 AM，酸液高温加热 2h 以上，体系出现结块析出现象，出现结块析出的主要原因有两个：

（1）强酸性条件下，发生分子间亚酰胺化反应，引发分子间交联，导致黏度增大。在加热条件下，加速上述反应，导致酸液沉淀析出。

（2）缓蚀剂中一般都含有醛类或者含有可以分解出醛类的有机成分，酸性条件下，醛类与酸用稠化剂反应，导致基液黏度增大。在加热条件下，加速上述反应，导致酸液沉淀析出。

因此，酸用稠化剂合成必须合理设计 AM 和 AMPS 用量，同时满足耐温、可交联和无沉淀问题，通过优化合成工艺，尽量提高高分子分子量，进而提高交联酸体系耐温性能。

为了进一步提高稠化剂抗剪切和耐温性能，加入少量阳离子缔合单体，设计合成了缔合耐酸高温酸用稠化剂，基液可作胶凝酸，交联可作为交联酸体系。

2）合成工艺

对于丙烯酰胺、2-甲基-2-丙烯酰胺基-丙磺酸等单体，反应温度一般为 20～100℃，要求引发剂的离解能为 120～150kJ/mol。考虑到加工工艺，反应不能太快，否则形成的聚合物分子量低，因此选择氧化还原体系作为引发剂。经过探索性试验选择以 $K_2S_2O_8$ 和 $NaHSO_3$ 组成的氧化还原体系作为引发剂，同时为了保证单体转化率加入偶氮二异丁脒盐酸盐作为第二种引发剂。

将单体加入聚合瓶中，依次加入计量的去离子水、各种助剂及氢氧化钠水溶液，将 pH 调至所需的大小，向体系内鼓氮气 20min 以上，向聚合瓶中注入计量的氧化-还原复合引发剂和水溶性偶氮引发剂组成的复合引发体系，引发聚合反应，放置于低温水浴中进行第一段聚合，之后再高温聚合进行第二段聚合。聚合结束后，取出聚合物进行切块；将切好的胶块放入鼓风烘箱内干燥；干燥好的硬胶块用粉碎机进行粉碎，过筛后得到产品。流程示意图如图 6-13 所示。

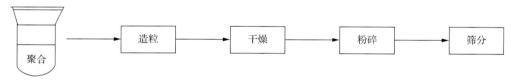

图 6-13　水溶液聚合工艺流程简图

为了合成性能最佳的耐高温稠化剂，需要确定合成的最佳合成工艺，为进一步扩大生产做好准备。主要对单体浓度、低温阶段反应时间、链转移剂用量、引发剂 1 和引发剂 2 用量、引发剂 3 用量及低温反应增强剂用量六个方面进行了观察，通过测量合成高分的溶液的黏度，确定最佳合成条件。

在保持固定的单体比例条件下，按一定比例称取单体和水，并置于处于冰水浴中的容器内，在搅拌下将单体溶于水中，分别注入设计量的疏水单体、乙二胺四乙酸（EDTA）、尿素等的水溶液。将氮气管插入容器底部开始充氮除氧，氮气必须保持一定的流速，以保证溶液中氧的含量要尽量低。降低上述混合溶液到一定温度，充氮 30min 后，在保持搅拌、充氮的情况下，分别向体系中注入设计量的引发剂溶液，搅拌均匀，低温反应 4h 后，进行加热反应 4h，从容器中取出凝胶产物，干燥，机械粉碎后得到产品。

对不同反应条件下合成的聚合物，测量 0.5% 合成功能聚合物水溶液的黏度，确定最佳的合成条件。

(1) 单体总质量分数对分子量的影响。

从图 6-14 可以看出，随着单体总质量分数的升高、聚合物溶液的表观黏度呈先增加后降低趋势；当单体总质量分数为 30% 时，聚合物溶液的表观黏度达到最大。这是因为随着单体质量分数增大，聚合速率和聚合物的分子量都在变大，同时更多的疏水单体被引入到聚合物中使聚合物拥有较好的疏水缔合效应，因此，表观黏度变大；但当单体质量分数过高时，疏水单体浓度也会过大而使其参与共聚反应的速率增加，从而造成疏水缔合增强而水溶性变差，另一方面单体浓度过大会造成链增长和链终止困难而链转移增加，多方因素导致聚合物溶液的表观黏度降低。因此，单体总质量分数以 30% 为宜。

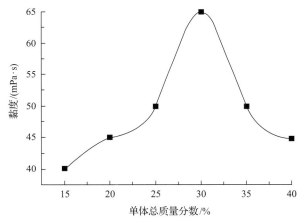

图 6-14 单体总质量分数对聚合物溶液表观黏度的影响

(2) 引发剂浓度对分子量的影响。

在保持其他条件不变时，考查引发剂质量分数对聚合物溶液表观黏度的影响。如图 6-15、图 6-16 所示，随着引发剂质量分数的增加，聚合物溶液的表观黏度先增大后减小，当引发剂 1 和 2 总质量分数达到 0.038%、引发剂 3 质量分数达到 0.033% 时黏度最大。当引发剂质量分数较低时，产生的自由基数目较少，单体不能充分引发聚合，聚合不完全，使得溶液的表观黏度比较低，但当引发剂质量分数过高时，产生的自由基数目过多，聚合物分子量下降，聚合物表观黏度下降。因此最佳的引发剂 1 和 2 总质量分数达到 0.038%、引发剂 3 质量分数为 0.033%。

(3) 链转移剂用量对分子量的影响。

在保持其他条件不变的条件下，考查链转移剂用量对聚合物黏度的影响。如图 6-17 所示，随着链转移剂用量增加聚合物溶液，黏度逐渐增加，当链转移剂质量分数达到 0.02% 时聚合物分子量最高，随着链转移剂质量分数进一步增加，聚合物溶液黏度逐渐下降，因此最佳的链转移剂质量分数为 0.02%，此时聚合物分子量最大。

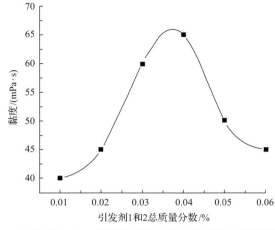

图 6-15　引发剂 1 和 2 总质量分数对聚合物溶液表观黏度的影响

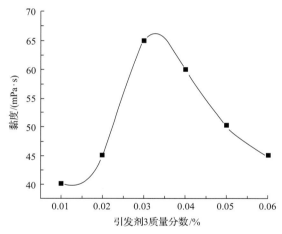

图 6-16　引发剂 3 质量分数对聚合物溶液表观黏度的影响

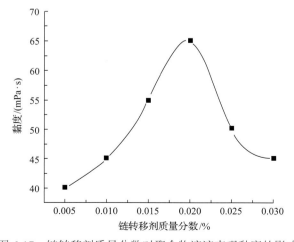

图 6-17　链转移剂质量分数对聚合物溶液表观黏度的影响

(4) 低温反应时间对分子量的影响。

低温反应是提高聚合物分子量的有效方法，因此有必要研究低温反应时间对聚合物分子量的影响。如图 6-18 所示，当反应时间为大于 4h 时，分子量增加变化不大，为了降低聚合物合成成本及效率，确定最佳的低温反应时间为 4h。

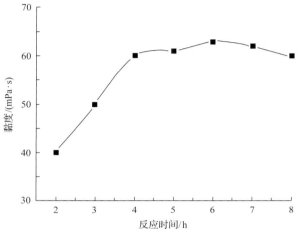

图 6-18 低温反应时间对聚合物溶液表观黏度的影响

通过上述合成工艺参数研究确定了最佳的耐高温酸用稠化剂合成工艺，当单体质量分数为 30%、引发剂 1 和 2 总质量分数为 0.038%、引发剂 3 质量分数为 0.033%、链转移剂质量分数为 0.02%、低温反应时间为 4h 时合成的聚合物分子量最大，增黏能力最佳。

3) 聚合物结构表征

所获得的共聚物的结构通过傅里叶变换红外光谱仪 (FT-IR) 确定。如图 6-19 所示，3421.1cm^{-1} 和 3208.969cm^{-1} 处的强吸收峰证明了—NH—和—NH$_2$ 的存在。2929.341cm^{-1} 和

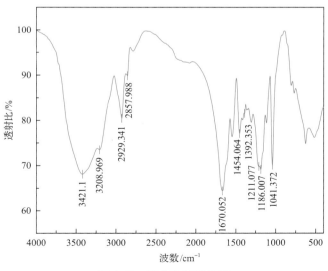

图 6-19 聚合物红外光谱

$2857.988cm^{-1}$ 处观察到—CH_2—的拉伸振动峰。$1670.052cm^{-1}$ 处的峰归属于 C═O 的拉伸振动。$1454.064cm^{-1}$ 和 $1392.353cm^{-1}$ 处的峰分别证明存在—$CONH_2$，—CH_2—N^+基团。$1211.077cm^{-1}$、$1186.007cm^{-1}$ 和 $1041.372cm^{-1}$ 处的峰是来自磺酸基团的拉伸振动（S═O）。很明显，吸收峰与目标聚合物的官能团结构一致，表明合成的产品与设计结构一致。

2. 高温交联剂合成

将去离子水加热至 90℃，加入一定量的氧氯化锆，充分溶解后加入一定比例的乙二醇和乳酸，用以 30～50r/min 的速度搅拌 30min，用 20%氢氧化钠调节 pH 到 5，恒温反应 4h，得到交联剂 SRAC-2A。SRAC-2B 是延迟交联剂，属于有机酸，可以起到延长交联时间的作用。

3. 高温缓蚀剂合成

在配有回流冷凝器、温度计、电热套和搅拌装置的三口烧瓶中加入一定量的芳香胺和无水乙醇，搅拌并滴加 20%的盐酸调整 pH 为 2.0 左右，然后按一定比例加入甲醛和芳香酮，加热至一定温度，回流反应。冷却并加入一定量的分散剂，然后再搅拌冷却至室温，即得到醛胺酮缩合物。由"醛胺酮缩合物+丙炔醇+脂肪醇聚氧乙烯醚+甲酸+甲醇"形成高温缓蚀剂的主剂，在 140℃以上温度条件下使用时需要加入碘化钾作为增效剂。

6.2.2 高温胶凝酸和交联酸配方研究

1. 酸用稠化剂使用浓度优选

通过引入阳离子疏水缔合单体和磺酸基耐温单体，合成了一种缔合耐温可交联酸用稠化剂，在 20%盐酸中该稠化剂通过缔合和高分子链缠绕作用具有良好增黏效果，可满足胶凝酸和交联酸基液黏度的要求。如图 6-20 所示，当稠化剂浓度大于 0.8%，酸液基液黏度与稠化剂的浓度成正比。为便于泵注，酸压现场施工要求 160℃酸液基液黏度小于 60mPa·s，因此酸用稠化剂用量在 1.1%以下都能满足要求，根据酸液耐温要求，可选择不同浓度酸用稠化剂满足不同储层酸压。

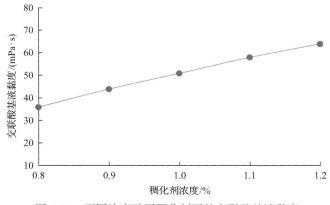

图 6-20　不同浓度酸用稠化剂下的交联酸基液黏度

2. 稠化剂浓度对交联酸尾黏测量

在 160℃条件下考查了不同浓度稠化剂对交联酸体系耐温耐剪切性能的影响，通过交联酸液尾黏大小确定最佳用量，结果见图 6-21。交联酸尾黏与 SRAP-2 稠化剂用量成正相关关系，在实验浓度范围内，随着酸用稠化剂浓度增加，尾黏逐渐增大。0.95%酸用稠化剂下，交联酸尾黏大于 45mPa·s，满足交联酸性能要求。综合考虑缓速酸的耐温耐剪切、施工摩阻及酸液成本，胶凝酸与交联酸体系 SRAP-2 浓度为 1.0%。

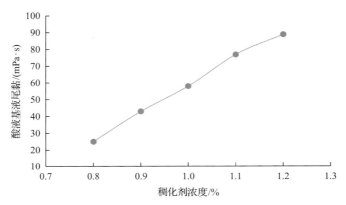

图 6-21　不同浓度酸用稠化剂下酸液基液尾黏

3. 交联剂比例优选

交联酸用交联剂为有机锆，可与酸用稠化剂中的酰胺基团和羧基发生配位作用，形成三维网状结构，增加交联酸的黏度。延迟交联剂为螯合多官能团有机分子，可进一步延迟交联剂与酸用稠化剂的反应，增加延迟交联的时间。在固定交联剂（0.8%）用量下，交联冻胶黏度随着延迟交联剂 B 的浓度增加而降低，交联时间随着延迟交联剂 B 的浓度增大逐渐增长，说明交联剂 B 起到明显的延迟交联作用，交联剂 A 和 B 的复配比例对交联时间和黏度的影响如图 6-22 所示。交联剂 B 可延长交联时间，降低交联强度，进而影响酸液体系的耐温性能，因此必须优选合适的交联剂 A 和 B 的复配比例。在保证交联和

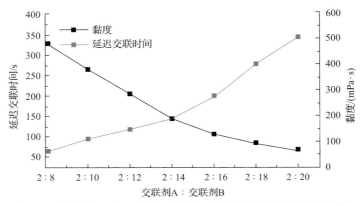

图 6-22　交联剂 A 和 B 的复配比例对延迟交联时间和黏度的影响

耐温情况下，要求尽量增大延迟交联时间，降低施工摩阻，因此选择 2∶12 为最佳交联剂 A 和 B 的比例。

根据上述结果分析可知，交联剂浓度为1%，交联剂 SRAC-2A 和延迟交联剂 SRAC-2B 的复配比例为 2∶12 时，交联酸冻胶可以挑挂，且有良好的黏弹性，如图 6-23 所示，同时延迟交联时间可达 2min 以上，能满足现场需求。

图 6-23　交联酸冻胶挑挂性能

4. 高温缓蚀剂优选

按照《酸化用缓蚀剂性能试验方法及评价指标》(SY/T 5405—1996)进行 140℃以上动态腐蚀实验，实验中转速在 60r/min 以上，压力大于 8MPa，先加压再升温，保证体系处于高压下；实验结束，先降温，再降压，保证安全。

常规缓蚀剂与交联酸稠化剂高温下配伍性差，导致酸基液放置增黏和高温析出现象，影响酸液腐蚀和缓速性能。通过减少醛胺酮类缓蚀剂中游离有机醛数量，可有效防止室温和高温下缓蚀剂和稠化剂的交联作用，解决了酸液基液增黏和高温析出分层难题。室温下交联酸基液黏度稳定，高温流变后不存在脱酸情况，无析出及分层现象发生，说明酸用稠化剂及缓蚀剂配伍性良好。

P110S 钢片在 140℃和 160℃下的平均腐蚀速率见表 6-4。在 3%缓蚀剂作用下，随着温度的升高，腐蚀速率增大，140℃腐蚀速率小于 50g/(m²·h)，满足现场指标要求；160℃腐蚀速率为 84.8054g/(m²·h)，相对较高，满足三级标准。

表 6-4　140℃和 160℃下钢片的缓蚀速率

温度/℃	P110s 钢片编号	试前质量/g	试后质量/g	钢片失重/g	平均腐蚀速率/[g/(m²·h)]
140	729	11.0118	10.7623	0.2495	46.1021
140	724	10.9742	10.7221	0.2521	
160	726	10.7723	10.301	0.4713	84.8054
160	780	10.7624	10.311	0.4514	

注：缓蚀剂质量分数为 2.5%，增效剂质量分数为 0.5% ；黏度稳定，高温无分层。

5.160℃胶凝酸与交联酸优选配方

通过以上实验对各种添加剂进行优选，得出耐高温缓速酸体系配方。

胶凝酸：20%盐酸+1%SRAP-2+2.5%高温缓蚀剂 SRAI-1+0.5%增效剂+1%酸压用铁离子稳定剂 SRAF-1+1%酸压用破乳剂 SRAD-1。

交联酸：胶凝酸+1%交联剂 SRAC-2A 和延迟交联剂 SRAC-2B（A：B=2：12）。

6.2.3 高温胶凝酸和交联酸综合性能评价

1. 耐温耐剪切性能

为满足一定缓速效果，缓速酸体系需满足地层温度条件下耐温耐剪切性能，达到酸化或者酸压所需的黏度要求。在剪切速率 $170s^{-1}$、160℃实验条件下，利用哈克流变仪对胶凝酸和交联酸体系耐温耐剪切性能进行研究。

1）胶凝酸耐温耐剪切性能

胶凝酸体系的耐温耐剪切曲线如图 6-24 所示。可知，在 160℃下胶凝酸具有较好的流动性和黏度，起始黏度为 58mPa·s 左右，随着温度的升高，胶凝酸的黏度整体呈下降趋势，60min 时黏度稳定在 20mPa·s 左右，表明该胶凝酸配方耐温耐剪切性能良好，能够满足 160℃碳酸盐岩储层酸化需要。证明采用的两性疏水缔合稠化剂酸用稠化剂，160℃温度下表现出良好的耐盐、耐酸、耐温和抗剪切性能。

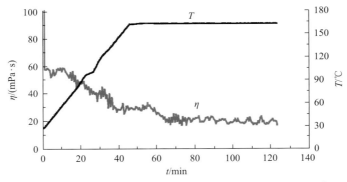

图 6-24　160℃温度下胶凝酸体系的耐温耐剪切性能（$170s^{-1}$）

2）交联酸耐温耐剪切性能

160℃温度下交联酸体系的耐温耐剪切性能如图 6-25 所示。在胶凝酸中加入 1%交联剂形成可挑挂酸冻胶，交联酸起始黏度为 290mPa·s 左右，随着温度升高，交联剂配位螯合锆离子缓慢控制释放，形成致密网络结构，酸液黏度逐渐增大，当温度为 100℃时黏度达最大值 590mPa·s；随着温度升高及剪切作用黏度逐渐下降，温度 160℃时黏度为 300mPa·s，在高温和剪切作用下，冻胶网络结构逐渐被破坏，黏度继续下降，在 35min 左右时，体系黏度达到最低值，基本保持稳定；在 160℃剪切 90min，交联酸黏度仍保持在 55mPa·s 以上。取出交联酸样液，无脱酸和析出现象，表明该交联酸配方耐温耐剪切性能良好，可应用于160℃碳酸盐岩储层。

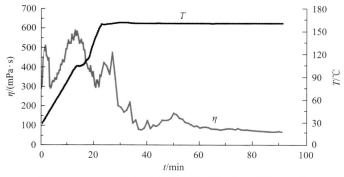

图 6-25　160℃温度下交联酸体系的耐温耐剪切性能

设计合成的稠化剂为疏水缔合稠化剂，高分子链之间具有良好的缔合作用，同时由于分子链中的羧基和氨基与锆离子配位，形成一种缔合作用和配位交联双重作用的酸冻胶，相对于常规聚合物形成的交联酸体系具有很好的耐温和抗剪切性能。

2. 酸岩反应动力学研究

在酸压改造中得到广泛应用，为提高交联酸酸压效果，酸压设计的优化至关重要，其中酸岩反应机理、酸岩反应动力学方程、反应动力学参数(反应级数、速度常数、活化能)、氢离子有效传质系数和酸岩反应速度及影响因素的确定都是酸压设计的基础，因此开展交联酸的反应动力实验研究，对全面认识交联酸与碳酸盐岩的反应动力学规律、深化酸压理论研究和优化酸压设计都有很好的指导意义。

1) 酸岩反应机理

碳酸盐岩中矿物成分与酸液发生的化学反应是酸岩反应的核心。

碳酸盐岩油气层的酸化常用盐酸，其化学反应如下：

$$2HCl+CaCO_3 \xlongequal{\hspace{1cm}} CaCl_2+H_2O+CO_2\uparrow \tag{6-1}$$

$$4HCl+MgCa(CO_3)_2 \xlongequal{\hspace{1cm}} CaCl_2+MgCl_2+2H_2O+2CO_2\uparrow \tag{6-2}$$

盐酸与碳酸盐岩发生反应时，所产生的反应物有氯化镁、氯化钙、二氧化碳和水，无沉淀产生。在地层的压力和温度下，一小部分二氧化碳气体溶入液体中，大部分自由状态的气泡分散在残留的酸溶液中，有助于残余的酸溶液排出。

盐酸溶蚀碳酸盐岩是复相反应过程，其特点是反应只在酸岩界面上进行，其反应过程可看成由三个步骤组成：①酸液中的 H^+ 传递到碳酸盐岩表面；②H^+ 在岩面与碳酸盐岩进行反应；③反应生成物 Ca^{2+}、Mg^{2+} 和 CO_2 气泡离开岩面。

酸岩复相反应速度主要取决于上述复相反应步骤的第一步，即 H^+ 传递到碳酸盐岩表面的速度，所以，可以用表示离子传质速度的菲克定律来表示酸岩反应速度和扩散边界层内离子浓度梯度的关系式[5]：

$$-\frac{\partial C}{\partial t} = kC^m = D_e \frac{S}{V} \frac{\partial C}{\partial y} \tag{6-3}$$

式中，C 为酸液内部浓度，mol/L；t 为酸岩反应时间；k 为反应速度常数，$(\text{mol/L})^{1-m} \cdot \text{s}^{-1}$；$m$ 为反应级数，无因次；D_e 为 H^+ 有效传质系数，cm^2/s；S 为岩盘反应表面积，cm^2；V 为参加反应的酸液体积，L；y 为垂直于盘面方向上的分量。

式 (6-3) 表明，酸岩反应速度的影响因素有 H^+ 的传质系数、酸岩系统的面容比和垂直于边界层方向的酸浓度梯度。

2) 酸岩反应动力学

在酸岩反应动力学研究中，一般采用两种方法：一种是旋转岩盘酸岩反应模拟实验，实验方法是先将岩心加工成圆盘，在一定温度压力下，将其放在密闭釜中，搅拌酸液使其做旋转运动，根据旋转运动下的对流扩散偏微分方程，以此来研究酸岩反应规律；另一种是平行板酸岩反应模拟实验，实验方法是先将岩心加工成大小相同的两块岩板，将岩板平行放置用于模拟裂缝，然后在一定温度压力条件下使酸液在岩板中流动，模拟裂缝中的酸液与岩石的反应，求取酸岩反应动力学相关参数。

平板流动动态酸岩反应模拟实验可以较真实模拟高温高压条件下的酸液沿人工裂缝流动的实际情况，可求酸岩反应速度常数 k、反应级数 m、反应活化能 E。但是，平板流动动态酸岩反应模拟实验无法求取 H^+ 传质系数 D_e，无法测定其单位时间内的表面酸浓度，也不能建立表面反应动力学方程，并且实验设备岩心需求量大，操作费时，难以进行大量的实验。

常规条件下，旋转圆盘模拟的试验方式可以准确地模拟不同模式下的酸岩反应，尤其是酸岩表面反应，可以较简便地求取酸岩反应速度常数、反应级数、反应活化能、H^+ 有效传质系数等参数，可进行大量实验。故该实验采用旋转岩盘实验装置进行实验。

3) 实验仪器及准备

实验仪器：利用美国研制的旋转岩盘仪进行实验，如图 6-26 所示，该装置主要由储酸罐及高压釜、温度控制及测试、旋转调速三大部分组成。实验时，将配好的酸液注入

图 6-26 旋转岩盘实验装置

储酸罐中并将固定好岩样(已知反应表面积)的圆盘置于反应釜内旋紧,在设定条件下由电动机带动釜体内的岩盘旋转进行反应,定时取样测定酸浓度,计算相应条件下的酸岩反应数据。

压力条件:酸岩反应为固液非均相反应,理论上反应速度与压力无关,但酸岩反应的生成物有二氧化碳,低压条件下二氧化碳在岩心表面生成并逸出,会影响酸岩反应速度,当压力大于 7MPa 时,生成的二氧化碳完全溶解在酸液中,酸岩反应成为真正意义上的固相液相反应,压力变化对反应速率不再产生大的影响,因此实验压力应大于 7MPa。

同离子效应:根据化学动态平衡理论,酸岩反应速度受反应产物的影响,即所谓同离子效应,为了模拟酸压过程的酸岩反应,实验时需要在酸液中预先加入一定量的地层岩心粉末,这样既可以把酸液调成不同的浓度,又可以模拟同离子效应的影响。最后在旋转圆盘酸岩反应仪中通过测定一定反应时间内酸液浓度的变化来确定酸岩反应速度。

酸液流态:酸液在裂缝中流动的雷诺数为

$$Re = 1.67 \times 10^2 \times \frac{Q}{H\upsilon} \tag{6-4}$$

式中,Re 为雷诺数,无因次;Q 为酸液排量,m^3/min;H 为裂缝高度,m;υ 为酸液运动黏度,cm^2/s。

实验通过控制岩心圆盘转速模拟酸液在裂缝中的流态,即通过控制雷诺数模拟酸液在裂缝中的流态:

$$Re = \frac{\omega r^2}{\upsilon} \tag{6-5}$$

式中,ω 为旋转角速度,rad/s;r 为圆盘半径,cm。

对于直径为 2.54cm 的岩盘,经计算当其转速为 500r/min 时,反应酸液的流动状态与施工排量为 $4m^3/min$ 时的酸液在地层裂缝中流动状态相近,测定反应级数和速率常数时的岩盘转速一般设定为 500r/min。

4) 实验步骤

实验准备:①将岩心磨平,烘干,照相,称重;②在岩心的后端做好标记(好判断酸液在前段岩面上的流动方向);③按实验设计配制酸液 600mL;④准备 0.5mol/L NaOH 溶液 500mL、酚酞指示剂小瓶;⑤准备试管架及试管、洗耳球、移液管、大小烧杯、滴定试管架、酸碱滴定管用于采集酸样和滴定酸样;⑥将旋转岩盘擦洗干净,连接气瓶及其他管线,试压,检查装置的密闭性。

酸液配制:①按实验设计的酸液配方计算各试剂的加量;②在通风柜中,将计算好的分析纯盐酸和相应蒸馏水混合;③待盐酸冷却后,加入缓蚀剂,并用强力搅拌机搅拌;④称取相应稠化剂,将稠化剂缓慢、均匀地加入到盐酸中,待稠化剂充分溶胀;⑤加入复配好的交联剂,形成均匀的交联酸。

实验过程:①首先用稀盐酸(2%左右)清洗反应釜、管线,然后用清水清洗一遍,排去污水后用高压氮气瓶将管线冲刷干净;②关闭好各个阀门,通入高压氮气,检查是否有地方密封不严，如检查合格，关闭预热釜和反应釜下部所有阀门；如果不合格，更换相应的阀门；③将配制好的酸液（600mL）注入到预热釜中，密封好后将温度调至要测试的温度进行加热，同时打开反应釜加热，设定温度为反应温度；同时准备好岩样，称重、测量其直径，并将其粘在圆盘上，将圆盘装入反应釜中，密封好；④当温度达到设定的温度并保持稳定后，将预热釜压力源打开加压，为安全起见，此时的压差不宜设定太大（0.2～0.4MPa），打开预热釜下部阀门和反应釜下部的阀门，使预热釜的酸液在压力的作用下转移到反应釜中；⑤对反应釜进行加压，压力为 8MPa，设定转速为 500r/min，开始计时；⑥反应 300s 时从取样口取样，再次测定其浓度变化，打开反应釜下部阀门和放酸阀门，为了提高实验的数据准确度，先放掉 2mL 左右的管线中之前残留的液体，然后再取 5mL 左右的液体待测；⑦取样完毕后，停止搅拌，泄压，排除残酸，冷却反应釜；⑧清洗实验仪器管线，结束实验，整理实验室。

　　5）实验结果

　　交联酸酸岩反应动力学方程测试结果：反应条件为压力 8MPa，温度 140℃，转速 500r/min，根据所测得不同酸液浓度下的酸岩反应速率绘图，岩心反应前后的照片如图 6-27～图 6-29 所示，实验数据如表 6-5 所示，得到新型交联酸酸岩反应动力学方程，如图 6-30 所示。

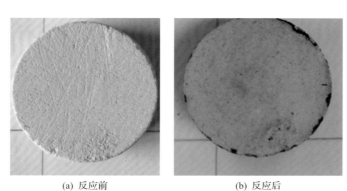

(a) 反应前　　　　　　　　(b) 反应后

图 6-27　20%交联酸反应前和反应后实验照片

(a) 反应前　　　　　　　　(b) 反应后

图 6-28　15%交联酸反应前和反应后实验照片

(a) 反应前　　　　　　　　　　　　(b) 反应后

图 6-29　10%交联酸反应前和反应后实验照片

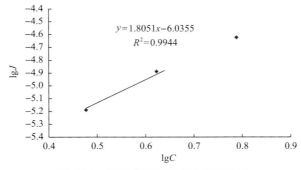

图 6-30　新型交联酸酸岩反应关系图

J 为反应速率，$mol/(cm^2 \cdot s)$

由图 6-27 可以看出，20%交联酸反应后岩心表面凹凸不平，存在很多凹坑，未见流线型凹槽。

从图 6-28 可以看出，15%交联酸反应后也存在大量凹坑，与 20%交联酸相比，凹坑较深，有形成蚓孔的趋势。同时，凹坑中存有酸液残渣，初步判断是由于新型交联酸反应后黏度变低，酸液部分破胶，导致表面存在酸液残渣。

由图 6-29 可以看出，10%交联酸与前面高浓度酸液相比，溶蚀量明显减小，溶蚀出来的凹坑也变小变浅，同样存在残渣在表面滞留的情况。

为确保实验结果的准确性，利用岩心柱的另一面进行重复性实验。实验基础数据如表 6-5 所示。

表 6-5　不同酸液浓度酸岩反应数据表

岩心编号	酸液浓度/%	反应时间/min	转速/(r/min)	压力/MPa	温度/℃	反应前质量/g	反应后质量/g	质量差/g
1#	20	10	500	8	140	16.8516	15.909	0.9426
1#-1	20	10	500	8	140	15.9090	14.9688	0.9402
2#	15	10	500	8	140	18.6169	18.0614	0.5555
2#-2	15	10	500	8	140	18.0614	17.5127	0.5487
3#	10	10	500	8	140	18.0912	17.8015	0.2897
3#-3	10	10	500	8	140	17.8015	17.5155	0.2860

两次实验取平均值处理得线性回归曲线(图 6-30),可以得到拟合直线的斜率为 1.8051,直线的截距为-6.0355,拟合相关系数 R^2 为 0.9944,相关性极好,可以求得 140℃反应级数、反应速率常数和拟合相关系数如下:反应级数 m=1.8051,反应速率常数 k=9.215×10^{-7},拟合相关系数 R^2=0.9944。

由此可得,140℃下交联酸的活化能方程为

$$J=9.215×10^{-7}C^{1.8051} \tag{6-6}$$

140℃反应温度下的交联酸的动态酸岩反应动力学方程的拟合相关系数在 0.99 以上,说明动力学方程的拟合关系较好。

对比 120℃下稠化酸的酸盐反应动力学方程:

$$J=2.0606×10^{-6}C^{1.6239}$$

从图 6-31 可以看出,120℃下稠化酸的反应级数、反应速率常数如下:反应级数 m=1.6239,反应速率常数 k=2.0606×10^{-6}。

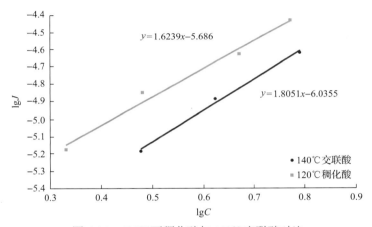

图 6-31 120℃下稠化酸与 140℃交联酸对比

140℃下交联酸和 120℃下稠化酸相比,虽然交联酸测试温度高,但交联酸的反应速率常数依然小于稠化酸反应速率,证明该交联酸具有良好的耐温性能和缓速性能。

交联酸酸岩反应活化能测试结果:通过改变酸岩反应温度,固定其他实验条件,测定交联酸在不同反应温度下的反应速率,将实验数据绘图,得到了交联酸与碳酸盐岩的反应活化能。

由表 6-6 可知,100℃和 120℃下,参与交联酸反应的碳酸盐岩质量小于 140℃下反应质量(120℃时的质量是 0.8688g,140℃时是 0.9426g),说明随着反应温度的升高,酸岩反应速率在不断升高,并且从增量来看,温度升高,反应量增量不大,说明在高温条件下,温度不是酸岩反应速率的主控因素。

由线性回归曲线得到(图 6-32),拟合直线的斜率为-1158,直线的截距为-1.7964,拟合相关系数 R^2 为 0.9839,相关性极好,可以求得 20%交联酸活化能和频率因子如下:酸岩反应活化能 E_a=9627.612kJ/mol;频率因子 K_o=0.00098。

表 6-6 不同温度下酸岩反应数据表

岩心编号	酸液浓度/%	反应时间/min	转速/(r/min)	压力/MPa	温度/℃	反应前质量/g	反应后质量/g	质量差/g
4#	20	10	500	8	100	17.8339	17.0008	0.8331
5#	20	10	500	8	120	18.6796	17.8108	0.8688

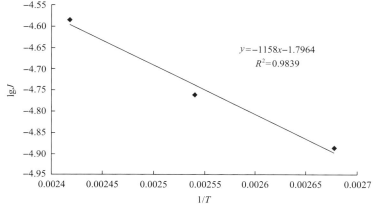

$$y=-1158x-1.7964$$
$$R^2=0.9839$$

图 6-32 交联酸反应速度与温度的关系曲线

由式(6-7)可得活化能方程:

$$J = 0.00098e^{\dfrac{-9627.612}{RT}}C^{1.5368} \tag{6-7}$$

交联酸 H^+ 有效传质系数测试结果:改变酸岩反应转速,其他条件保持不变,测量交联酸氢离子传质系数。实验结果如图 6-33 所示。

(a) 反应前 (b) 反应后

图 6-33 $300s^{-1}$ 条件下交联酸反应前和反应后实验照片

从图 6-33 和图 6-34 可以看出,$300s^{-1}$ 条件下岩心表面留有黑色凹坑,未见流痕;$800s^{-1}$ 条件下,酸液与岩石接触速度快,加快氢离子的交换,岩心表面凹坑变少,非均质腐蚀减弱,但整体刻蚀严重,有流痕出现。

(a) 反应前   (b) 反应后

图 6-34 $800s^{-1}$ 条件下交联酸反应前和反应后实验照片

H^+ 有效传质系数随雷诺数的变化有个极小值，是对流传递和扩散传递的综合作用效果，说明注酸速度有最佳值，使酸岩反应速度最小。随着酸液黏度的增大，拐点处的雷诺数的值变少。因为交联酸黏度大，雷诺数远未达到拐点状态，当前剪切速度下，H^+ 有效传质系数随雷诺数基本线性增加。

通过以上酸岩反应实验可知：在高温下，该交联酸液体系甚至比低温度下的稠化酸酸岩反应速率更低，反应级数 m 为 1.5368，反应速率常数 k 为 1.54×10^{-6}，具有优越的耐温性能和缓速性能；20%交联酸酸岩反应活化能 E_a 为 9627.612kJ/mol，频率因子 K_0 为 0.00098；交联酸 H^+ 有效传质系数在实验范围内随着雷诺数的增高而增大。

6.2.4 高温酸液机理研究

1. 交联酸形成与作用机理

交联酸的作用原理主要是酸液黏度的变化。交联酸是指在酸液中加入一种合成聚合物，能在地层中形成交联胶凝剂增加黏度，在酸液消耗为残酸后能自动破胶、降黏的酸液体系。它是在胶凝酸的基础上发展起来的，在保持胶凝酸降阻、缓速等优点的基础上，强化酸液滤失的控制。交联酸与胶凝酸的不同之处就在于新酸向残酸转变的过程中，增加了一个黏度升高/降低的过程，即酸液的初始黏度为 30~45mPa·s，进入地层后，液体由线性流体变成黏弹性的冻胶状。液体的这种高黏状态，使其在地层的微裂缝及孔道中的流动阻力变得很大，极大地限制了液体的滤失，减缓了酸液中 H^+ 向已反应的岩石表面扩散，使鲜酸继续向深部穿透和自行转向其他低渗透层。随着酸液的进一步消耗，当pH>3后，形成残酸，黏度随之降低，液体又恢复到原来的线性流体状况，易于返排。

交联酸的特点体现在：黏度高、滤失低、摩阻低、易泵送、酸岩反应速度慢、造缝效率高、返排容易、流变性好、能携砂等一系列优点，从而可以实现酸液体系深穿透、提高酸蚀裂缝导流能力、延长压后有效期、提高单井产能的目的。交联酸主要由酸用稠化剂、酸用交联剂和其他配套的添加剂组成，通过聚合物稠化剂与交联剂的配合使用，使液体形成网络冻胶体系，黏度达到最大。由此可以看出，酸液体系既保持了胶凝酸的优良性能，又提高了酸液滤失的控制能力，可达到非牛顿流体的滤失水平，是目前最有效的控制酸液滤失手段，使施工过程中酸液的效率及作用距离均有较大的提高。

2. 交联剂的延缓交联机理

有机锆作为交联酸液的交联剂,在水中通过络合和多次水解、羟桥作用产生了多核羟桥络离子,多核羟桥络离子带高的正电荷,并且高价金属易形成配位键,而稠化剂中的羧基带负电,氧和氮有孤对电子,多核羟桥络离子是通过与稠化剂中的羧基集团形成极性键和配位键而产生交联,交联反应如下:

(1)有机锆+H^+ —→ 羟基水合锆离子。

(2)羟基水合锆离子 —→ 多核羟桥络离子。

(3)多核羟桥络离子+稠化剂 —→ 交联冻胶。

第一步反应制约了聚合物稠化剂的交联速度。由于配位体与Zr^+形成有机锆螯合环,络合较强,使有机锆的解离过程减慢,控制了羟基水合锆离子的形成速度,从而延缓了对聚合物稠化剂的交联反应速度,使交联酸体系的黏度慢慢增加。

3. 稠化酸与交联酸的微观结构分析

为了探索稠化酸和交联酸交联前后结构上的区别,室内通过扫描电镜观察了稠化酸和交联酸的微观结构。

实验通过扫描电子显微镜(SEM)观察交联体系的微观结构,其原理为:经电子透镜聚焦以后的高能电子束入射到固体样品表面,与样品中的原子发生碰撞而产生弹性或非弹性等一系列物理效应,如背散射电子、二次电子、吸收电子、透射电子、射线、俄歇电子、阴极荧光及电子-孔穴对等高能电子束与固体样品的相互作用。通过检测这些效应,即可获得关于样品的表面形貌、组成及结构等信息。SEM主要通过电子光学系统发射高能电子束,让其与样品表面产生相互作用,再通过信号检测系统检测高能电子束与样品相互作用后产生的二次电子和背散射电子将其放大,最后在显示系统成像。

为了观察到较好的微观结构,SEM样品的制备非常重要,一般SEM样品的制备与观察步骤如下:

(1)制样。将清洗过的毛玻璃片固定,再将极少量样品均匀地涂在洁净的毛玻璃片上,编号备用。

(2)冷冻、干燥。迅速将毛玻璃片转移入干燥器中,使聚合物或溶液中的水分升华而除去,最终制得干样。

(3)镀膜。将制得的干样置于一定真空度的高压电场中,高压电场使空气电离,然后在干样表面镀上一层可以导电的金属膜,即喷金。

(4)电子显微镜扫描。将样品取出直接移入扫描电子显微镜,并在样品室进行观察,选取图片,进行结构分析。

从图6-35和图6-36可得出,稠化酸的微观结构呈鱼骨状,各结构之间连接较少。相比于稠化酸的微观结构,交联酸的微观结构为三维网状结构,结构很密实,微结构中仍含有一定程度的孔隙,交联体系的骨架较为坚硬。骨架坚硬说明交联体系成胶强度高,因此,使得交联酸体系具有较好的耐高温性能。

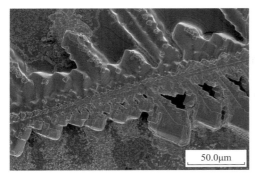

图 6-35 稠化酸的微观结构

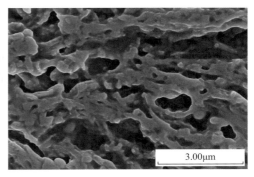

图 6-36 交联酸的微观结构

6.3 现场应用实例

顺北某井井底温度为162℃，采用耐温160℃的高温加重压压裂液和酸液体系(图6-37)，施工泵注程序如表 6-7 所示。酸液配方：20%HCl+1.0%SRAP-1 稠化剂+3.0%SRAI-1 缓

图 6-37 酸液在现场配置

表 6-7 酸压施工泵注程序

序号	工序	液量/m³	累计液量/m³	排量/(m³/min)	泵压预计/MPa	备注
1	正挤滑溜水	50	50	1.0～3.0	—	将压井液挤入地层
2	正挤压裂液	250	300	≥5.0	≥92	两级交替深穿透酸压
3	正挤地面交联酸	300	600	≥6	≥83	
4	正挤压裂液	300	900	≥5.0	≥92	
5	正挤地面交联酸	350	1250	≥6	≥83	
6	正挤滑溜水	100	1350	≥4.0	≥83	顶替将酸液顶入地层
7	停泵测压降 30min					

蚀剂+1.0%SRAC-2 交联剂+1.0%SRAF-1 铁离子稳定剂+1.0%SRAD-1 破乳剂+0.05%SRAB-1 破胶剂；耐温 160℃，恒温剪切 35min，黏度大于 40mPa·s，腐蚀速率满足 140℃条件一级腐蚀指标要求[<50g/(m²·h)]；配液和运输时间 10 天左右，交联酸基液黏度稳定，黏度在 50mPa·s 左右；交联酸现场交联性能良好，可挑挂；现场施工顺利，满足各项指标要求。

共注入液体 1365m³，其中低黏度酸液 235m³，高黏度酸液 415m³，从图 6-38 可以看出，酸液在裂缝中呈现出多次的指进现象，并促进了裂缝缝高及底部缝长延伸，沟通了底部的储集体，激活了多处天然裂缝，酸压后单井产量取得重大突破。

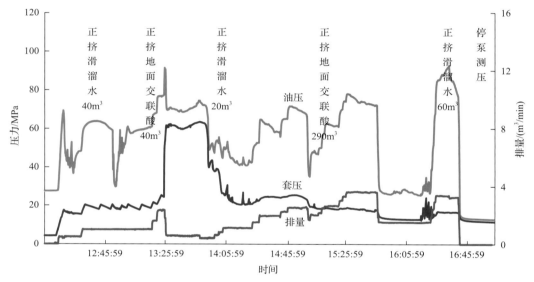

图 6-38 顺北某井酸压施工曲线

顺北某井酸压层段为奥陶系一间房组 7553.64～7876.00m 井段，井底温度 160℃。利用不交联的地面交联酸酸蚀能力强的特点，穿透近井污染带；高排量注深穿透能力强的地面交联酸，解除地层深部污染；压后初期产油 200t/d，油压明显增加，效果较好，稳产 130t/d。

参 考 文 献

[1] 李军, 张静, 刘德铸, 等. 小龙湾粗面岩油藏高温压裂液[J]. 石油钻采工艺, 2003, (S1): 59-61, 94-95.

[2] 张应安, 刘光玉, 周学平, 等. 新型羧甲基瓜尔胶超高温压裂液在松辽盆地南部深层火山岩气井的应用[J]. 中国石油勘探, 2009, 14(4): 10, 70-73.

[3] 杨振周, 张应安, 石宝民, 等. 裂缝性火山岩储层加砂压裂改造的综合配套技术[J]. 天然气工业, 2009, 29(9): 85-87, 141.

[4] 许可, 侯宗锋, 常进, 等. 耐 245℃超高温压裂液稠化剂的制备与性能分析[J]. 应用化工, 2020, 49(12): 3031-3033.

[5] 李年银. 塔里木轮南潜山裂缝型油气藏高温深井酸压效果评价[D]. 成都: 西南石油大学, 2006.

[6] 雷群, 胥云, 杨战伟, 等. 超深油气储集层改造技术进展与发展方向[J]. 石油勘探与开发, 2021, 48(1): 193-201.

[7] 赵莹. 低摩阻高温加重压裂液体系研究及性能评价[J]. 精细石油化工进展, 2020, 21(6): 1-4, 32.

[8] 戴秀兰, 刘通义, 魏俊, 等. 一种延迟交联的抗高温加重瓜胶压裂液的研究[J]. 西南石油大学学报(自然科学版), 2021, 43(1): 176-182.

[9] 戴秀兰, 刘通义, 魏俊, 等. 加重压裂液用聚合物稠化剂合成及性能[J]. 钻井液与完井液, 2019, 36(6): 766-770.

[10] 张以明, 才博, 何春明, 等. 超高温超深非均质碳酸盐岩储层地质工程一体化体积改造技术[J]. 石油学报, 2018, 39(1): 92-100.

[11] 王永辉, 李永平, 程兴生, 等. 高温深层碳酸盐岩储层酸化压裂改造技术[J]. 石油学报, 2012, (S2): 166-173.

[12] 谭明文, 张应科, 钟水清, 等. 川东北高温高压深井超深井酸压改造技术研究与应用[J]. 钻采工艺, 2011, 3: 35-40, 114.

[13] 陈志海, 戴勇. 深层碳酸盐岩储层酸压工艺技术现状与展望[J]. 石油钻探技术, 2005, 33(1): 58-62.

[14] 徐中良, 戴彩丽, 赵明伟, 等. 酸压用交联酸的研究进展[J]. 应用化工, 2017, 46(12): 2424-2427.

[15] 王伟秋, 孙春亮, 刘炳良, 等. 深潜山体积酸压技术应用研究[J]. 中国石油石化, 2017, (11): 79-80.

[16] 唐清, 杨方政, 李春月. 可携砂交联酸酸液体系室内实验及现场应用[J]. 精细石油化工进展, 2014, (1): 1-4.

[17] 张绍东, 徐永辉, 李兆敏, 等. 泡沫酸配方室内试验研究[J]. 钻采工艺, 2006, 29(5): 99-101.

[18] 何春明, 陈红军, 赵洪涛, 等. VES自转向酸体系流变性能[J]. 油气地质与采收率, 2010, 17(4): 104-107.

[19] 李长城, 黄鹏, 陈洪, 等. 适用于碳酸盐岩储层复合有机缓速酸液体系研究[J]. 当代化工, 2017, (3): 475-477.

[20] 吴洋, 王金玉, 郭帆, 等. 阳离子聚合物型酸液缓速剂的合成与性能评价[J]. 现代化工, 2018, (1): 102-106.

[21] 胡国亮. 低摩阻乳化酸研究与应用[J]. 新疆石油天然气, 2004, 16(1): 70-71.

[22] Cassidy J M, Wadekar S, Pandya N K. A unique emulsified acid system with three intensifiers for stimulation of very high temperature carbonate reservoirs[C]//SPE Kuwait International Petroleum Conference and Exhibition, Kuwait City, 2012.

[23] 田疆, 杨映达. 高温碳酸盐岩油藏酸压用酸液体系发展与应用现状[J]. 石油实验地质, 2014, (S1): 67-69.

[24] 李丹, 伊向艺, 王彦龙, 等. 深层碳酸盐岩储层新型酸压液体系研究现状[J]. 石油化工应用, 2017, 36(7): 1-5.

[25] 侯帆, 许艳艳, 张艾, 等. 超深高温碳酸盐岩自生酸深穿透酸压工艺研究与应用[J]. 钻采工艺, 2018, (1): 35-37.

[26] 刘炜, 张斌, 常启新, 等. 胶凝酸体系的性能研究及应用[J]. 精细石油化工进展, 2013, 14(1): 12-14.

[27] 温长云, 王磊, 马收, 等. 新型交联酸液体系的研制及其应用[J]. 西南石油大学学报(自然科学版), 2013, 35(2): 146-151.

[28] 王程程, 贾文峰, 杨琛, 等. 交联剂种类对高温酸液性能影响对比研究[J]. 精细石油化工, 2020, 37(5): 26-30.

[29] 穆代峰, 贾文峰, 姚奕明, 等. 胶凝酸与交联酸一体化耐高温缓速酸研究[J]. 钻井液与完井液, 2019, 36(5): 634-638.

[30] 贾文峰, 任倩倩, 王旭, 等. 高温携砂酸液体系及其性能评价[J]. 钻井液与完井液, 2017, 34(4): 96-100.

第7章 超深碳酸盐岩储层深穿透酸压实例分析

7.1 国外超深碳酸盐岩酸压实例

7.1.1 交替注入前置液酸压中单相缓速酸在哈萨克斯坦的应用实例

1. 井身结构及地层性质

A 井位于滨里海盆地,并采用酸压进行改造[1]。该井为一垂直探井,目标层位为石灰岩地层,射孔段总长度为 22m,井身结构及地层性质如表 7-1 所示。

表 7-1 实例井 A 的井身结构及地层性质

井名	施工类型	岩性	基质有效孔隙度/%	渗透率/mD	地层压力/bar	井底静态温度/℉	套管内径/mm	油管内径/mm	射孔段测深/m	完井方式
A	酸压	石灰岩	0.04~0.07	1~2	490	200	154.8	73	4376~4394	射孔
B	酸压	白云岩	0.04~0.08	1~5	340	270	147.1	75.9	3904~4265	射孔
C	基质酸化	白云岩	0.03~0.08	0.5~5	250	275	150.4	59	4071~4368	射孔
D	基质酸化	白云岩	0.04~0.09	1~5	260	271	88.3	75.9/59	3667~4009	割缝衬管
E	基质酸化	白云岩	0.02~0.07	0.1~3	370	278	147.1	75.9	3480~3533	射孔

2. 新型缓速酸体系

A 井采用了新型的单相缓速酸作为传统盐酸体系的替代品。新的缓速酸体系设计的目的是即使在基质酸化期间使用较低的酸量,仍能提供更深的酸液渗透距离、更明显的指进效应(在酸压期间)和更深的蚓孔穿透距离。为了证明新型单相缓速酸的效率更高,在作业前对 B 井、C 井、D 井(B 井位于 Mangystau 油区,钻进地层为三叠系碳酸盐岩地层,C 井、D 井和 B 井位于同一储层)目标储层的岩心样品进行测试,并与 HCl 体系进行对比。测试包括岩心流动实验(突破时的孔隙体积 PVBT)及岩心渗流实验后进行的能够显示蚓孔三维结构的 X 射线显微成像。

实验结果表明(图 7-1):①与 HCl 相比,即使降低 26%的 PVBT,新型缓速酸仍能使主裂缝的渗透率提高 275%。在实际应用中,这意味着可以通过使用更少的酸液和材料来创造更高的渗透性。②三维扫描显示,经 HCl 处理的岩心样品中存在有效的蚓孔分支。而经新型缓速酸处理的岩心样品中,蚓孔分支的形成被酸与地层之间的缓慢反应所阻碍。

3. 酸压施工思路

最初,计划用于施工的主体酸是聚合物基的胶凝酸和/或乳化酸,但胶凝酸的反应速率与标准盐酸相似,此外含有聚合物的胶凝酸可能会降低地层保留的渗透率。乳化酸的

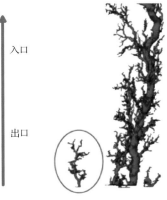

入口

出口

15%盐酸
PVBT=2.3
酸蚀之前渗透率6.5mD
突破之后渗透率2100mD
渗透率增加约322倍

新型缓速酸
PVBT=1.7
酸蚀之前渗透率9mD
突破之后渗透率8000mD
渗透率增加约888倍

图 7-1 岩心流动实验及三维 X 射线显微结果

反应速率较慢，但乳化液的双相性质，其摩擦压力损失过大，因此提出了一种新型的单相缓速酸作为施工的主体酸。确保有如下优势：

(1) 更深的酸液穿透距离，酸作用时间延长；

(2) 由于单相缓速酸的黏度较低，交联凝胶中有更明显的指进效应；

(3) 与乳化酸相比，摩阻更低；

(4) 操作和质量控制简单，降低环境风险。

表 7-2 对比了常规的前置液酸压交替注入的泵注方案与采用新型单相缓速酸体系的泵注方案。

表 7-2 两种泵注方案的对比

阶段	选用新型单相缓速酸		常规选择	
	液体类型	阶段液量/m³	液体类型	阶段液量/m³
前置液酸	15%盐酸	10.0	15%盐酸	10.0
前置液	30#交联冻胶	30.0	30#交联冻胶	30.0
酸	**单相缓速酸**	30.0	**乳化酸**	30.0
控滤失	15%聚合物稠化酸	30.0	15%聚合物稠化酸	40.0
前置液	30#交联冻胶	30.0	30#交联冻胶	30.0
酸	**单相缓速酸**	30.0	**乳化酸**	30.0
控滤失	15%聚合物稠化酸	30.0	15%聚合物稠化酸	40.0
前置液	30#交联冻胶	30.0	30#交联冻胶	30.0
酸	**单相缓速酸**	20.0	**乳化酸**	30.0
闭合酸化	15%盐酸	10.0	15%盐酸	10.0
顶替	水+降阻剂	25.0	水+降阻剂	25.0

注：字体加粗表示两种泵注方案不一致。

4. 酸压主施工阶段的实行及评估

酸压主施工阶段按表 7-2 左列的泵注方案进行，图 7-2 为单相缓速酸酸压主施工阶段施工曲线图。图的底部代表地面的流体泵注程序，而顶部代表的是井底的流体泵注程序。整个图最右边的曲线是施工结束阶段(03:10:00~03:40:00)的放大部分。线 1 代表当单相缓速酸和地层发生反应时施工压力曲线的斜率，线 2 代表当标准盐酸和地层发生反应时施工压力曲线的斜率，可以发现斜率发生了明显变化，表明和缓速酸相比，盐酸溶解岩石的速率更快。

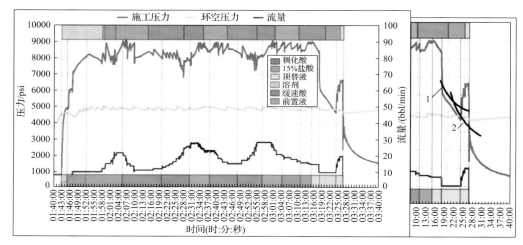

图 7-2　单相缓速酸酸压主施工阶段施工曲线图

5. 缓速酸的性能与补偿井采用的其他酸液体系的对比

将 A 井压裂后的生产结果与补偿井压裂后的生产结果进行对比，其中补偿井实施酸压的层段和 A 井的位于同一储层，并且性质相似，但补偿井采用的是不同的酸液体系，即聚合物胶凝酸作为主要的刻蚀剂。

表 7-3 给出了两种酸压方式的详细对比。从表中可以看出，使用缓速酸可以达到与少用35%的原酸相同的效果。

表 7-3　A 井与补偿井后处理效果对比

参数	A 井	补偿井
净产层厚度/m	≈30	≈35
压裂前的 PI 值/[m³/(d·atm)]	0.29(估计)	0.4(估计)
压裂后的 PI 值/[m³/(d·atm)]	5.4(来自 PLT 井底流压数据)	8.2(来自井测试数据)
压裂后 PI 值增加	≈19	≈20
使用的主要酸液	单相缓速酸	聚合物稠化酸
注入酸的体积/m³	57	88
压裂效率 E	0.33	0.23

注：PI 为生产指数。

7.1.2 多级交替注入酸压在沙特阿拉伯的应用实例

1. 井身结构及地层性质

该实例是沙特阿拉伯一个主要产油层的首个多级酸压施工井[2]。该储层为多孔致密碳酸盐岩储层。该井有三个井眼分支，包括两个裸眼井眼、一个带有可膨胀封隔器和滑套的非胶结衬管进行完井的井眼。为了在井筒上形成横向水力裂缝，在最小应力方向上进行钻井。沿主井眼设计了 7 个酸压段，预计可产生垂直于最小应力方向的长裂缝。该项目的目的是在低渗透碳酸盐岩油藏中钻三分支井作为先导井，以评估酸压的有效性，提高致密油地层的产能。该碳酸盐岩储层上下都被泥灰岩覆盖，油藏质量定义为差到中等。

2. 酸压设计注意事项

该井采用 5in 套管完井，选择 10kpsi 可膨胀封隔器和 7 个滑套来进行 7 段酸压施工。酸压施工实际上进行了 6 段，其中第 2 段没有进行施工。采用的是 20%盐酸对 6 个段进行酸压，其中所用液体体系为：①前置液，由交联凝胶组成，用于开启裂缝剖面；②乳化酸，一种缓速酸体系，是为了得到更深的渗透和反应距离；③交联段塞，和酸液体系一起泵入产生黏性指进，以改善刻蚀效果；④稠化酸，随着酸从蚓孔中漏失，交联的胶凝酸系统可以有效减少液体漏失。

通常推荐使用 20%的 HCl 乳化酸，因为它具有良好的缓速反应性能，可以使活性酸渗透到地层的更深处。

采用裂缝建模软件，利用现有数据(例如声波测井、应力剖面、根据邻井估算的破裂梯度、岩石矿物特征、储层流体性质和压裂液性质)对裂缝几何形态进行模拟。通过依次交替前置液、乳化酸和增黏三个主要泵注阶段，生成酸压泵注方案，目的是增强压裂液对裂缝面的刻蚀效果，同时利用乳化酸生成更好的蚓孔。压裂期间的预期压力范围在 4000~5500psi，而泵入速度为 25~40bbl/min 时，地面压力范围在 3500~8500psi。基于这一模拟，完井设计采用了 10000psi 的额定压力。

3. 酸压施工

表 7-4 是每段压裂施工的典型泵注时间表。

表 7-4 典型泵注时间表

阶段	液体体系	液体名称	阶段液量		累计液量		酸浓度 /%	泵速 /(bbl/min)	泵注时间 /min
			液量/gal	液量/bbl	液量/gal	液量/bbl			
阶段 1	前置液	30#交联冻胶	4000	95	4000	95	0	25	3.8
	酸	柴油乳化酸	3500	83	7500	179	20	25	3.3
	前置液	30#交联冻胶	4000	95	11500	274	0	25	3.8
	酸	稠化酸	3500	83	15000	357	20	30	2.8
	转向	转向剂	2000	48	17000	405	0	30	1.6

续表

阶段	液体体系	液体名称	阶段液量		累计液量		酸浓度 /%	泵速 /(bbl/min)	泵注时间 /min
			液量/gal	液量/bbl	液量/gal	液量/bbl			
阶段 2	前置液	30#交联冻胶	2750	65	19750	470	0	30	2.2
	酸	柴油乳化酸	4500	107	24250	577	20	30	3.6
	前置液	30#交联冻胶	2750	65	27000	643	0	35	1.9
	酸	稠化酸	4500	107	31500	750	20	35	3.1
	转向	转向剂	2000	48	33500	798	0	35	1.4
阶段 3	前置液	30#交联冻胶	2750	65	36250	863	0	35	1.9
	酸	柴油乳化酸	6500	155	42750	1018	20	35	4.4
	前置液	30#交联冻胶	2750	65	45500	1083	0	40	1.6
	酸	稠化酸	6500	155	52000	1238	20	40	3.9
阶段 4	酸	Tank Bottom	4000	95	56000	1333	20	5	19.0
	酸	闭合酸化	4000	95	60000	1429	20	5	19.0
	顶替	处理过的水	3700	88	63700	1517	0	5	17.6
	后置液	处理过的水-2	3100	74	66800	1590	20	5	14.8
关井									

注：1gal=3.785L；1bbl=159L。

图 7-3 为阶段 1 主要酸压过程的施工压力图。在 4000psi 至 7200psi 的井口压力下，以 40bbl/min 的速度进行施工。压力峰值是乳化酸阶段的管道摩擦效应造成的。

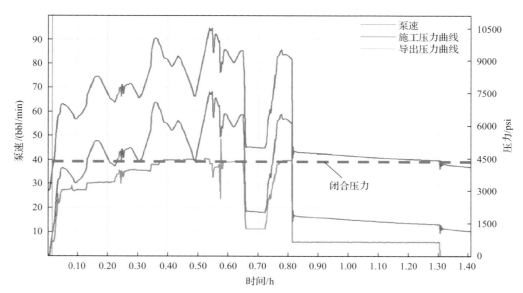

图 7-3 酸压阶段 1 的泵注曲线

图 7-4 是根据裂缝模拟软件模拟出的沿着水平井筒的裂缝最终分布形态。

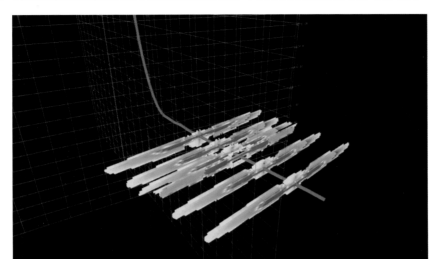

图 7-4　六个酸压段的裂缝最终刻蚀剖面分布图

表 7-5 是所有酸压段的汇总数据。

表 7-5　所有酸压段的泵注参数汇总表

参数	阶段 1	阶段 3	阶段 4	阶段 5	阶段 6	阶段 7
最大施工压力/psi	7758	8227	7983	7975	7889	8113
最大注入速率/(bbl/min)	40.1	44.5	45.3	43.2	50.9	50.3
前置液-交联冻胶/bbl	457	442	456	452	455	457
乳化酸/bbl	411	424	428	428	410	425
稠化酸/bbl	347	408	417	642	433	430
转向剂/bbl	97	92	96	96	98	91
闭合酸化/bbl	95	94	95	96	96	97
罐底/bbl	52	10	23	24	19	11
处理过的水/黏土控制剂/bbl	331	265	243	243	243	222

4. 酸压评价

这口井所采用的多级酸压工艺被认为是该地区新增储量开发的一个试点。因此，对该井的酸压效果进行评价是该项目的首要目标。

注入试验是一种简单的以一定速率注入清洁盐水的试验，该速率在本例中为 5 min 内保持 5bbl/min。用观测到的稳定压力值来计算注入指数 [(bbl/d)/psi]。图 7-5 和图 7-6 显示了测试前和测试后的压力响应。该图清楚地表明，泵送过程中观察到的压力越低，越容易注入。

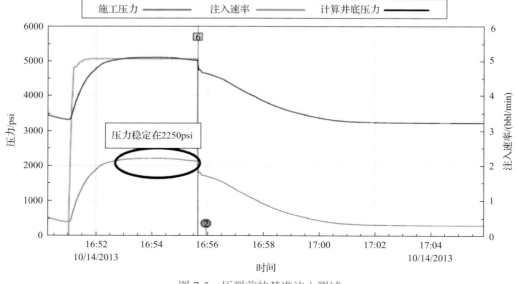

图 7-5   压裂前的基准注入测试

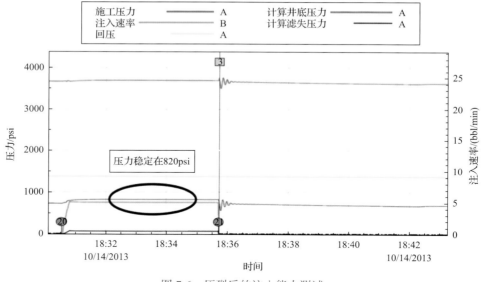

图 7-6   压裂后的注入能力测试

5. 返排结果

该油田大部分地区的储层压力无法维持理想的自然流量，根据油藏实际，该井设计在完成压裂施工之后利用氮气进行人工举升。在注入氮气之前，可以看到地面上有回流，表明井在压裂后可以自然回流。但这口井最多可以在 8h 内自然流动，后期因流速太低则无法保持流动。在此期间，该井生产了 600bbl 液体，平均流量为 1800bbl/d，含水约 17%。图 7-7 显示了开始注氮时 1 天内的返排情况。而整个操作过程持续了 5 天，生产了 14000bbl液体，回收了 17%的水。

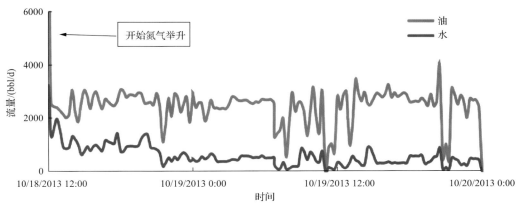

图7-7 氮气泵入过程中的返排情况

7.2 国内超深碳酸盐岩深穿透酸压实例

7.2.1 SHB X1 井非均刻蚀深穿透酸压

1. SHB X1 井基本概况

SHB X1 井以 O_2yj 为目的层，兼顾 $O_{1-2}y$，探索北西向走滑断裂带储层发育特征与含油气性。直井完钻井深为 7900m，因显示较差，进行裸眼侧钻，完钻井深为 8121m（测深）/7863.66m（垂深）。直井钻遇两套辉绿岩。水平段分别在 7791.69m、7979.7m、测井前以及地破测试后发生漏失，总漏失量为 421.93m³。钻井液比重为 1.27、平均漏速为 1.8m³/h、逐渐停止漏失。双侧向曲线呈现明显正差异，三孔隙度曲线明显增大，钻时降低，成像上显示为溶洞特征，溶洞内有一定的充填，分析认为是溶洞型储层。

2. SHB X1 井酸压层位特征

（1）该次酸压层段为奥陶系一间房组+鹰山组 7568.46～8121.00m 井段，岩性为黄灰色泥晶灰岩、含砂屑泥晶灰岩、泥晶砂屑灰岩。测井解释 I 类层 9.0m/1 层，II 类层 21.0m/2层，III 类层 49.0m/3 层。

（2）该井累计漏失泥浆 367.26m³，第一次钻达 7789.0～7797.0m，累计漏失 1.25～1.37g/cm³ 的钻井液 90.65m³；第二次钻达 7967.0～7989.0m，累计漏失 1.27g/cm³ 的钻井液 57.87m³；第三次漏失在测井前第一趟通井下钻到底循环过程中发生，漏失 1.28g/cm³ 的钻井液 96.10m³；第四次漏失 1.27g/cm³ 的钻井液 122.64m³。

（3）该井裸眼段长度 552.54m，综合漏失、常规测井和成像测井情况有两个良好显示段，第一段 7786.5～7795.5m 测井解释 I 类储层，成像上显示为溶洞特征，溶洞内有一定的充填；第二段 7944.0～7985.0m 测井解释 II 类储层、III 类储层，成像上低角度裂缝发育，夹杂诱导缝，可能是裂缝-孔洞型储层。

（4）水平段应力剖面上，井漏位置 7789.0～7797.0m 附近破裂压力最低，推测优先破裂。

（5）地层压力系数 1.14，该井实测成像井底温度 152℃。

3. SHB X1 井酸压设计思路

（1）根据区块地质及邻井情况，SHB X1 井酸压改造沟通缝洞体是建产的关键，工艺上采用大规模酸压扩大酸液在储层纵向和横向上的波及范围，增加沟通概率。

（2）工艺上近井以深部处理为主，远井体积改造扩大沟通范围，提高酸压沟通缝洞概率。

（3）该井成像测井井底温度 152℃，采用耐温 160℃的耐高温压裂液和酸液体系，考虑目前顺北地区冬季气温低，为防止压裂液结冰上冻，压裂液和滑溜水加重至 1.1g/cm³。

（4）邻井、硫化氢浓度 15252mg/m³（按 10MPa 折算其分压为 100.34kPa，大于分压限值 0.35kPa），施工时采用防硫油管进行施工，完井施工及建产后需加强硫化氢监测与防护、井控安全工作。

（5）该井为深井、高压、带 H_2S 作业，施工设计将充分考虑质量、健康、安全和环境（QHSE）要求，并制订相应的安全预案。

（6）施工结束后，关井反应 120min 后立即开井放喷，施工后应保证快速返排，若不能自喷，采用气举助排。

4. 酸压方案

1）酸压材料配方

滑溜水配方：0.3%BFC-10 一级瓜尔胶+0.02%pH 调节剂+14%NaCl。

压裂液配方：0.55%BFC-10 一级瓜尔胶+0.3%pH 调节剂+0.5%海波+0.5%BZP-3 高温助排剂+0.5%BZP-07 破乳剂+0.4%GC-18 固体交联剂+14%NaCl。

地面交联酸配方：20%HCl+0.8%SRAP-1 稠化剂+3.0%SRAI-1 缓蚀剂+1.0%SRAC-2 交联剂+1.0%SRAF-1 铁离子稳定剂+1.0%SRAD-1 破乳剂+0.05%SRAB-1 破胶剂，交联酸体系满足表 7-6 的性能指标。

顶替液：采用滑溜水。

表 7-6　地面交联酸体系综合性能指标要求

序号	项目	条件	指标
1	表观	20℃±5℃	无分层、无絮状沉淀和漂浮物
2	密度/(g/cm³)	20℃±5℃	1.090~1.110
3	基液黏度/(mPa·s)	20℃±5℃、170s⁻¹（室内溶胀 4h、现场溶胀 2h）	≤60
4	成胶时间/s	20℃±5℃	≥30
5	耐温耐剪切能力/(mPa·s)	140℃、恒温剪切 30min（170s⁻¹）	≥40
6	腐蚀速度（动态）/[g/(m²·h)]	140℃、4h	≤50
7	破胶液黏度/(mPa·s)	90℃、剪切 1min（170s⁻¹）	≤10

续表

序号	项目	条件	指标
8	缓速率/%	90℃、10min	≥90
9	铁离子稳定能力/(mg/L)	20℃±5℃	≥800
10	全配方有机氯/(mg/kg)	20℃±5℃	≤500
11	破乳剂有机氯/(mg/kg)	20℃±5℃	≤500

2）施工管柱

该井酸压管柱采用底带 7″套管液压封隔器的管柱结构，设计封隔器座封位置为 7500m 左右。3 1/2″加厚油管壁厚为 9.52mm，用 Φ66mm 油管规过规，3 1/2″常规油管壁厚为 6.45mm，用 Φ72mm 油管规过规，不合格油管不得入井。2 7/8″常规油管壁厚为 5.51mm，用 Φ59mm 通径规过规，不合格油管不得入井。

三轴校核计算结果显示（表 7-7），各施工环节均在安全范围内，最低值出现在酸压阶段，最小安全系数为 1.56。

表 7-7　SHB X1 井柱校核计算安全系数表

油管	钢级	下深范围/m	长度/m	外径/mm	壁厚/mm	安全系数				
						下入	低产	高产	解封	酸压
3 1/2″油管	P110S	0～2000	2000	88.9	9.52	2.12	1.88	1.95	1.73	1.56
3 1/2″油管	P110S	2000～6000	4000	88.9	6.45					
2 7/8″油管	P110	6000～7520	1520	73	5.51					

3）施工压力预测

参考钻井及测试情况，预计本次施工井底裂缝破裂压力梯度为 0.0138MPa/m，预测 SHB X1 井该次酸压施工参数如表 7-8 所示，裂缝延伸井底压力：7863.66×0.0138≈108.5（MPa）。

表 7-8　SHB X1 井施工管柱摩阻和泵压计算表

液体	排量/(m³/min)	油管摩阻系数/(MPa/1000m)		管柱摩阻/MPa		计算井口压力/MPa	泵压要求/MPa
		3 1/2″	2 7/8″	3 1/2″	2 7/8″		
压裂液	4	0.005	0.006	30	9.12	69.78	≥75
	4.5	0.006	0.008	36	12.16	78.82	≥83
	5	0.007	0.01	42	15.2	87.86	≥92
酸液	5.5	0.006	0.008	36	12.16	71.88	≥75
	6	0.007	0.009	42	13.68	79.40	≥83
	6.5	0.008	0.01	48	15.2	86.92	≥89
滑溜水	4	0.006	0.008	36	12.16	78.82	≥83

4）施工规模

（1）输入参数

SHB X1 井模拟计算主要输入参数如表 7-9 所示。

表 7-9　SHB X1 井酸压模拟主要输入参数

参数	参数值	参数	参数值
施工井段/m	7568.46～8121.00	施工井段长度/m	552.54
前置液稠度系数（80℃）/(Pa·s$^{n'}$)	1.424	前置液流态指数（80℃）	0.74
地面交联酸稠度系数	0.58	地面交联酸流态指数	0.52
地面交联酸反应级数	0.89	地面交联酸反应速度常数/[(mol/L)$^{1-m}$·s^{-1}]	0.9849×10^{-6}
反应活化能/(J/mol)	14652	H$^+$有效传质系数/(cm^2/s)	1.6693×10^{-6}

（2）模拟计算。

模拟施工工艺为：前置液 50m^3+压裂液 Xm^3+地面交联酸 Ym^3+顶替液 100m^3。模拟计算压裂液排量 5.0m^3/min，酸液排量 6.0m^3/min，顶替液排量 4.0m^3/min，模拟结果见表 7-10，图 7-8 为 SHB X1 井深穿透酸压模拟。

表 7-10　SHB X1 井酸压模拟结果表

压裂液+地面交联酸/m^3	动态缝长/m	动态缝高/m	酸蚀缝长/m
450+590	144.2	64.6	129.2
500+620	153.7	66.4	131.8
550+650	158.5	67.3	139.6
600+680	163.4	69.7	142.2
650+710	167.1	70.65	145.1

推荐方案如下：

①前置液：50m^3，施工排量为 1.0～3.0m^3/min。

②压裂液：550m^3，施工排量不小于 5.0m^3/min。

③地面交联酸：650m^3，施工排量不小于 6.0m^3/min。

④滑溜水：100m^3，施工排量不小于 4.0m^3/min。

5. 现场施工程序

1）施工前准备

（1）井筒准备。

①对 BX158 法兰 BT 型密封注密封脂并严格按规范试压，稳压 30min，压降小于 0.5MPa 为合格；低压 2MPa，稳压 30min，不渗不漏无压降为合格。

②对采油树整体及其相关配件试压 105MPa，采油树及井口高压连接管线采用地锚、

钢丝绳绑定牢固。

③施工前确保灌满井筒。

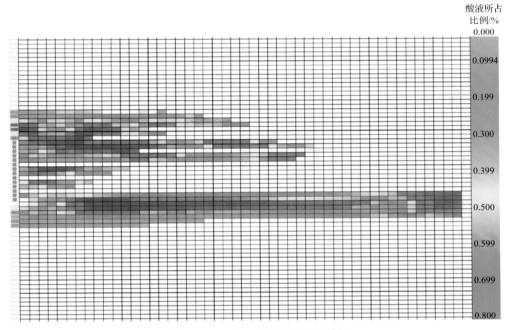

图 7-8　SHB X1 井深穿透酸压模拟

（2）配液准备。

①施工前 5 天，施工队到工作液站进行配液交底，按酸压设计将酸压液体材料备好，并由酸液质量检测站进行检测，检测合格方可配液。

②由施工队到工作液站负责酸液配液指导，工作液站积极配合。油田水由施工单位自行配制，酸液在酸站配制。

（3）液体检测。

配液前 5 天由酸液质量检测站按该井液体配方中规定的样品和浓度进行检验，配液后再进行复检。

（4）液体配制。

严格按配方及配制要求进行操作，准确计量，配制液量预留出施工过程中的液体损失。SHB X1 井酸压液体液量配制见表 7-11。

表 7-11　SHB X1 井酸压液体液量配制表

液体名称	压裂液	滑溜水	地面交联酸
设计量/m³	550	150	650
配液量/m³	600	200	660

（5）酸压施工设备。

①主要设备。

按泵注压裂液期间最高排量为 5.0m³/min，最高压力预测为 92MPa，施工所需设备最大水马力：$P_w=P_s \times Q \times 22.6=10396$hhp（$P_w$ 为水马力；P_s 为施工限压，MPa；Q 为排量，6m³/min；hhp 为水马力单位，1hhp=0.7457W）。

按泵注酸液期间最高排量为 6.0m³/min，最高压力预测为 83MPa，施工所需设备最大水马力：$P_w=P_s \times Q \times 22.6=11254.8$hhp。

取两者之间较高值：

2000 型车组按 70%有效水马力计算：车组数=11254.8hhp÷（2250×70%）≈7.1 台。

因该井施工规模较大、探井施工不确定性强，该次施工采用 2000 型主压车 12 台，仪表车、管汇车、供液车、水泥车、锅炉车(根据天气情况准备)各 1 台，其他辅助车辆根据施工需要添加。

②准备 40m³ 残酸计量罐两具。

③施工前对所有压裂施工设备进行检查，确保整个施工安全顺利进行。

2) 酸压泵注程序

SHB X1 井酸压泵注程序如表 7-12 所示。

表 7-12   SHB X1 井酸压施工泵注程序

序号	工序	液量/m³	累计液量/m³	排量/(m³/min)	泵压预计/MPa	备注
1	正挤滑溜水	50	50	1.0～3.0	—	低排量将完井液挤入地层后提高排量注入
2	正挤压裂液	250	300	3—4—5—6	≥92	逐级提排量施工，逐步压开地层
3	正挤地面交联酸	180	480	≥6	≥83	刻蚀远端裂缝
4	正挤地面交联酸	120	600	≥6	≥83	酸液不加交联剂激活天然裂缝
5	正挤压裂液	300	900	≥5.0	≥92	顶替酸液、扩大改造范围
6	正挤地面交联酸	200	1100	≥6	≥83	刻蚀裂缝中部
7	正挤地面交联酸	150	1250	≥6	≥83	酸液不加交联剂非均匀刻蚀
8	正挤滑溜水	100	1350	≥4.0	≥83	顶替将酸液顶入地层
9	停泵测压降 30min					

注：3—4—5—6 表示排量依次由 3m³/min 提高到 6m³/min。

(1)正挤压裂液初期逐步提高排量压开地层，而后稳定排量造缝。观察施工压力变化情况，当酸液进入地层后尽可能提高泵注排量，延长酸蚀作用距离。

(2)如果压力大幅下降、有明显沟通大缝洞体显示，则建议倒酸处理裂缝后停止施工。

(3)工具服务方到现场指导补平衡压，若封隔器失封，则请示现场施工领导小组确定下一步方案，施工过程中套压严格控制在 50MPa 以内。

(4)施工过程中液体转换要及时，不能有较大的起伏。

(5)顶替液量未计算地面实际管线液量，现场需补充该顶替液量。

6. 酸压施工情况

SHB X1 井施工曲线如图 7-9 所示，该井采用耐高温缓速酸液，共注入液体 1365m³，其中低黏度酸液 235m³，高黏度酸液 415m³。SHB X1 井施工中酸液在裂缝中呈现出多次指进现象，并促进裂缝缝高及底部缝长延伸，沟通底部的储集体，激活多处天然裂缝，酸压后单井产量 200t/d。

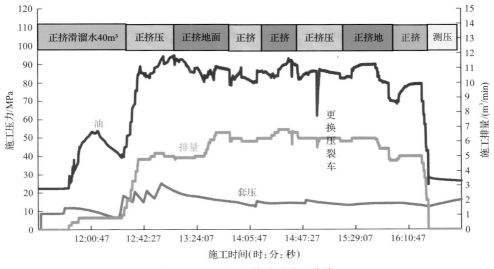

图 7-9　SHB X1 井酸压施工曲线

图 7-10 为 SHB X1 井不同阶段裂缝延伸情况，第一级压裂液+酸液注入后，破裂点处形成较长的酸蚀缝，但酸液分布较均匀；第二级压裂液+酸液注入后，缝长增加，酸液

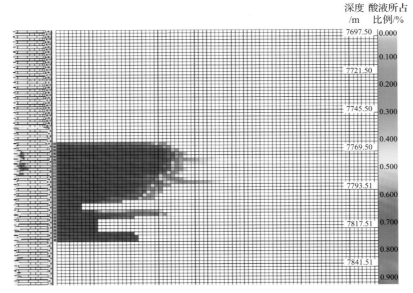

(a) 第一阶段注酸

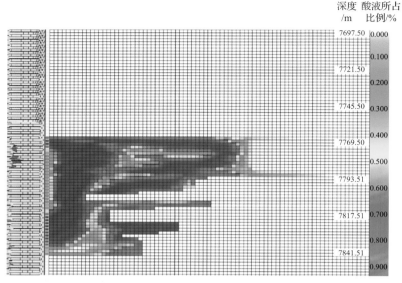

(b) 第二阶段注酸

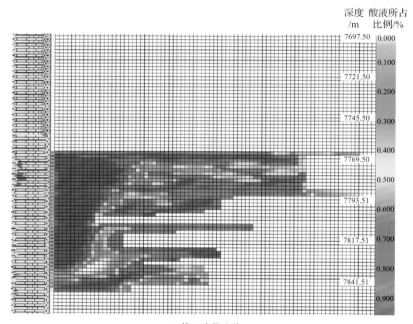

(c) 第三阶段注酸

图 7-10　SHB X1 井不同注酸阶段裂缝延伸情况

在裂缝中非均匀分布,裂缝缝高向下延伸,扩大了沟通范围;第三级压裂液+酸液注入后,酸蚀缝长及非均匀程度进一步增加,裂缝底部缝长继续延伸,增加了改造的体积。

从图 7-11 中可以看出, G 函数初始呈一定的波动,但幅度较小,且 G 值小于 1,表明沟通天然裂缝程度有限。随着酸液的注入, G 函数大幅波动,呈现出三个峰值阶段, G 值(红色曲线值)也逐渐升高,表明酸液交替注入的过程中形成了多个分支裂缝,且裂缝在延伸的过程中沟通了一定程度的天然裂缝。G 函数解释闭合应力 27.1MPa，且裂缝停泵压力与开井压力差较小，表明改造后裂缝连通情况较好。

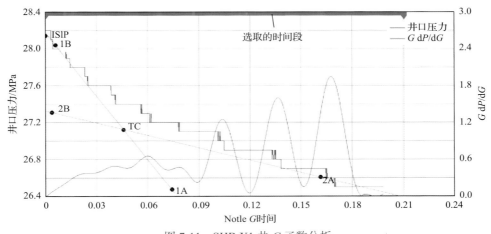

图 7-11 SHB X1 井 G 函数分析

ISIP 为瞬时停泵压力；通过 1A、1B 和 2A、2B 判定 TC，即裂缝闭合点

7.2.2 SHB X2 井自支撑酸压

1. SHB X2 井基本概况

SHB X2 井以奥陶系一间房组和鹰山组为主要目的层，进一步探索断裂南部储层发育情况与含油气规模。完钻井深测深 8542m/垂深 8026.85m，进入鹰山组深度为 364.35m，水平位移 704.34m，闭合方位 257.37°，地层为鹰山组。累计漏失密度为 1.23g/cm³ 的钻井液 5.22m³，目的层两层弱含气，都有槽面显示。

2. SHB X2 井酸压层位特征

(1)该次酸压层段为奥陶系一间房组+鹰山组 7674～8542m 井段，岩性为浅黄灰、黄灰色泥晶灰岩、含砂屑泥晶灰岩、砂屑泥晶灰岩。测井解释 Ⅰ 类 1.5m(垂厚 0.6m)/1 层，Ⅱ 类 1.5m(垂厚 0.6m)/1 层，Ⅲ 类 74m(垂厚 45.8m)/11 层。录井显示 5m/2 段气测异常。

(2)该井裸眼段长度 868m，综合漏失、气测、常规测井和成像测井资料认识，分为两套有利储集体，分别为上段断层相关溶蚀带(7945～8187m)和下段顺层缝溶蚀带(8375～8526m)。

(3)断层相关溶蚀带钻遇了断裂面，漏失密度为 1.23g/cm³ 的钻井液 5.22m³；高导缝发育，7987.0～7988.5m 测井解释 Ⅰ 类储层，7971～7972.5m 测井解释 Ⅱ 类储层，都集中在漏失点附近。从地质解释来看，井眼从储集体串珠顶部穿过，钻井液漏失量很小，沟通程度低，强反射中心点位于漏失点下方 102m。

(4)顺层缝溶蚀带主要发育低角度顺层缝，储层较为致密，无气测异常显示，井筒附近储层有效性差。但地震解释在距离井底 230m 处有强反射显示特征，通过该次酸压可进一步强化地质认识，是潜在的增产目标。

(5)该井预测目的层地层压力系数 1.143，实测井底压力 89.97MPa(8024.66m)，实测井底温度为 155℃。

3. SHB X2 井酸压设计思路

(1)该井裸眼井段较长(868m)，根据储集体发育特征和勘探评价需要，采用纤维暂堵分两段进行酸压改造。

(2)工艺采用"上段大缝高复杂缝酸压+暂堵分段+下段远距离沟通酸压"思路，达到沟通评价储层的目的。

(3)上段(7674.00～8165.00m)采用大缝高酸压工艺，具体包括高黏度前置液造缝，大规模大排量施工，增加裂缝纵向沟通距离，缝高达到 100m 以上；随后高排量注入地面交联酸深度刻蚀裂缝。

(4)采用线性纤维+复合颗粒(1mm、3mm)暂堵上段裂缝缝口，实现裂缝转向。由于下段地应力高 3～5MPa 以上，设计暂堵压差达到 5MPa 以上。

(5)下段(8165.00～8542.00m)改造采用远距离沟通酸压工艺，具体采用前置液集中造缝，动态缝长达到 180m 以上，最后注入自生酸+交联酸刻蚀激活裂缝，其中自生酸进入远端裂缝刻蚀，交联酸刻蚀主裂缝。

(6)下段酸压过程中酸液和裸眼井筒接触距离长、消耗高。在注入酸液前采用线性胶携带屏蔽保护剂注入，屏蔽剂在裸眼井筒形成保护膜，可阻断酸岩反应，防止酸液在井筒内的过度消耗。

(7)该井储层埋藏深、温度高，井底温度 155℃，采用耐温 160℃ 压裂液和酸液体系，要求酸液 140℃ 动态腐蚀速率满足行业 1 级标准。

(8)储层破裂压力高(139MPa 左右)，施工难度大，采用 140MPa 井口+油管浅下措施，提高泵注排量，增加酸压有效缝长。

(9)地面管线和车组要求满足 11m³/min 左右施工能力要求，保证现场可长时间、大排量、超高压安全施工。

(10)SHB X2 井硫化氢含量 149.85～15938.85mg/m³，按井口压力 10MPa 折算其分压为 0.99～105.02kPa，大于分压临界值 0.35kPa，采用防硫油管进行施工，且现场施工队伍严格做好硫化氢预防预案。

(11)该井为深井、高压、带 H₂S 作业，施工设计将充分考虑 QHSE 要求，并制订相应的安全预案。

(12)施工结束后，关井反应 360min 后立即开井放喷，施工后应保证快速返排，若不能自喷，采用气举助排。

(13)为评价暂堵分段效果，建议在该井开展示踪剂监测，酸压过程中分段注入两种不同示踪剂，通过返排取样分析，定性评价两段酸压的产出情况及效果。

4. 酸压方案

1)酸压材料配方

滑溜水配方：0.3%HPG-1 瓜尔胶+0.025%pH 调节剂氢氧化钠+0.1%LK-7 杀菌剂。

压裂液配方：0.5%HPG-1 瓜尔胶+1.0%LP-1 破乳剂+1.0%LK-6 温度稳定剂+0.1%LK-7 杀菌剂+0.15%氢氧化钠+0.5%PT-C 增效剂+0.8%LK-12 有机钛交联剂。

地面交联酸配方：20%HCl+0.8%SRAP-1 稠化剂+3.0%SRAI-1 缓蚀剂+1.0%SRAC-2 交联剂+1.0%SRAF-1 铁离子稳定剂+1.0%SRAD-1 破乳剂+0.05%SRAB-1 破胶剂。

自生酸配方：49.25% A 剂 ZX-368+49.25% B 剂 ZX-339+0.5% ZX-09 高温缓蚀剂 +0.5% ZX-10 铁离子稳定剂+0.5% ZX-11 破乳剂。

屏蔽保护剂：SFASP-1。

顶替液：采用滑溜水。

屏蔽保护剂是由中石化石油工程技术研究院和西北油田分公司工程技术研究院联合科研攻关研制的新型高分子材料，主要用于解决超深高温储层酸液和岩石反应速度快、酸液对井筒和裂缝面过度刻蚀的问题（表 7-13）。保护剂在地层温度下可以软化并黏附在岩石表面，阻断酸岩反应过程，从而发挥有针对性地保护裸眼井筒或裂缝面的作用。酸压施工结束后屏蔽保护剂在生产出的原油中完全溶解返出。图 7-12～图 7-17 为屏蔽材料外观及相关性能示意图。

表 7-13 屏蔽保护剂性能指标

序号	指标	具体内容
1	外观	淡黄色固体粉末，常温性脆
2	密度/(g/cm³)	0.95～0.98
3	软化点/℃	100～120
4	屏蔽耐酸能力	140℃、2h、20%HCl，溶解率小于 5%
5	油溶性	120℃、2h、白油，溶解率大于 95%
6	自聚性	软化后自聚率大于 90%
7	黏附能力	外力剥离面积小于 5%

图 7-12 屏蔽材料外观

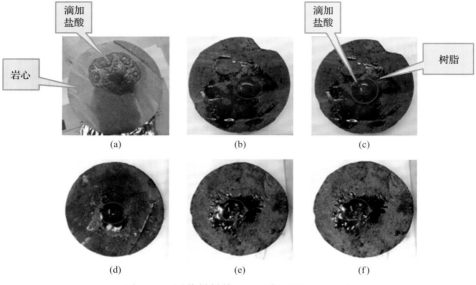

图 7-13　屏蔽材料外观及阻断酸岩反应实验

(a) 溶解前　　　　　　　　　　　　　(b) 溶解后

图 7-14　屏蔽材料油溶性测试

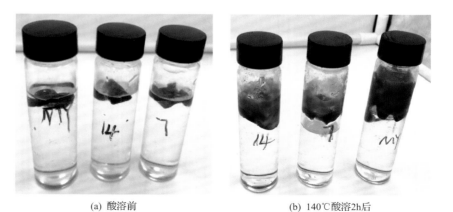

(a) 酸溶前　　　　　　　　　(b) 140℃酸溶2h后

图 7-15　屏蔽材料酸溶特性测试

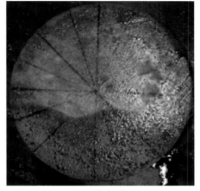

(a) 常温(30℃)　　　　　　　　　(b) 120℃温度下10min

图 7-16　屏蔽材料自聚性能测试

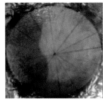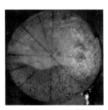

(a) 15℃，开始加热　(b) 边缘88℃，第5min　(c) 边缘98℃，第6min　(d) 边缘130℃，第8min　(e) 耐酸测试

图 7-17　屏蔽材料黏附性能测试

2）施工管柱

该井完井酸压管柱采用底带 7″套管液压封隔器的管柱结构，设计封隔器坐封位置为 5500m 左右，4 1/2″5460m+3 1/2″50m 油管组合。4 1/2″加厚油管壁厚为 12.7mm，用 Φ85mm 油管规过规；4 1/2″常规油管壁厚为 7.37mm，用 Φ95mm 油管规过规；3 1/2″常规油管壁厚为 6.45mm，用 Φ72mm 油管规过规，不合格油管不得入井。

井筒容积为 261.54m³，油管容积为 39.04m³，油管开排 17.37m³，口袋容积为 55.86m³，油套环空容积为 149.24m³。

通过三轴校核各施工环节均在安全范围内，管柱最小安全系数出现在酸压工况，最小安全系数为 1.51（表 7-14）。

表 7-14　管柱校核计算安全系数表

油管	钢级	下深范围/m	长度/m	外径/mm	壁厚/mm	安全系数					
						下入	坐封	高产	低产	酸压	解封
4 1/2″	P110S	0～2300	2300	114.3	12.7	2.28	2.72	2.72	2.68	1.51	2.31
4 1/2″	P110S	2300～420	3120	114.3	7.37						
3 1/2″	P110S	5420～5475	55	88.9	6.45						

3）施工压力预测

根据参考该井应力剖面计算结果及邻井施工情况，预测该井破裂压力梯度

0.018MPa/m，延伸压力梯度为 0.017MPa/m，施工摩阻及井口压力计算结果见表 7-15。

酸压施工参数如下：裂缝井底破裂压力为 8024.66×0.018≈144.44MPa；裂缝井底延伸压力为 8024.66×0.017≈136.42MPa。

表 7-15　SHB X2 井施工管柱摩阻和井口压力计算表

液体	排量 /(m³/min)	4 1/2″油管摩阻系数/(MPa/m)	4 1/2″管柱摩阻/MPa	3 1/2″油管摩阻系数/(MPa·m)	3 1/2″管柱摩阻/MPa	计算井口压力/MPa	泵压要求/MPa
冻胶	3	0.00357	19.49	0.0032	0.16	76.6	≥79
	4	0.00392	21.40	0.005	0.25	78.6	≥80
	5	0.00426	23.26	0.007	0.35	80.6	≥82
	6	0.00463	25.28	0.0082	0.41	82.7	≥84
	7	0.00526	28.72	0.013	0.65	86.4	≥88
	8	0.00665	36.31	0.0151	0.76	94.1	≥96
	9	0.00934	51.00	0.0168	0.84	108.8	≥110
	10	0.01090	59.51	0.0195	0.98	117.5	≥119
	11	**0.01120**	**61.15**	**0.0237**	**1.19**	**119.3**	**≥120**
	12	0.01240	67.70	0.027	1.35	126.0	≥128
	13	0.01430	78.08	0.0324	1.62	136.7	≥139
酸液	3	0.00245	13.38	0.0034	0.17	63.5	≥66
	4	0.00262	14.28	0.0045	0.23	64.4	≥68
	5	0.00312	17.05	0.006	0.30	67.3	≥72
	6	0.00414	22.59	0.009	0.45	72.9	≥76
	7	0.00464	25.36	0.0105	0.53	75.8	≥79
	8	0.00550	30.04	0.0117	0.59	80.5	≥84
	9	0.00615	33.58	0.012	0.60	84.1	≥88
	10	0.00822	44.88	0.014	0.70	95.5	≥99
	11	**0.00944**	**51.54**	**0.016**	**0.80**	**102.3**	**≥105**
	12	0.01086	59.29	0.018	0.90	110.1	≥113
	13	0.01370	74.80	0.02	1.00	125.7	≥128
	14	0.01520	82.99	0.024	1.20	134.1	≥137

注：为提高改造效果，该次施工采用 140MPa 井口酸压。黑色字体为推荐选项。

4）施工规模

（1）输入参数。

SHB X2 井模拟计算主要输入参数如表 7-16 所示。

（2）模拟计算。

①第一级方案模拟计算。

模拟施工工艺为：滑溜水 100m³+压裂液 Xm³+地面交联酸 Ym³+滑溜水 250m³。模拟计算压裂液排量为 11.0m³/min，酸液排量为 11.0m³/min，顶替液排量为 8.0m³/min，模拟结果如表 7-17 所示，计算过程如图 7-18 所示。

表 7-16 SHB X2 井酸压模拟主要输入参数

参数	参数值	参数	参数值
施工井段/m	7674~8542	施工井段长度/m	868
前置液稠度系数(80℃)/(Pa·s^n)	1.424	前置液流态指数(80℃)	0.74
地面交联酸稠度系数	0.58	地面交联酸流态指数	0.52
地面交联酸反应级数	0.89	地面交联酸反应速度常数 /[(mol/L)^{1-m}·s^{-1}]	0.9849×10^{-6}
反应活化能/(J/mol)	14652	H⁺有效传质系数/(cm²/s)	1.6693×10^{-6}

表 7-17 SHB X2 井第一级酸压模拟结果

压裂液+地面交联酸/m³	动态缝长/m	动态缝高/m	酸蚀缝长/m
250+480	144.2	90.12	129.2
300+520	153.7	98.81	131.8
350+560	158.5	106.43	139.6
400+600	**163.4**	**111.49**	**142.2**
450+640	167.1	113.07	145.1

注：黑色字体为推荐选项。

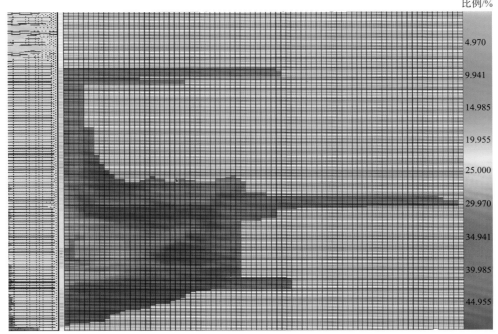

图 7-18 SHB X2 井第一级酸压模拟

推荐方案如下：

(a)滑溜水：100m³，施工排量 3～5m³/min。

(b)压裂液：400m³，施工排量不小于 11.0m³/min。

(c)交联酸：600m³，施工排量不小于 11.0m³/min。

(d)滑溜水：250m³，施工排量不小于 8m³/min。

②第二级方案模拟计算。

模拟施工工艺为：滑溜水 80m³+压裂液 Xm³+线性胶 50m³+自生酸 Ym³+地面交联酸 Zm³+顶替液 200m³。模拟计算压裂液冻胶排量为 11.0m³/min，酸液排量为 11.0m³/min，顶替液排量为 11.0m³/min，模拟结果如表 7-18 所示，计算过程如图 7-19 所示。

表 7-18 SHB X2 井第二级酸压模拟结果

压裂液+自生酸+地面交联酸/m³	动态缝长/m	动态缝高/m	酸蚀缝长/m
480+200+140	141.12	90.44	128.52
520+250+160	147.06	93.1	132.93
560+280+180	153.09	94.22	135.36
600+300+200	**159.03**	**97.58**	**139.68**
640+320+240	161.64	98.68	141.39

注：黑色字体为推荐选项。

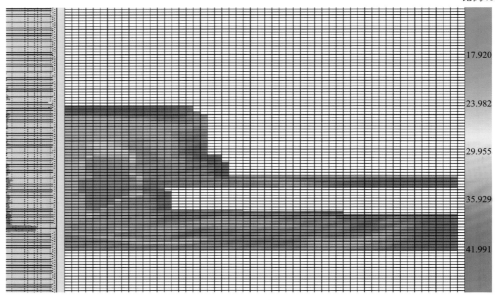

图 7-19 SHB X2 井第二级酸压模拟

推荐方案如下：

(a)滑溜水：80m³，施工排量 2～3m³/min。

(b)压裂液：600m³，施工排量 6～11m³/min。

(c)线性胶：50m³，施工排量不小于 11.0m³/min。

(d)自生酸：300m³，施工排量 6～7m³/min。

(e)地面交联酸：200m³，施工排量不小于 11m³/min。

(f)顶替液：200m³，施工排量不小于 11.0m³/min。

根据 SHB X2 成像测井结果，裂缝宽度为 0.02～0.2mm。酸压人工裂缝宽度缝口宽度为 4～6mm、缝内宽度为 3～4mm、裂缝端部宽度为 1～2mm。暂堵剂主要暂堵人工裂缝，实现第二段的改造。通过裂缝缝宽、缝内净压力计算公式，推导出暂堵剂泵注时现场施工排量，当排量为 8min/m³ 时，缝宽为 4mm；随着排量的增加，缝口处的缝宽为 4～6mm 左右。

对于缝口暂堵，采用 5～8mm 纤维+1mm 颗粒+3mm 颗粒，暂堵压力均可达 15MPa，可形成对 4mm 缝宽的封堵。根据实验结果(图 7-20)，优选出配方为：0.5%～0.8%纤维+0.3%～0.4% 1mm 颗粒+0.2%～0.3% 3mm 颗粒。

图 7-20　4mm 缝宽封堵实验(0.5%纤维+0.3% 1mm 颗粒+0.2% 3mm 颗粒)

5. 现场施工程序

1) 施工前准备

(1)井筒准备。

①按设计要求下入酸压施工管柱，并按相关规范对封隔器验封，确保其正常坐封。

②按高压按照额压力对 BX158 法兰 BT 型密封注密封脂并试压，稳压 30min，压降小于 0.5MPa 为合格；低压 2MPa，稳压 30min，不渗不漏无压降为合格。

③对采油树整体及其相关配件试压，采油树及井口高压连接管线采用地锚、钢丝绳绑定牢固。

④施工前的油料准备：由于该井液量大，排量如果在 11m³/min，则施工时间约为 5h，压裂车油量只能满足 4h 左右的施工时间，为了保证施工，在施工之前所有压裂车在加油站加满油料，现场再备用足够的油料，在施工中途向压裂车加油(要求车辆须熄火后再进行加油，其他车辆正常施工，所有车辆轮换加油)。

(2)配液准备。

①施工前 5 天，施工队到工作液站进行配液交底，按酸压设计将酸压液体材料备好，并由酸液质量检测站进行检测，检测合格方可配液。

②由施工队到工作液站负责酸液配液指导，工作液站积极配合。油田水由施工单位自行配制，酸液在酸站配制。

(3)液体检测。

配液前 5 天由酸液质量检测站按该井液体配方中规定的样品和浓度进行检验，配液后再进行复检。

(4)液体配制。

严格按配方及配制要求进行操作，准确计量，配制液量预留出施工过程中的液体损失。SHB X2 井酸压液体液量配制如表 7-19 所示。

表 7-19　SHB X2 井酸压液体液量配制表

液体量	液体名称			
	压裂液	滑溜水	交联酸	自生酸
设计量/m³	1050	630	800	300
配液量/m³	1170	750	830	320

(5)酸压施工设备。

①主要设备。

注压裂液期间最大排量为 11.0m³/min，最高预测压力为 120MPa，施工所需最大水马力：$P_w=P_s\times Q\times 22.6=29832$hhp。

注酸期间最大排量为 11.0m³/min，最高预测压力为 105MPa，施工所需最大水马力：$P_w=P_s\times Q\times 22.6=26103$hhp。

2500 型车组按 65%有效水马力计算：车组数=29832hhp÷(2500×65%)≈18.4 台。

由于该井规模较大，施工时间较长，采用 2500 型主压车 21 台，仪表车、管汇车、水泥车，供液车 2 台，纤维泵车 1 台，其他辅助车辆根据施工需要添加。

②准备 40m³ 残酸计量罐两具。

③施工前对所有压裂施工设备进行检查，确保整个施工安全顺利进行。

2)酸压泵注程序

SHB X2 井酸压施工泵注程序如表 7-20 所示。

(1)双供液系统、地面管线和车组要求满足 11m³/min 以上施工能力要求，保证现场可长时间、大排量、超高压安全施工。

(2)正挤压裂液初期逐步提高排量压开地层，而后稳定排量造缝。观察施工压力变化情况，当酸液进入地层后尽可能提高泵注排量，延长酸蚀作用距离。

(3)如果压力大幅下降、有明显沟通大缝洞体的迹象，则建议倒酸处理裂缝后停止施工。

(4)施工期间视环空压力变化及时打平衡压(由工具方技术人员负责指导打平衡压，防止因打平衡压不及时造成封隔器失封)，施工过程中套压严格控制在 52MPa 以内。

(5)施工过程中液体转换要及时，不能有较大的起伏。

表 7-20 SHB X2 井酸压施工泵注程序

序号	工序	液量/m³	累计液量/m³	排量/(m³/min)	暂堵剂浓度/%	暂堵剂用量/kg	泵压预计/MPa	备注
1	正挤滑溜水	100	100	3～5	—	—	—	将压井液挤入地层，并测试施工压力大小
2	正挤压裂液	400	500	11	—	—	≥120	纵向延伸裂缝，注入示踪剂
3	正挤地面交联酸	600	1100	11	—	—	≥105	刻蚀裂缝
4	正挤滑溜水	250	1350	8～11	—	—	≥120	隔离液，若第一段施工期间提前沟通，则现场根据实际情况提前进行第 5 步暂堵作业。视暂堵情况决定下一步施工方案
5	正挤滑溜水暂堵	80	1430	2～3	纤维 0.5%、1mm 颗粒 0.3%、3mm 颗粒 0.2%	纤维 400kg、1mm 颗粒 240kg、3mm 颗粒 160kg	—	暂堵第一段
6	正挤压裂液	600	2030	6～11	—	—	≥120	缓慢提量，造长缝，注入示踪剂
7	正挤线性胶	50	2080	6～7	—	—	≥120	加入屏蔽保护剂
8	正挤自生酸	300	2380	6～7	—	—	—	刻蚀远端
9	正挤地面交联酸	200	2580	11	—	—	≥105	刻蚀近端缝
10	正挤滑溜水	200	2780	11	—	—	≥120	将酸液顶入地层
11	停泵测压降 30min							

(6)顶替液量未计算地面实际管线液量，现场需补充该顶替液量。

(7)暂堵材料服务须现场跟踪指导暂堵剂加注及优化调整。加注纤维阶段确保混配均匀，悬浮性良好，低排量注入，关注施工压力。若判断井筒存在堵塞的情况（压力直线上升），则停止加注暂堵材料，在有条件的情况下开井放喷。

6. 酸压施工情况

SHB X2 井施工曲线如图 7-21 所示，该井液体总规模为 2810m³，最高泵压 120MPa，改造主干断裂溶蚀带正挤交联酸阶段泵压由 120MPa 下降至 94.6MPa，降幅高达 25MPa，改造沟通主干断裂带效果明显。7mm 油嘴开井后累计排液 120.6m³ 后喜获高产油气流并点火成功，现场火焰高度约 5～6m。经过施工压力数据反演，酸蚀缝长 143m，裂缝导流 32mD·m。初期产油 450m³/d，产气 $2.5×10^4$m³/d，获得了该井断裂带的新突破。

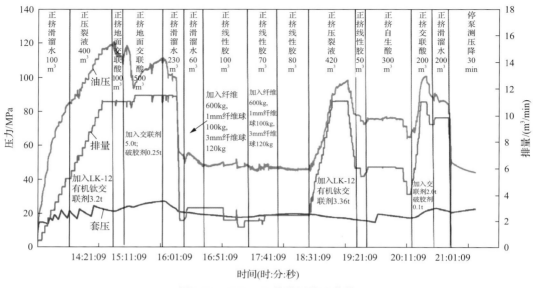

图 7-21　SHB X2 井酸压施工曲线

7.3　国内外超深碳酸盐岩深穿透酸压技术应用小结

酸压改造的目标是造具有较高导流的长缝，提高单井产量。围绕该目标业界在酸液体系和酸压工艺上已经开展了大量研究并取得显著成果[3-5]。但是对于超深碳酸盐岩储层来说，由于温度和埋深的进一步增加，酸岩反应速度更快，难以形成有效酸蚀缝长，酸蚀裂缝导流能力难以保持。为此，新型酸液体系及酸压工艺的改进十分重要。

基于上述国内外超深碳酸盐岩深穿透酸压技术的现场应用，可以看出，首先需考虑如何降低酸液滤失[6-10]。酸液滤失是影响酸压效果的关键参数之一，储层裂缝发育，酸液滤失量大，储层的高温特征使得酸压产生酸蚀蚓孔的速度加快，滤失速度加快，控制滤失困难，从而使酸液的有效作用距离大大减小，无法实现深穿透酸压的目的。类似碳酸盐岩油气藏酸压改造资料和试验研究表明，酸压过程中酸液综合滤失系数数量级一般为 $10^{-3}\text{m/min}^{0.5}$。针对超深碳酸盐岩储层裂缝发育，纵、横向非均质性很强，不同层段的滤失性差异较大等特点，为了更好地提高酸液效率，达到深穿透酸压改造的目的，必须采用有效的降滤措施。现有的做法主要是通过提高酸液黏度起到较好的降滤效果，其中地面交联酸的降滤效果在现场应用中较好[11,12]。此外，也可以通过前期注入滑溜水填充滤失带或是注入纤维等方式降滤酸液滤失程度。

为提高酸液有效作用距离，在酸压改造过程中需要加入稠化剂，提高酸液体系黏度，降低 H^+ 传质系数，进而减缓酸岩反应速度。从提高导流能力角度出发，需要低黏酸液体系，提高酸岩有效刻蚀程度，往往从工艺上采用不同黏度体系交替注入。为此，新型的低黏度耐高温酸液体系需求十分突出，虽然国内外有一些现场应用，但由于酸液体系价格高等问题，仍然没有广泛地推广[13-15]。

　　酸蚀裂缝导流能力是影响酸压效果最关键的指标之一，导流能力的大小及变化趋势则主要受酸蚀裂缝表面形貌的影响[16-19]。因此需要研究岩板非均质性、酸液浓度、酸液体系、裂缝性质等因素对酸蚀裂缝表面形貌与裂缝导流能力的影响，找出酸蚀裂缝导流能力主要影响因素，进而为酸压工艺和酸液的选择提供理论依据，从而优选不同黏度及反应特性差异酸液组合，达到超深层条件下酸蚀导流能力高且保持程度好。

　　对于缝洞发育、高滤失特征的超深碳酸盐岩储层缝，若要提高酸蚀缝长，裂缝内的净压力需要大幅度增加，即需要采用大排量的施工方式。由于超深井井深，若将油管下到目的层则会导致液体摩阻较高，难以提高施工排量。这就要求在施工管柱的设计过程中尽可能地采用大内径管柱和耐高压的施工设备，实现降低施工摩阻、提高施工排量的目的。

参 考 文 献

[1] Abdrazakov D, Panga M K R, Daeffler C, et al. New single-phase retarded acid system boosts production after acid fracturing in Kazakhstan[C]//International Symposium and Exhibiton on Formation Damage Control, Lafayette, 2018.

[2] Rafie M, Said R, Alhajri M, et al. The first successful multistage acid frac of an oil producer in Saudi Arabia[C]//SPE Saudi Arabia Section Technical Symposium and Exhibition, Al-Khobar, 2014.

[3] 宋志峰, 胡雅洁, 吴庭新. 水平井无工具分段酸压方法在塔河油田的应用[J]. 新疆石油地质, 2016, 37(6): 738-740.

[4] 张雄, 耿宇迪, 焦克波, 等. 塔河油田碳酸盐岩油藏水平井暂堵分段酸压技术[J]. 石油钻探技术, 2016, 44(4): 82-87.

[5] 李晖, 岳迎春, 唐祖兵. 超深碳酸盐岩储层水平段复合暂堵酸压工艺应用研究[J]. 当代化工研究, 2016, (5): 31-32.

[6] 王云飞, 陆星, 王健伟. 海相碳酸盐岩储层酸化滤失与导流能力分析[J]. 甘肃科技, 2019, 35(21): 58-59.

[7] 苟波, 马辉运, 刘壮, 等. 非均质碳酸盐岩油气藏酸压数值模拟研究进展与展望[J]. 天然气工业, 2019, 39(6): 87-98.

[8] 党录瑞, 周长林, 黄媚, 等. 考虑多重滤失效应的前置液酸压有效缝长模拟[J]. 天然气工业, 2018, 38(7): 65-72.

[9] 王洋. 裂缝型储层酸液滤失可视化研究与应用[J]. 石油钻采工艺, 2018, 40(1): 107-110, 117.

[10] 鄢宇杰, 汪淑敏, 李永寿, 等. 裂缝型碳酸盐岩纤维降滤失实验研究及应用[J]. 断块油气田, 2017, 24(4): 574-577.

[11] 房好青, 牟建业, 王洋, 等. 一种新型耐高温交联酸的研制及性能评价[J]. 断块油气田, 2018, 25(6): 815-818.

[12] 王增宝, 付敏杰, 宋奇, 等. 高温深部碳酸盐岩储层酸化压裂用交联酸体系制备及性能[J]. 油田化学, 2016, 33(4): 601-606.

[13] 王洋, 袁清芸, 李立. 塔河油田碳酸盐岩储层自生酸深穿透酸压技术[J]. 石油钻探技术, 2016, 44(5): 90-93.

[14] 李子甲, 吴霞, 黄文强. 深层碳酸盐岩储层有机酸深穿透酸压工艺[J]. 科学技术与工程, 2020, 20(20): 8146-8151.

[15] 巩锦程, 王彦玲, 罗明良, 等. 交联酸压裂液体系研究进展及展望[J]. 应用化工, 2020, 49(8): 2058-2062.

[16] 曲占庆, 林强, 郭天魁, 等. 顺北油田碳酸盐岩酸蚀裂缝导流能力实验研究[J]. 断块油气田, 2019, 26(4): 533-536.

[17] 张路锋, 牟建业, 贺雨南, 等. 高温高压碳酸盐岩油藏酸蚀裂缝导流能力实验研究[J]. 西安石油大学学报 (自然科学版), 2017, 32(4): 93-97.

[18] Neumann L F, Oliveira T D, Sousa J, et al. Building acid frac conductivity in highly-confined carbonates[C]//SPE Hydraulic Fracturing Technology Conference, Woodlands, 2012.

[19] Gou B, Guan C, Li X, et al. Acid-etching fracture morphology and conductivity for alternate stages of self-generating acid and gelled acid during acid-fracturing[J]. Journal of Petroleum Science and Engineering, 2021: 108358.